Mensch-Roboter-Kooperation erfolgreich einführen

Markus Glück

Mensch-Roboter-Kooperation erfolgreich einführen

Grundlagen, Leitfaden, Applikationen

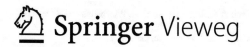 Springer Vieweg

Markus Glück
Fakultät Optik und Mechatronik
Hochschule Aalen – Technik und Wirtschaft
Aalen, Deutschland

ISBN 978-3-658-37611-6   ISBN 978-3-658-37612-3   (eBook)
https://doi.org/10.1007/978-3-658-37612-3

Die Deutsche Nationalbibliothek verzeichnet diese Publikation in der Deutschen Nationalbibliografie; detaillierte bibliografische Daten sind im Internet über http://dnb.d-nb.de abrufbar.

Planung/Lektorat: Reinhard Dapper
Springer Vieweg ist ein Imprint der eingetragenen Gesellschaft Springer Fachmedien Wiesbaden GmbH und ist ein Teil von Springer Nature.
Die Anschrift der Gesellschaft ist: Abraham-Lincoln-Str. 46, 65189 Wiesbaden, Germany

Einführung

Die industrielle Produktion steht nicht nur aufgrund der fortschreitenden Automatisierung, Globalisierung und Digitalisierung vor einem fundamentalen Wandel. Zunehmend ziehen Roboter in die Werkshallen ein. Parallel zur digitalen Transformation und allgegenwärtigen Vernetzung entstehen smarte, teilweise autonom agierende Produktionslinien. Gefordert ist die flexible Automation unserer Fertigungslinien und der Produktionsprozesse.

Gleichzeitig wandelt sich die Mobilität grundlegend. Eingeleitet ist das Ende fossile Kraftstoffe nutzender Verbrennungsmotoren. Wir entwickeln uns mit hohem Tempo zur Elektromobilität. Und es besteht zweifellos maßgeblicher Handlungsbedarf zur Erreichung von Klimaneutralitäts- und Nachhaltigkeitszielen in den Produktionslinien.

Noch nie war der Bedarf an neuen flexiblen Fertigungstechniken, die einen ressourcenschonenden und hochgradig effizienten, teilweise oder vollständig automatisierten Wertschöpfungsprozess in der Fertigung neuer Produkte ermöglichen, so groß wie heute.

Mehr denn je geht es darum, einerseits dem ständig zunehmendem Kostendruck und dem wnden Bedarf an individualisierten Produktvarianten gerecht zu werden sowie andererseits schnellstmöglich produktionsreife Lösungen für die Fertigung ganz neuer Produkte in immer kleineren Losgrößen in unseren Produktionen bereitzustellen.

Der umfassende Einsatz von Robotern und eine konsequente flexible Automation gelten daher zurecht als Schlüsselfaktor für den Erhalt von Arbeitsplätzen und Wettbewerbsfähigkeit an Hochlohnstandorten mit akutem Fachkräftemangel, wie beispielsweise in Deutschland.

Roboter verschiedenster Art finden sich heute schon überall. Nicht nur in Fabriken, auch in der Logistik, in Kliniken, Pflegeheimen, Privathäusern und Gärten, an Universitäten, Forschungseinrichtungen und Schulen. Sie werden bei der Bekämpfung von Bränden, beim Räumen von Sprengstoff und Minen oder als Bedienservice in Hotels eingesetzt.

Aus der industriellen Fertigung sind Roboter nicht mehr wegzudenken. Allein in Deutschland versehen mehr als 220.000 Industrieroboter ihren Dienst. Und nach aktuellen Schätzungen der International Federation of Robotics (IFR) sind weltweit mehr als 2,8 Mio. Industrieroboter im Einsatz. Dies mit weiterhin steigender Tendenz. Vor allem in Japan, China, USA, Südkorea und Deutschland sind die stählernen Produktionshelfer sehr gefragt.

Aktuell wandelt sich das Bild der Robotik. Die traditionell hinter sicheren Zäunen in der Serienproduktion eingesetzten schweren Industrieroboter bekommen Konkurrenz. Bisher agierten sie in den meisten Fällen als leistungsfähige Produktionshelfer – sicher abgeschirmt von den Menschen – hinter Gittern und Zäunen. Doch das ändert sich gerade mit hohem Tempo, auch wenn die absoluten Zahlen fälschlicherweise noch einen Nischencharakter vermuten lassen.

Die Fabrikhallen werden von einer neuen Generation an Industrierobotern erobert, die deutlich kleiner, schneller und flexibler ist als ihre Vorgänger. Diese sogenannten „Cobots" – ein Kunstwort abgeleitet aus dem Einsatzziel „Collaborative Robotics" für den neu geschaffenen Produkttypus eines Leichtbauroboters mit erweiterten Steuerungs- und Sicherheitsfunktionen – arbeiten unmittelbar und ohne trennende Schutzeinrichtungen gemeinsam mit ihren menschlichen Kollegen in geteilten Arbeitsräumen zusammen.

Die „Mensch-Roboter-Kooperation" – häufig mit „MRK" abgekürzt – gilt als eine der tragenden Säulen von Industrie 4.0 und wird unsere Arbeitswelt völlig verändern. Sie führt die Stärken von Menschen und Robotern synergetisch zusammen und eröffnet eine erheblich flexiblere, automatisierte Produktion. Hierbei übernehmen Roboter mehr und mehr ergonomisch eintönige, belastende und kurzzyklische Arbeiten und entlasten so die Werker.

Darüber hinaus sind die neuen Produktionshelfer teilweise mobil einsetzbar und können wechselnde Aufgaben übernehmen. So können sie beispielsweise am Fließband aushelfen und die dort eingesetzten Werker unterstützen oder die Aufgaben eines erkrankten Kollegen kurzfristig übernehmen.

Sicher ist, die kollaborativen Roboter sind mehr als nur eine Modeerscheinung. Sie sind einer der Industrietrends schlechthin. In allen Zweigen der Industrie sind erste MRK-Applikationen auf dem Vormarsch. Man findet sie nicht nur in großen Konzernen, sondern auch in kleinen und mittelständischen Betrieben. Ebenso auf Kongressen, Messen sowie in Fachzeitschriften ist das Thema MRK derzeit sehr präsent.

Viele Unternehmen stellen sich in diesem Zusammenhang daher berechtigt Fragen, welche Vor- und Nachteile Cobots besitzen, wie diese für die eigene Firmenstrategie von Bedeutung sein können und welche Roboterapplikation sich vielleicht heute schon zur Lösung einer drängenden Aufgabe in ihren Produktionslinien mit Cobots eignet.

Selten war auch die Kluft zwischen Hoffnungen und Ängsten so groß wie in den aktuellen Debatten, denen leider oft ein profundes Grundverständnis für die neuen Technologien, ihre Einsatzrahmenbedingungen und Möglichkeiten fehlt. Selten wurden beim Auswahlprozess und bei der Einführung von Cobots in den Unternehmen so viele Fehler gemacht. Chancen wurden verspielt. Unnötig geriet man häufig in Fallstricke.

Durch die stärkere Einbindung von Robotern in den Produktionsprozess, die sich bis hin zum unmittelbaren Miteinander von Menschen und Robotern erstreckt, steigt das Gefahrenpotential für Bediener, Service- und Instandhaltungspersonal. Sich dieser Herausforderung zu stellen und einen für den Betreiber rechtssicheren Einsatz der Roboter vorzubereiten, ist nur eine, zweifellos aber wichtige Facette in einem bedeutsamen Veränderungsprozess, den Fertigungsunternehmen durchlaufen müssen, um wettbewerbsfähig zu bleiben.

Ehe die Zäune um die Roboter in den Produktionshallen fallen und bevor die MRK-Roboter Beschäftigten zum Beispiel Bauteile anreichen oder sie beim Tragen schwerer Gegenstände unterstützen können, müssen viele Fragen geklärt und idealerweise alle betroffenen Akteure eingebunden werden. Das Schreiben einer Anforderungsspezifikation und die Vergabe an einen externen Systemintegrator reicht bei weitem nicht aus, wie schnell deutlich wird.

Darüber hinaus bestimmen die Folgen des Einsatzes von Robotern und Künstlicher Intelligenz sowie das Ringen um ethische Leitplanken und eine würdevolle, menschzentrierte Gestaltung der Mensch-Roboter-Interaktion die aktuellen gesellschaftlichen Debatten. Dabei ist klar, dass wir alle eine Zukunft anstreben, in der der Mensch den Fortschritt lenkt und beherrscht; nicht umgekehrt. Und dass Roboter ihm wertvolle Hilfe leisten können und müssen.

Aber wie kann die Mensch-Roboter-Kooperation im Produktionsalltag eingesetzt werden? Was sind die neuesten Technologien? Welche Sicherheitskonzepte gibt es und welche Normen müssen beim Einsatz von MRK-Applikationen oder bei der Entwicklung von MRK-fähigen Produkten – beispielsweise Anbauwerkzeugen – beachtet werden?

Wie praxistauglich sind die heute verfügbaren Konzepte der direkten Mensch-Roboter-Kooperation wirklich und wie steht es um die Marktreife der Cobots und der MRK? Wer nutzt bereits die unmittelbare Kooperation von Menschen und Robotern in der realen betrieblichen Praxis? Welche Kosten entstehen und wie hoch sind die anvisierten Einsparpotenziale?

Wer sind die Schlüsselspieler in diesem Veränderungsprozess? Was sind die technologischen Eckpfeiler und Werkzeuge der Mensch-Roboter-Kooperation? Was sind die Trends und Triebkräfte der MRK? Wie wird aus den vielen Schlagworten ein griffiges Konzept? Und wie sehen risikoarme Einführungsprojekte für Unternehmen aus, die MRK-Anwendungen einführen möchten? Was sind wichtige Erfolgsfaktoren? Was bedauerliche und vermeidbare Fallen?

Wie werden Ängste der Menschen vor den Robotern ernstgenommen? Wie wird dieser Veränderungsprozess gemanagt? Welcher Nutzen ergibt sich letzten Endes für den Anwender, insbesondere für Mittelstandsunternehmen, die sich heute nur in begrenztem Maße auf die zukünftige Zusammenarbeit von Menschen und Robotern vorbereiten können?

Und wie ist der Vormarsch der Roboter und der Cobots im Hinblick auf seine Auswirkungen auf Gesellschaft, Berufs- und Arbeitswelt zu bewerten? Sind die intelligenten Roboter für uns am Ende gar eine Bedrohung? Sind sie ein Job-Killer? Oder vielmehr doch eine Chance, die vielfältigen Herausforderungen, vor denen wir im Umfeld der Produktionen weltweit stehen, noch rechtzeitig zu bewältigen?

Fragen über Fragen. Sie sind Zeichen eines herausfordernden technologischen Umbruchs mit all seinen Chancen und Risiken, auf den es sich frühzeitig vorzubereiten gilt.

Derzeit existieren erst sehr wenige, auf die konkrete Umsetzungspraxis fokussierte Handlungsanleitungen. Ziel dieses Praxisbuchs ist daher die Unterstützung von Herstellern und Betreibern, Systemintegratoren und Zertifizierern bei Entwicklung, Aufbau, Zertifizierung und Bewertung von MRK-Applikationen sowie bei der Beschaffung von kooperierenden oder kollaborierenden Robotersystemen nach den Anforderungen von EG-Richtlinien und harmonisierten Normen. Es liefert Anwendern und Integratoren aktuelle Informationen für ihren Entwicklungspfad hin zur erfolgreichen Einführung der Mensch-Roboter-Kooperation im Unternehmen.

Als praxisorientierter Leitfaden und als Anwendungshilfe zu bestehenden Richtlinien und Standards konzipiert, richtet er sich auch ganz bewusst an das Management und die Entscheider im Unternehmen und den Fachbereichen. Er bietet einen nützlichen Überblick und verschafft wertvolle Orientierung, wie man in der betrieblichen Einführungspraxis vorgeht und Handlungssicherheit bei der Inbetriebnahme von kollaborierenden Roboteranwendungen erzielt. Hierzu greift das Praxisbuch häufig auftretende Fragen aus der Praxis auf, adressiert Stolperfallen der Umsetzung, zeigt Lösungswege und konkrete Einstiegshilfen auf.

Nach der Definition kooperierender und kollaborierender Anwendungen, einem kurzen Abriss der Entwicklungsgeschichte von Robotik und MRK liegt zunächst der Fokus auf den Grundprinzipien der Mensch-Roboter-Kooperation, den Triebkräften und Voraussetzungen für eine erfolgreiche Umsetzung. Darauf folgt ein Überblick zur aktuell geltenden Rechts- und Normenlage, die unter Anwendern häufig leider noch immer für Unklarheit sorgt.

Nach Hinweisen zur Stellung etablierter Industrienormen sowie der ISO TS 15066 zeigt dieses Praxisbuch einen konkreten, strukturierten Entwicklungspfad zur erfolgreichen Einführung der Mensch-Roboter-Kooperation im betrieblichen Alltag auf. Analysiert werden Beispielapplikationen, Kosten- und Nutzenpotenziale sowie aktuelle Markt- und Technologieentwicklungen.

Ein Vorschlag ethischer Leitplanken für das gelingende Miteinander von Menschen und Robotern sowie ein Ausblick auf zukünftige Entwicklungen sowie eine Diskussion von Schwerpunkten der aktuellen Forschung und Entwicklung beschließt die Ausführungen.

Im Anhang aufgenommene Checklisten dienen als konkrete Leitfäden, die Schritt für Schritt die zu bearbeitenden Themenfelder benennen und anhand von Leitfragen den Einstieg sowie die zur Bewertung anstehenden Aspekte aufnehmen. Des Weiteren sind im Anhang Hilfestellungen zur Aufstellung des Sicherheitskonzepts, zur Risikoanalyse, zur Validierung von Grenzwerten und zur CE-Konformitätsbewertung enthalten.

Allen viel Freude beim hoffentlich reichlichen Erkenntnisgewinn!

Inhaltsverzeichnis

Über den Autor

Prof. Dr.-Ing. Markus Glück ist Professor an der Fakultät Optik und Mechatronik der Hochschule Aalen, Lehrgebiet „Automatisierung und Robotik in der Fertigungstechnik". Zusätzlich engagiert er sich ehrenamtlich als Vizepräsident von EUnited Robotics und war von 2016 bis 2020 Leiter des jährlichen Forums „Mensch-Roboter" in Stuttgart.

Seine Fachgebiete: Sensorik, Produktionsmesstechnik, industrielle Bildverarbeitung (2D/3D), Robotik, Innovationsmanagement, Handhabungs-, Steuerungs- und Automatisierungstechnik. FuE-Schwerpunkte: Digitalisierung der Produktion, Roboterapplikationen und Mensch-Roboter-Kooperation, Mensch-Roboter-Interaktion.

Zuvor war er von 2016 bis 2021 Chief Innovation Officer sowie Geschäftsführer Forschung und Entwicklung der SCHUNK GmbH & Co. KG, Spanntechnik und Greifsysteme. Von 2002 bis 2016 Geschäftsführer der Technologie Centrum Westbayern GmbH, Produktionsmechatronik An-Institut der Hochschule Augsburg in Nördlingen. Von 2008 bis 2016 war er zudem Professor an der Hochschule Augsburg, Fakultät für Maschinenbau und Verfahrenstechnik.

Studium der Elektrotechnik an der Universität Ulm (1989–1994), wissenschaftlicher Mitarbeiter am Forschungszentrum der Daimler AG in Ulm (1995–1997), Mitglied des Führungsteams der Mattson Thermal Products GmbH (1998–2001), Sondermaschinenbau für Chipfertigung, zeitweise Auslandstätigkeit im Silicon Valley.

Kontakt: markus.glueck@hs-aalen.de

Abkürzungsverzeichnis (Verzeichnis der wichtigsten Abkürzungen und Symbole)

2D	zweidimensional
3D	dreidimensional
4d	dull, dangerous, dirty, delicate
AC	Alternating Current (Wechselstrom)
AGV	Automated Guided Vehicle
AMR	Autonomous Mobile Robot
APAS	Automatischer Produktionsassistent
ArbMittV	Arbeitsmittel- und Anlagensicherheitsverordnung
ArbSchG	Arbeitsschutzgesetz
AUT	Automatikbetrieb
BetrSichV	Betriebssicherheitsverordnung
BetrVerfG	Betriebsverfassungsgesetz
BG	Berufsgenossenschaft
BGB	Bürgerliches Gesetzbuch
BGHM	Berufsgenossenschaft Holz und Metall
BGIA	Berufsgenossenschaftliches Institut für Arbeitssicherheit
BWS	Berührungslos wirkende Schutzeinrichtung
CAGR	Compound Annual Gowth Rate (durchschnittliche jährliche Wachstumsrate in einem mit anzugebenden Beobachtungszeitraum)
Cat.	Category (Kategorie)
CE	Conformité Européene (europäische Konformitätserklärung)
CMOS	Complementary Metal Oxide Semiconductor
CNC	Computerized Numerical Control
Cobot	Collaborative Robot
CT	Computertomografie
DC	Diagnostic Coverage (Diagnosedeckungsgrad)
DC	Direct Current (Gleichstrom)
DFKI	Deutsches Forschungszentrum für Künstliche Intelligenz e. V.
DGUV	Deutsche Gesetzliche Unfallversicherung e. V.
DIN	Deutsches Institut für Normung e. V.

DKE	Deutsche Kommission Elektrotechnik e. V.
DLR	Deutschen Zentrums für Luft- und Raumfahrt e. V.
EG	Europäische Gemeinschaft
EMV	Elektromagnetische Verträglichkeit
EN	European Nations (Europäische Norm)
ERP	Enterprise Resource Planning
EU	European Union (Europäische Union)
EUnited Robotics	Europäischer Branchenverband der Robotikindustrie
EURON	European Robotics Network
FS	Fail Safe (fehlersicher)
FTS	Fahrerlose Transportsysteme
FuE	Forschung und Entwicklung
GPS	Global Positioning System
GPSG	Geräte- und Produktsicherheitsgesetz
HDRC	High Dynamic Range
HMI	Human Machine Interface (Mensch-Maschine-Bedienerinterface)
HTML	Hyper Text Markup Language
HTTP	Hyper Text Transmission Protocol
HW	Hardware
IAD	Intelligent Assist Device
IBN	Inbetriebnahme
IEC	International Electrotechnical Commission
IFA	Institut für Arbeitsschutz
IFF	Fraunhofer Institut für Fabrikbetrieb und Fabrikautomatisierung (Magdeburg)
IFR	International Federation of Robotics
I/O	Input/Output
IO-Link	Sensor-Aktor-Busssystem IO-Link
IP	Internet Protocol
IPA	Fraunhofer Institut für Produktionstechnik und Automatisierung (Stuttgart)
ISO	International Organisation for Standardisation
IT	Information Technology (Informationstechnik)
KMS	Kraft-Momenten-Sensorik
KMU	Kleine und mittelständische Unternehmen
LAN	Local Area Network (Drahtgebundenes Austauschnetzwerk)
MC	Motion Control (Bewegungssteuerung)
MES	Manufacturing Execution System
MHI	Wissenschaftliche Gesellschaft für Montage, Handhabung und Industrierobotik e. V.
MRK	Mensch-Roboter-Kooperation, verallgemeinernd bzw. Mensch-Roboter-Kollaboration bei direkter Interaktion

MTTF	Mean Time To Failure
MTTFd	Mean Time To Dangerous Failure
N	Newton (Kraft)
OEE	Overall Equipment Effectiveness (Gesamtanlagennutzungseffizienz)
OEM	Original Equipment Manufacturer
OPC UA	Open Platform Communications United Architecture
OT	Operational Technology (Produktionstechnik)
PAC	Programmable Automation Controller
PL	Performance Level (Leistungs- bzw. Anforderungsklasse)
PLr	Performance Level required (erforderlicher Performance Level)
PLC	Programmable Logic Controller (dt. SPS, speicherprogrammierbare Steuerung)
PPS	Produktionsplanung und -steuerung
ProdHaftG	Produkthaftungsgesetz
ProdSG	Produktsicherheitsgesetz
ProdSV	Produktsicherheitsverordnung
PSS	Programmierbares Steuerungssystem
QM	Qualitätsmanagement
QR Code	Quick Response Code (Identifikationsstandard)
RFID	Radio Frequency Identifikation (Hochfrequenz Funkidentifikation)
ROI	Return on Investment
ROS	Robot Operating System
SBC	Safe Brake Control (sichere Bremsenkontrolle)
SBT	Safe Brake Test (sicherer Bremsentest)
SCADA	Supervisory Control and Data Acquisition
SCARA	Selective Compliance Assembly Robot Arm
SIL	Safety Integrity Level (Sicherheitsintegritätsniveau)
SLAM	Simultaneous Localization and Mapping (laserbasierte Navigation)
SLS	Safety Limited Speed (sicher begrenzte Geschwindigkeit)
SOS	Safe Operation System (sicherer Betriebshalt)
SPS	Speicherprogrammierbare Steuerung
SQL	Structured Query Language
StGB	Strafgesetzbuch
STO	Safe Torque Off (sicher abgeschaltetes Moment)
SW	Software
TC	Technical Committee
TCP	Tool Center Point (Werkzeugspitze in Robotik)
TCP	Transmission Control Protocol (Internetkommunikationsstandard)
ToF	Time of Flight (Lichtlaufzeit)
TS	Technical Specification (Technische Spezifikation)

TÜV	Technischer Überwachungsverein e. V.
UML	Unified Modeling Language
URL	Universal Ressource Locator (Internetkommunikation)
V	Volt (elektrische Spannung)
VDE	Verein Deutscher Elektroingenieure e. V.
VDI	Verein Deutscher Ingenieure e. V.
VDMA	Verband Deutscher Maschinen- und Anlagenbauer e. V.
VIBN	Virtuelle Inbetriebnahme
VPN	Virtual Private Network
W	Watt (Leistung)
WLAN	Wireless Local Area Network (Funkbasiertes Austauschnetzwerk)
ZVEI	Zentralverband der Elektrischen Industrie e. V.

Grundlagen der Robotertechnik

Mit den Begriffen Roboter oder Robotik bringen viele Menschen Bilder menschen-ähnlicher Maschinen oder bedrohlicher technischer Gebilde in robusten, teilweise gepanzerten Körpern in Verbindung, die sich entweder ungelenk bewegen, sich mit maschinenähnlich blecherner Stimme äußern oder bedrohlich schnell agierende Kämpfernaturen mit menschenähnlichen Verhaltensmustern und überdurchschnittlicher Intelligenz bzw. Treffergenauigkeit sind.

Im allgemeinen Sprachgebrauch wird unter Roboter meist eine Maschine verstanden, die dem Aussehen des Menschen nachgebildet ist und Funktionen übernehmen kann, die sonst von Menschen ausgeführt werden. Bei einem menschenähnlichen Aussehen des Roboters spricht man auch von Androiden oder humanoiden Robotern.

Vor allem in Filmdarstellungen werden Roboter gerne als technische Wunderwerk-zeuge oder kaltblütige, autonom agierende Kampfmaschinen mit einer gegenüber dem Menschen besonders aggressiven Haltung dargestellt. Gerne sind dabei ihre Fähigkeiten und ihre Intelligenz unrealistisch überzeichnet.

Schon der Begriff „Roboter" (tschechisch *„robota"* für Arbeit, Frondienst oder Zwangsarbeit) hat seinen Ursprung in Science-Fiction-Erzählungen. Er taucht erstmals 1921 in einem Theaterstück Karel Capek auf.

Und im Science-Fiction-Thriller „Westworld" von Michael Crichton (1973) ent-wickelt ein menschenähnlich gebauter Roboter, ein so genannter Android, zum Beispiel plötzlich eigene Pläne. Seine Systemsteuerung gerät außer Kontrolle und er begibt sich auf Menschenjagd.

Beide stehen repräsentativ für noch viele andere Zerrbilder von Roboterdarstellungen in Filmen und Berichterstattungen bis zum heutigen Tag. Dabei geht völlig unter, dass die humanoiden oder menschenähnlichen Roboter nur einen Robotertyp aus dem viel-fältigen Spektrum der Robotik darstellen, dem heute und auch in den nächsten Jahren

M. Glück, *Mensch-Roboter-Kooperation erfolgreich einführen*, https://doi.org/10.1007/978-3-658-37612-3_1

allenfalls eine Außenseiterrolle zukommt. Sie stehen nicht maßgeblich für die aktuelle Industrie- und Servicerobotik und sind der Realität häufig vollkommen entrückt.

Die meisten Roboter leisten als unermüdlich und mit hoher Präzision arbeitende automatische Produktionshelfer ihren segensreichen Dienst in der Serienproduktion, übernehmen harte, gefährliche, ergonomisch belastende, monotone oder schmutzige Tätigkeiten. Sie sichern damit unsere Wettbewerbsfähigkeit und eröffnen uns Freiräume für attraktivere Aufgaben.

1.1   Robotik und Industrieroboter

Grundsätzlich gibt es keine weltweit einheitliche Definition des Begriffs Roboter. Dies liegt sicherlich an der Vielfalt der verschiedenen Robotertypen und Roboteranwendungen sowie an den vielfältigen Anwendungsfeldern und Einsatzumgebungen der Roboter. Sie reichen weit über die Industrierobotik für den industriellen Produktionseinsatz hinaus.

Heute leisten Roboter in Kliniken, Pflegeheimen, Gärten, Gärtnereibetrieben und Landwirtschaft, bei der Gebäudereinigung und Lagerverwaltung unverzichtbare Dienste, um an dieser Stelle und in dieser Einführung nur eine unvollständige, aber repräsentative Auswahl der immens großen Anwendungsbandbreite von Robotern und Bewegungsautomaten zu benennen.

Die Robotik selbst ist eine im höchsten Maße interdisziplinär ausgerichtete Paradedisziplin der Mechatronik, die sich als Systemwissenschaft aus der Zusammenführung von Wissensgebieten des Maschinenbaus, der Elektrotechnik, der Informatik, der Steuerungs- und Regelungstechnik, der Sensor- und Antriebstechnik bedient (Abb. 1.1).

Beim Robotereinsatz und vor allem bei der Mensch-Roboter-Kooperation kommt neben der eher technischen Einbettung der Roboter in ihr vollautomatisiertes Fertigungsumfeld und die dort genutzte Produktionstechnik noch eine wesentliche weitere, nicht-technische Seite zum Tragen: Die Berücksichtigung von Erkenntnissen aus den Arbeitswissenschaften und der Psychologie, denn selten wird Technik so nah am Menschen und in so ausgeprägt existentieller Bedeutung für die betroffenen Werker. Nötig ist das Vertrauen in den Kollegen Roboter, auch wenn die Sorge vor Arbeitsplatzverlust und Überforderung vielleicht anfänglich dominiert.

Zusätzlich wird dem Robotereinsatz ein äußerst potentialträchtiges Anwendungsfeld für Methoden der Künstlichen Intelligenz (KI) attestiert, das es durch die Integration von Sensoren und Kameratechnik frühzeitig zu erschließen gilt. Hierbei steht vor allem das Zurückgreifen auf Erkenntnisse aus der 2D und 3D Bildanalyse und dem maschinellen Lernen, aufbauend auf den Methoden und Tools der industriellen Bildverarbeitung, im Fokus aktueller Entwicklungsanstrengungen.

Ziel ist es, Robotern die Fähigkeit zu verleihen, selbst ihre Einsatzumgebung zu erkennen und zu bewerten. Als autonom agierende mechatronische Gesamtsysteme

Abb. 1.1 Robotik und
MRK als Paradedisziplin
der Mechatronik und
des interdisziplinären
Systems Engineerings mit
besonderer Verankerung
in Produktionstechnik,
Automation,
Arbeitswissenschaft und
Arbeitspsychologie im guten
Miteinander von Menschen
und Robotern

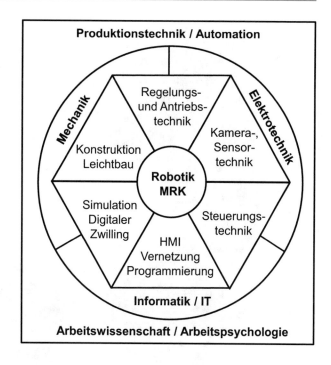

erreichen die Manipulatoren auf diese Weise das den Robotern oft zugewiesene intelligente Verhalten.

Die meisten Roboter, die heute in der Industrie verwendet werden, sind industrielle Bewegungsautomaten, die an einem festen Arbeitsplatz eingesetzt werden sich innerhalb ihres Bewegungsspielraums in mindestens drei Freiheitsgraden frei programmieren lassen (Abb. 1.2).

Der Roboterarm übernimmt das Führen des Endeffektors. Er besteht aus Armelementen, die über Armgelenke miteinander verbunden sind. Am Ende des Roboterarms ist der Endeffektor montiert und ermöglicht die Interaktion des Roboters mit seiner Umwelt. Endeffektoren – häufig auch Anbauwerkzeuge bezeichnet – umfassen im Wesentlichen Greifsysteme oder Vakuumsauger zur Handhabung und Manipulation von Objekten, Werkzeuge zur Werkstückbearbeitung, Messmittel zur Ausführung von Prüfaufträgen oder das Führen einer Kamera bei einem messenden Roboter.

Durch ihre mechanische Struktur und ihren prinzipiellen Aufbau ist ihre Fähigkeit bestimmt, mit dem Endeffektor eine definierte Position und Orientierung im Arbeitsraum einzunehmen beziehungsweise eine Bewegungsbahn (Trajektorie) im dreidimensionalen Raum abzufahren.

Für diese Industrieroboter gibt es in der VDI-Richtlinie 2860 eine formelle Definition:

„Industrieroboter sind universell einsetzbare Bewegungsautomaten mit mehreren Achsen, deren Bewegungen hinsichtlich Bewegungsfolge und Wegen bzw. Winkeln frei (d. h. ohne

Abb. 1.2 Industrieroboter mit 6-achsiger Knickarmkinematik und Handbediengerät. (Quelle Kuka Roboter)

mechanische Eingriffe) programmierbar und gegebenenfalls sensorgeführt sind. Sie sind mit Greifern, Werkzeugen oder anderen Fertigungsmitteln ausrüstbar und können Handhabungs- und/oder Fertigungsaufgaben ausführen."

Die Industrieroboter sind der Handhabungstechnik – der Gesamtheit aller Mittel und Verfahren, die dazu dienen, Objekte im unmittelbaren Bereich eines Arbeitsplatzes insbesondere maschinell zu bewegen – zugeordnet. Sie bestehen aus Armelementen, die Gelenkeinheiten als Manipulatoren und einer Greifvorrichtung versehen sind, einer Energieeinheit und einem Steuerungssystem. Das bislang vorherrschende Einsatzszenario ist noch immer die vollautomatisierte Massenproduktion (Abb. 1.3).

Industrieroboter funktionieren in einer strukturierten kontrollierten Umgebung und übernehmen monotone Arbeiten, wie wir sie etwa bei der Fließbandarbeit vorfinden. Sie leisten anstelle des Menschen gefährliche bzw. körperlich schwere, ergonomisch belastende Handhabungsaufgaben, wie zum Beispiel die Entnahme von Werkstücken

Abb. 1.3 Typischer Industrierobotereinsatz im Karosseriebau in der vollautomatisierten Serien-produktion von Automobilen. (Quelle Kuka Roboter)

oder das Einlegen von Teilen bei der Montage. Weitere Aufgaben sind Bearbeitungs-prozesse, wie beispielsweise das Lackieren, Entgraten, Schweißen oder Kleben von Werkstücken.

In den letzten Jahren hat sich die prozentuale Verteilung der Roboteranwendungen zu Gunsten der Montagetechnik verschoben. Stark im Kommen ist der Bereich Werkstück-bearbeitung und die robotergeführte Mess- und Prüftechnik.

Mit ihren blitzschnellen Bewegungen arbeiten Roboter besonders effizient. Die Bilder aus den Automobilproduktionen haben sich eingebrannt: Zischend schweißen die stählernen Gesellen in atemberaubender Geschwindigkeit Autokarosserien zusammen. Im Karosseriebau ist auf diese Weise zwischenzeitlich ein Automationsgrad von weit über 95 % erreicht worden.

Die meisten Industrieroboter arbeiten hinter Schutzzäunen in Roboterzellen, damit die Menschen vor ihren schnellen Bewegungen geschützt bleiben. Die Sicherheit wird durch eine strikte Trennung von Menschen und Maschinen gewährleistet. Der Werker hat keinen Zugang zum Einsatzumfeld des Roboters in der Roboterzelle. Ein einfacher und bewährter Ansatz.

Industrieroboter lassen sich nach verschiedenen Gesichtspunkten untergliedern, zum Beispiel nach Anwendungsbereichen, kinematischem Grundaufbau, Baugröße, Tragkraft und Raumbeweglichkeit. Mehrere Millionen Roboter sind jeden Tag überall auf der Welt im Einsatz. So vielfältig wie ihre Aufgaben ist auch ihr Erscheinungsbild.

Die Kinematik legt die Beziehung zwischen der Lage des Effektors bezüglich der Roboterbasis und der Einstellung der Gelenkparameter fest. Parameter zur Beschreibung der Gelenke sind die Drehwinkel (Gelenkraum) bzw. die Translationswege (kartesischer Raum).

Die Achsregelung und die Antriebe bewirken die Fortbewegung und die Bewegung der Glieder des Roboterarms bzw. des Endeffektors. Der Antrieb muss die Kräfte und Momente durch das Gewicht der Glieder des Roboters und der Objekte im Endeffektor kompensieren. Es gibt drei Antriebsarten: pneumatisch, hydraulisch, elektrisch.

Sensoren erfassen die inneren Zustände des Roboters (z. B. Lage, Geschwindigkeit, Kräfte, Momente, Position und Orientierung des Roboters selbst, Batteriestand, Temperatur im Innern des Roboters, Motorstrom und Stellung der Gelenke, Geschwindigkeit, mit der sich Gelenke bewegen, Kräfte und Momente, die auf die Gelenke einwirken), der Handhabungsobjekte und der Umgebung. Darüber hinaus messen sie physikalische Größen oder dienen der Identifikation und Zustandsbestimmung von Werkstücken.

Der am häufigsten zum Einsatz kommende Robotertyp ist ein sechsachsiger Industrieroboter mit Knickarmkinematik. Sein Aufbau ist dem menschlichen Bewegungsapparat nachempfunden und erreicht alle Punkte in einem 3D Raum mit beliebiger Orientierung (vgl. Abb. 1.4).

Er wird hauptsächlich für flexible Handhabungs- und Bearbeitungsaufgaben verwendet, vor allem dort, wo Bewegungsabläufe komplex sind. Sein fester Platz ist in der Automobilproduktion zum Beispiel im Karosseriebau, wo er Be- und Entladeaufgaben, Handhabungsaufgaben, das Schweißen, Kleben und spätere Lackieren von Autoteilen und Fahrzeugen übernimmt.

Die wesentlichen Bestandteile eines Knickarmroboters sind der Roboterarm, die Zentralhand, die Schwinge, das Karussell, das Grundgestell, der Gewichtsausgleich, die Robotersteuerung, das Programmierhandgerät und der Anbauflansch.

Abb. 1.4 Hauptbestandteile eines Robotersystems, bestehend aus einer 6-achsigen Knickarmkinematik, einer Robotersteuerung und einem Programmierhandgerät. (Bild Kuka Roboter)

Knickarmroboter können große Nutzlasten aufnehmen und bewegen. Sie erledigen vielfältige Routineaufgaben bei der Montage, beim Palettieren, Punktschweißen, Kleben, Abdichten oder Lackieren mit höchster Zuverlässigkeit und sehr hohem Tempo. Es gibt sie in nahezu allen Traglastklassen für Handhabungsgewichte zwischen wenigen Kilogramm bis zu tonnenschweren Lasten. Und um den Arbeitsradius weiter zu vergrößern, können sie auf einer Linear montiert werden, um so größere Distanzen zu überbrücken oder mehrere Arbeitsplätze zu bedienen.

Als Robotersteuerung bezeichnet man die Hard- und Software eines einzelnen Roboters. Ihre Aufgaben sind die Entgegennahme und Abarbeitung von Roboterbefehlen oder -programmen, die Steuerung und Überwachung von Bewegungs- bzw. Handhabungssequenzen und Fahraufträgen, die Synchronisation und Anpassung des Manipulators an den Handhabungsprozess sowie die Vermeidung bzw. Auflösung von Konfliktsituationen (Abb. 1.5).

Die Ablaufsteuerung übernimmt die Realisierung des Gesamtablaufs entsprechend einem eingegebenen Programm. Die Bewegungssteuerung kümmert sich um die Steuerung, Koordinierung und Überwachung der Bewegungen des mechanischen Grundgeräts (z. B. Punkt-zu-Punkt-Steuerung, Bahnsteuerung). Die Aktionssteuerung übernimmt die Kommunikation mit der technologischen Umwelt, z. B. die Koordinierung von Aktions- und Bewegungsabläufen, die Synchronisation mit dem technologischen Prozess, die Auswertung von Sensordaten.

Abb. 1.5 Zentrale Aufgaben einer Robotersteuerung. (Bildquellen Kuka Roboter)

Die Kinematik stellt die physikalische Beschreibung der Bewegung von Punkten und Körpern im Raum dar, ohne dass dabei die Kräfteeinwirkung berücksichtigt wird. Die möglichen Bewegungen des Roboters hängen von der Anordnung der Armelemente und Gelenke beziehungsweise Bewegungsachsen ab. Sie bestimmen die Anzahl der Freiheitsgrade und der sich daraus ergebenden Wirkungsumfelder eines Roboters.

Der Freiheitsgrad f – oder einfach die Achsenanzahl – charakterisiert die Beweglichkeit eines Manipulators. Der Freiheitsgrad gibt die Anzahl der voneinander unabhängigen, angetriebenen Bewegungen an, die ein Körper im Raum gegenüber einem festen Weltkoordinatensystem ausführen kann.

Mit zunehmender Achsenzahl steigt der mechanische und elektrische Aufwand bei der Auslegung, beim Bau des Roboterarms und dessen Steuerung, es erhöht sich allerdings auch die Bewegungsfreiheit und die Flexibilität der Bahnsteuerung.

Im 3D-Raum besitzt ein frei beweglicher starrer Körper 6 Freiheitsgrade (3 Translationen entlang der x-, y- und z-Achse, 3 Rotationen um die x-, y- und z-Achse). In der Konsequenz besitzen die meisten Industrieroboter in der Regel maximal sechs Achsen, die sechs unabhängige Bewegungsmöglichkeiten eröffnen. Sie weisen somit 6 Freiheitsgrade auf.

Dies aus gutem Grund, denn die kombinierte Ausnutzung dieser Freiheitsgrade erlaubt die beliebige Positionierung und Orientierung eines Objektes, zum Beispiel eines Greifers oder eines Anbauwerkzeugs, im 3D-Raum. 6-Achs Knickarmroboter sind daher die Klassiker im industriellen Fertigungseinsatz. Sie besitzen rotierende Hauptachsen und können sich frei im Raum bewegen. Abb. 1.6 zeigt den Arbeitsraum eines typischen 6-Achs Knickarmroboters.

Als Hauptachsen bezeichnet man die Grundachsen, welche die Gestalt des Arbeitsraums im Wesentlichen bestimmen und zur Positionierung des Endeffektors dienen. Es sind bei einem Knickarmroboter die Achsen A1 bis A3 für die Makrobewegungen, die man auch „große Achsen" nennt. Prinzipiell können diese sowohl Linear- als auch Drehachsen Hauptachsen sein.

Als Nebenachsen bezeichnet man die Bewegungsachsen, die im Verhältnis zu den Hauptachsen nur kleine Positionsänderungen bewirken (A4–A6). In der Regel sind dies Orientierungsänderungen. Daher werden sie häufig „Handachsen" oder „kleine Achsen" genannt. Sie werden für die Feinbewegungen im Greifbereich benötigt und sind fast immer rotatorischer Art.

Zur begrifflichen Klärung sei an dieser Stelle eine weitere wichtige Namenskonvention der Robotik eingeführt: Bei der Bezeichnung von Bewegungsachsen werden diese so mit Nummern bezeichnet, dass die Achse Nr. 1 immer die erste Bewegungsachse am Sockel (Befestigungsfläche) darstellt. Dies gilt auch, wenn der Roboter in einer Über-Kopf-Position hängend an der Decke installiert wurde. Die Nummerierung erfolgt dann aufsteigend entlang der kinematischen Kette bis zum Endeffektor Flansch bzw. zur letzten Werkzeugachse.

Schneiden sich bei einem sechsachsigen Knickarmroboter die Achsen der letzten drei Gelenke der kinematischen Kette in einem Punkt, so spricht man von einer Zentralhand.

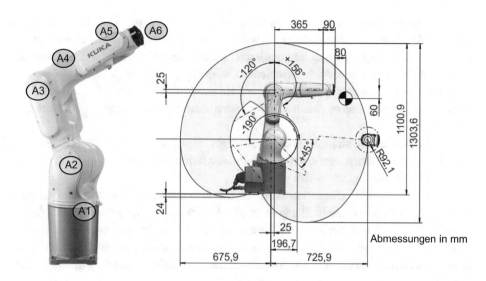

Abb. 1.6 Armkinematik eines 6-achsigen Industrieroboters und daraus resultierender Arbeitsraum. (Bildquelle Kuka Roboter)

Bei einer Winkelhand schneiden sich dagegen nur zwei Achsen, während die dritte Achse mit Achsversatz angeordnet ist. Eine weitere Variante der Handgestaltung ist die Doppelwinkelhand. Sie ist wesentlich aufwändiger, führt aber zu einer sehr guten Bewegungsfreiheit des Endeffektors.

Wichtig für Roboter, die zur Unterstützung der Werker und zur Übernahme von Montageaufgaben im Umfeld der Menschen genutzt werden, aber auch für jeden Roboter im Industrieeinsatz ist ein geringes Eigengewicht, denn jeden Teil des Roboterkörpers gilt es hochdynamisch zu beschleunigen und wieder abzubremsen.

Die Antriebselemente in den Gelenken müssen große Drehmomente übertragen können. Ein robuster und spielfreier Gesamtaufbau ist erforderlich, um eine gleichmäßige präzise Bewegung der Roboterarme bei bester Wiederholgenauigkeit und Stabilität der Pose im Betrieb zu gewährleisten.

Zum Einsatz kommen kompakte Getriebe hoher Untersetzung, leistungsstarke servo-elektrische Motoren und wirkungsvolle Bremsen, die in kompakten Bauräumen untergebracht sind und sich durch ein möglichst geringes Eigengewicht auszeichnen. Eine im Arm integrierte und damit im Gehäuseinneren geschützt geführte Durchleitung von Kabelverbindungen und Medienleitungen bis zum Anbauflansch ist ein wesentlicher Vorteil.

Industrieroboter mit weniger als 6 Freiheitsgraden werden als global degeneriert bezeichnet. Sie weisen eingeengte Bewegungsräume und Werkzeugorientierungen auf. Kinematische Ketten mit mehr als 6 Freiheitsgraden werden als redundant oder überbestimmt bezeichnet.

In der Natur finden wir keine reinen Sechsachser. Allein die menschliche Hand hat 22 unabhängige Bewegungsmöglichkeiten, wenn auch mit recht eingeschränkten Winkelbereichen. Sie ist kinematisch überbestimmt. Dies bedeutet, dass ein aufzunehmendes Objekt im Prinzip auf unendlich verschiedene Weisen gegriffen werden kann.

Die Vorteile kinematisch überbestimmter Konstruktionen liegen auf der Hand: Eine siebte Achse ermöglicht es einem Roboter, noch flexibler, sozusagen „um die Ecke zu arbeiten".

Die Basiskinematik stellt die Berechnungsgrundlage für die in der Robotersteuerung implementierten Transformationen dar, wobei zwischen der Vorwärts- und der Rückwärtstransformation unterschieden wird.

Mit der Vorwärtstransformation wird die Umrechnung einer Pose aus dem Gelenkraum (über 6 Gelenkwinkelstellungen) in einen kartesischen Koordinatenraum (mit 3 Koordinatenachsen und 3 Rotationen, jeweils um diese Koordinatenachsen) beschrieben.

Die Rückwärtstransformation bezeichnet die Rückrechnung einer im kartesischen Raum beschriebenen Pose aus 3 Translationen und 3 Rotationen auf die einzustellenden Gelenkwinkel, den Gelenkraum, wie Abb. 1.7 zeigt.

Bei der Auswahl eines Roboters muss der erreichbare Arbeitsraum möglichst gut zur Aufgabenstellung passen. Neben der am häufigsten im Industrieeinsatz vorkommenden 6-Achs Knickarmkinematik kommen die folgenden, kinematisch unterbestimmten Robotersysteme aufgrund ihrer besonderen Designmerkmale zum Einsatz (vgl. Abb. 1.8):

- Portalroboter weisen nur drei oder vier Freiheitsgrade auf. Sie verfahren im Bewegungsraum oberhalb der Maschine oder Arbeitsfläche. Die Bodenfläche wird nur minimal beansprucht. Dafür können sie Lasten über große Strecken transportieren und diese sehr genau in einem kartesischen Arbeitsraum positionieren.

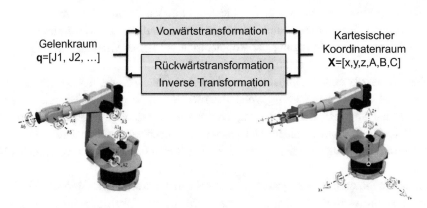

Abb. 1.7 Vor- und Rückwärtstransformationen ermöglichen die wechselseitige Umrechnung der Beschreibung von Posen im Gelenk- und im Koordinatenraum. (Bildquelle Kuka Roboter)

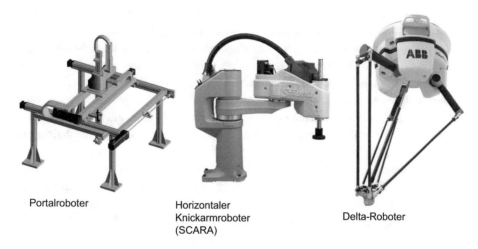

Portalroboter

Horizontaler
Knickarmroboter
(SCARA)

Delta-Roboter

Abb. 1.8 Weitere Bauformen von Industrierobotern. (Bilder: Hochschule Aalen, Stäubli, ABB)

Typische Anwendungen sind die Beschickung von Maschinen in Fertigungszellen, insbesondere auch bei Mehrmaschinenbedienung. Portalroboter beladen Maschinen von oben, zum Beispiel über Ladeluken – so bleibt die Maschine zugänglich. Auch bei der Montage größerer Baugruppen, zum Beispiel in der Motorenfertigung, kommen sie häufig zum Einsatz. Ebenso bei der Verkettung mehrerer Anlagen zu Arbeitslinien. Kleinere Versionen der Portalroboter kommen auch in Bestückungsautomaten zum Einsatz.

Es gibt verschiedene Varianten eines Portalroboters. Die einfachste Variante sind Linearportale. Bei ihnen liegen die Punkte, die mit dem Endeffektor angefahren werden können, in einer Achse. Der Portalarm kümmert sich hier um die vertikalen Bewegungen, während ein Portalschlitten horizontale Bewegungen ausführt. Wenn zusätzlich noch eine senkrechte Bewegung notwendig ist, kommt ein Auslegerportal zum Einsatz. Ein Flächenportalroboter kann große räumliche Bereiche, zum Beispiel in einer Lagerhalle für Getränke, abdecken.

- Palettierroboter setzen automatisch Paletten und Packstücke auf Ladungsträger. Es gibt sie in verschiedenen Realisierungsformen, wie beispielsweise als Lagenpalettierroboter. In der Regel haben Palettierroboter vier Freiheitsgrade. Sie sind sehr leistungsstark, mit ihnen werden komplette Ladungen auf eine Palette gestellt. Beim Palettierroboter bewegen sich Werkzeugflansch und damit auch das Werkzeug aufgrund des Parallelogramms und die dadurch bedingte Kopplung der Zentralhandausrichtung immer parallel zum Boden.
- SCARA Roboter (= Selective Compliance Assembly Robot Arm) weisen in der Regel vier Freiheitsgrade auf. Sie stehen auf einem festen Fuß, besitzen einen schwenkbaren Gelenkarm mit drei vertikalen Rotationsachsen und bedienen

damit einen beschränkten Arbeitsraum, der speziell für die Kleinteilmontage in der Elektronik und Verpackungstechnik bei hohem Fertigungstakt optimiert ist.

Am Ende des Arms befindet sich in der Regel eine vertikale, drehbare z-Hubachse, an der ein Greifer oder Vakuumsauger montiert werden kann. Der vertikale Hubbereich ist meistens relativ klein. Die Genauigkeit ist sehr gut, die Bewegungen erfolgen sehr schnell. Typische Anwendungsgebiete sind die Kleinteilmontage, das vertikale Fügen von Werkstücken, das Sortieren und Verpacken von Kleinteilen mit geringem Gewicht bei meist hohen Bahngeschwindigkeiten sowie die Bestückung und Handhabung von elektronischen Leiterplatten.

Die robusten Roboter lassen sich auf dem Boden, an der Wand oder der Decke installieren. Sie benötigen nur wenig Platz, erreichen sehr kurze Taktzeiten und haben eine hohe Wiederholungsgenauigkeit. Allerdings lassen sie sich nur in kleinen Arbeitsbereichen verwenden. Bauartbedingt findet man diesen Robotertyp vor allem in der Verpackungsindustrie und in der Elektronikproduktion.

- In diesem Einsatzumfeld findet man vermehrt auch Delta-Kinematiken. Darunter versteht man Parallelarmroboter mit einer Stabkinematik, deren Arme über Universalgelenke mit der Basis verknüpft sind. Ein Hauptmerkmal der Delta-Roboter sind ihre gestellfesten Hauptantriebe. Delta-Roboter besitzen in der Regel drei oder vier Freiheitsgrade. Die Basis des Roboters ist oberhalb der sich bewegenden Teile montiert, hängt also an der Decke. Von dort beginnen mindestens drei Gelenkarme, deren Enden mit einer kleinen dreieckigen Plattform verbunden sind.

  Delta-Roboter sind leicht und schnell und werden deswegen häufig zum Verpacken, in der Montage und im Hochgeschwindigkeitstaktumfeld eingesetzt. Dank ihrer Präzision eignen sie sich vor allem für Pick-and-Place-Anwendungen mit kleinen Handhabungsgewichten und dank ihrer hohen Taktgeschwindigkeit für den Einsatz in der pharmazeutischen Industrie und der Lebensmittelverpackung, denn hier wird mit sehr großen Stückzahlen gearbeitet.

  Delta-Roboter haben einen beschränkten Arbeitsbereich und eine niedrige Maximalbelastung. Vor allem in Verbindung mit Kameramesssystemen agieren sie sehr flexibel und werden daher für Sortier- und Verpackungsanwendungen sehr gerne eingesetzt.

- Mobile Roboterplattformen (vgl. Abb. 1.9) können zusätzlich ihren Standort verändern. Sie kommen zunehmend bei der flexiblen Unterstützung der Werkerinnen und Werker an den Produktionslinien zum Einsatz.

  Vor allem in der Lagerlogistik sowie in der Intralogistik hat sich ihr Einsatz bewährt. Sie übernehmen in den Werken und Logistikzentren zuverlässig Aufgaben der Materialbereitstellung und des innerbetrieblichen Transports von Komponenten, Halbzeugen, Werkzeugen und Produkten.

  Damit schlägt die Robotik ein neues Kapitel auf: Die Roboter werden zum unmittelbaren Unterstützer der in Produktion und Logistik tätigen Menschen. Sie teilen sich zunehmend ihr Wirkungsumfeld mit den Menschen, agieren vermehrt ganz ohne Schutzzaun und in einigen Fällen findet bereits eine unmittelbare Interaktion der

Abb. 1.9 Mobile Serviceroboter für Gastronomie, Gesundheitswesen, Logistik und Garten, die mit den Menschen und ihrer Umgebung interagieren. (Quellen Robotise, Care-o-Bot, Grenzebach, Husquarna)

Roboter mit den Menschen statt. Der Roboter wird damit zum „Cobot", „Co-Worker", zum Assistenten. Kurz: zum Kollegen Roboter.

1.2 Serviceroboter

Neue Technologieentwicklungen, insbesondere auf dem Gebiet der Sensorik und Steuerungstechnik, verhalfen Industrierobotern in kürzester Zeit zu mehr Flexibilität, die sie dazu befähigten, sich selbstständig auf Produktvariationen und sich ändernde Einsatzumgebungen einzustellen. Diese Entwicklung sollte in den1980er-Jahren zu einem Evolutionssprung führen: die Idee des Serviceroboters wurde konkret.

Prof. Dr. Dieter Schraft vom Fraunhofer Institut für Produktionstechnik und Automatisierung (IPA) hat 1994 den Begriff Serviceroboter erstmals definiert:

> „Ein Serviceroboter ist eine frei programmierbare Bewegungseinrichtung, die teil- oder vollautomatisch Dienstleistungen verrichtet. Dienstleistungen sind dabei Tätigkeiten, die nicht der direkten industriellen Erzeugung von Sachgütern, sondern der Verrichtung von Leistungen für Menschen und Einrichtungen dienen."

Als Serviceroboter wird ein Roboter bezeichnet, der teil- oder vollautonom Dienstleistungen ausführt, zum Beispiel die Unterstützung oder Entlastung bei bisher vorrangig manuell erbrachten Tätigkeiten. Hierbei werden die Assistenten bewusst mit dem Menschen in für Menschen gemachte Arbeitsumgebungen eingesetzt. Mit ihren Fähigkeiten und ihrer ausgeklügelten Technik überzeugen Serviceroboter in Rekordgeschwindigkeit sowohl den professionellen als auch den privaten Sektor.

2002 drang mit dem Staubsauger Roomba ein von der Firma iRobot entwickelter, breit einsetzbarer Serviceroboter für den Privatgebrauch in die Haushalte vor. Er konnte bereits Hindernissen ausweichen, selbständig staubige Stellen finden und zur Ladestation zurückkehren, wenn er wieder aufgeladen werden musste.

Serviceroboter werden nach ihrem primären Einsatzort unterschieden: Für gewerbliche Anwendungen – üblicherweise bedient durch eine eingewiesene Person – und Serviceroboter für persönliche und häusliche Anwendungen – bedient durch Laien, nicht eingewiesene Personen.

Serviceroboter für gewerbliche Anwendungen sind in unterschiedlichen Bereichen zu finden: Die größten sind aktuell die Landwirtschaft, Verteidigung, Sicherheit und Bewachung, Logistik, im Handel, Gesundheitswesen, zur Rasenpflege, Rehabilitation und Pflegeunterstützung.

In allen Einsatzumgebungen ist das sichere und effiziente Zusammenarbeiten von Menschen und Maschinen in gemeinsam genutzten Arbeitsumgebungen und auf den Verkehrswegen sicherzustellen. Wichtig ist darüber hinaus eine reichweitenstarke Batterieversorgung, eine wirkungsvolle Ladeinfrastruktur sowie eine verlässliche Vernetzung und Datenkommunikation.

Um einen mobilen Serviceroboter optimal einsetzen zu können, muss dieser mit einer agilen Bewegungsplattform, einem sensiblen Manipulator, einer universellen Hand oder einem wechselbaren Werkzeug sowie einer leistungsfähigen optischen Sensorik zur autonomen Navigation und Lokalisierung ausgestattet werden. Seine Bewegungen müssen sicher erfolgen. Ebenso das intensive Miteinander dieser Roboter mit den Menschen, sowohl im Einsatz als auch auf Verkehrswegen und in herausfordernden Umgebungssituationen.

Weitere Anwendungsfelder für neuartige Serviceroboter sind das autonome Fahren, die Inspektion von Rohrleitungen und Kanälen, die Übernahme der fortlaufenden Lagerbestandskontrolle in Logistik und Handel.

Beschäftigte in Logistikberufen sind besonders gefährdet, Muskel-Skelett-Erkrankungen zu erleiden, denn jede und jeder zweite Beschäftigte im Bereich Logistik hat häufig schwere Lasten über lange Wegstrecken zu bewegen. Der Einsatz von Logistikrobotern im Lagerbetrieb unterstützt Mitarbeiter bei der Einlagerung und dem Kommissionieren sowie beim Verstauen und Heraussuchen von Waren.

Im Krankenhaus werden mobile Roboter für den automatisierten Warentransport eingesetzt. So können Personalkosten in der Logistik gesenkt und die Risiken von Fehllieferungen verringert werden. Außerdem wird die Infektionsgefahr reduziert, wenn Serviceroboter beispielsweise infektiöse Abfälle transportieren.

Der wohl bekannteste Serviceroboter wurde am Fraunhofer-IPA entwickelt und auf den Namen Care-O-bot getauft, der bereits in der vierten Generation erhältlich ist. Care-O-bot ist die Produktvision eines mobilen Roboterassistenten zur aktiven Unterstützung des Menschen im häuslichen Umfeld.

In den 90er-Jahren entwickelt, bestand der Prototyp aus einer mobilen Basisplattform sowie einem dreh- und schwenkbaren Touchscreen, der eine intuitive Kommunikation mit dem Menschen ermöglichte. Sicher und verlässlich bewegte er sich unter Menschen und führte einfache Transportaufgaben im Haushalt durch. Sein Nachfolger konnte bereits einfache Manipulationsaufgaben auszuführen und als intelligente Gehhilfe genutzt werden.

Als interaktiver Butler war Care-O-bot 3 bereits in der Lage, typische Haushaltsgegenstände selbstständig zu erkennen und aufzunehmen sowie mithilfe eines Tabletts an den Menschen zu übergeben. Die aktuellste Version aus 2015 ist agiler, modularer und kostengünstiger als seine Vorgänger. Auf Basis seines modularen Systemkonzepts ist Care-O-bot 4 vielseitig einsetzbar. Der Roboter kann mit einem, mit zwei oder auch ohne Arme ausgestattet werden. Geht es um das Servieren von Getränken, könnte man auch eine Hand durch ein Tablett ersetzen. Es ist sogar möglich, nur die mobile Basis als Servierwagen zu nutzen. Je nach Konfiguration lässt sich eine individuelle Roboterplattform für unterschiedlichste Anwendungen aufbauen: Als mobiler Informationskiosk im Museum, Baumarkt oder Flughafen, für Hol- und Bringdienste in Heimen oder Büros, für Sicherheitsanwendungen oder als Museumsroboter zur Attraktion – stets ist der Care-O-bot 4 ein sicherer und nützlicher Helfer des Menschen.

Laut dem Fraunhofer-IPA haben Untersuchungen gezeigt, dass soziale Umgangsformen unabdingbar für die Akzeptanz interaktiver Serviceroboter sind. Care-O-bot 4 ist in der Lage, je nach Situation mehrere Stimmungen über sein im Kopf integriertes Display anzuzeigen. Während das Vorgängermodell als zurückhaltender, eher distanzierter Butler konzipiert war, ist sein Nachfolger so zuvorkommend, freundlich und sympathisch wie ein Gentleman.

Serviceroboter überzeugten nicht nur im professionellen Sektor, sondern haben sich zudem als beliebte Haushaltshelfer im Privatsegment etabliert. Sie mähen den Rasen, saugen die Wohnung oder putzen die Fenster und machen fast zwei Drittel der privat genutzten Serviceroboter aus. Weitere Roboter für den häuslichen Gebrauch sind Unterhaltungs- und Freizeitroboter.

Entscheidend für die Nutzerakzeptanz von Servicerobotern sind neben einem ansprechenden Design moderne Formen der Interaktion mit den Nutzern unter Einbeziehung neuester Entwicklungen auf dem Themengebiet der künstlichen Intelligenz für Navigation, Sprach- und Gestenerkennung sowie die Fähigkeit zur menschenzentrierten Prozessgestaltung in Verbindung mit intuitiven Bedienformen, die auf einen allgemeinen, nicht speziell eingewiesenen Personenkreis unterschiedlichsten Alters zugeschnitten sein müssen. Eine herausfordernde Aufgabe für die Softwareentwicklung und das begleitende Usability Engineering!

1.3   Cobots – eine neue Gerätegeneration und neue Ökosysteme

Bisher agierten Roboter in den meisten Fällen abgeschirmt von den Produktionsmitarbeitern hinter schützenden Gittern in verriegelten Zellen. Ihr Einsatzumfeld war die Großserienproduktion und die Handhabung schwerer Lasten. Bewegt wurden die leistungsstarken Geräte mit höchsten Bahngeschwindigkeiten. Die Gefahrenpotentiale

Abb. 1.10 Weiterentwicklung der Industrierobotik von der Serienproduktion hinter trennenden Schutzeinrichtungen hin zur unmittelbaren Kooperation von Menschen und Robotern in geteilten Arbeitsräumen und an gleichen Werkstücken. (Quelle Schunk)

ihres Einsatzes wurden durch trennende Schutzeinrichtungen minimiert. Doch das ändert sich gerade mit hohem Tempo (Abb. 1.10).

Für kleinere Losgrößen sind die klassischen Industrieroboter ungeeignet. Neue Robotergenerationen für moderne Fertigungslinien müssen ein hohes Maß an Flexibilität ermöglichen, beispielsweise die unmittelbare Zusammenarbeit des Werkers und eines Roboters in einem gemeinsam genutzten Arbeitsraum.

Gefordert sind deutlich kleinere, schnell und flexibel agierende Leichtbauroboter für die Mensch-Roboter-Kooperation (MRK), die in einer sich ständig verändernden Fertigungslinie anpassungsfähige Helfer der Werker sind und sich vor allem bei mittleren Losgrößen und überschaubarer Variantenvielfalt als universelle Werkzeuge erweisen.

Im Gegensatz zu diesen traditionellen Industrierobotern wurden Cobots entwickelt, um menschliche Bediener in der Fertigung sicher und unmittelbar zu unterstützen, indem sie einfache, sich wiederholende und körperlich anstrengende Aufgaben übernehmen.

Durch die stärkere Einbindung von Robotern in den Produktionsprozess, die sich bis hin zum unmittelbaren Miteinander von Menschen und Robotern erstreckt, steigt allerdings auch das Gefahrenpotential für Bediener, Service- und Instandhaltungspersonal. Um ein sicheres Arbeiten für diesen Personenkreis zu ermöglichen, unterliegen die Konstruktion MRK-fähiger Roboter und die Konzeption von MRK-Montagearbeitsplätzen einer Vielzahl an Richtlinien und Normen. Sicherheit geht immer vor!

Die kollaborativen Roboter wurden zuerst im Jahr 2008 in den Markt eingeführt und stellen eine relative neue Kategorie von Industrierobotern dar. Wie allen revolutionären Technologien stand man auch dem Einsatz von Cobots in der Fertigungsindustrie zunächst mit Skepsis gegenüber. Zwar sahen die meisten Werksleiter in ihnen ein technisches Wunder, zweifelten jedoch an der Vorstellung, sie wirkungsvoll und betriebswirtschaftlich sinnvoll in ein industrielles Arbeitsumfeld integrieren zu können.

Es muss zum Beispiel sichergestellt sein, dass die kraftvollen Robotergehilfen ihren menschlichen Kollegen nicht gefährlich werden oder sie gar verletzen. Voraussetzungen dafür sind unter anderem eine leistungsfähige Umgebungsabsicherung, kurze Reaktionszeiten sowie eine hohe Intelligenz der Steuerungssysteme, um die Gefahren für Mensch und Maschine auf ein Minimum zu reduzieren, ohne die Produktionseinrichtungen in ihrer Funktion und Bedienbarkeit mehr als erforderlich zu beschränken.

Vor allem in der Medizintechnik lernte man parallel, Roboter als unermüdliche Assistenten im Operationsbetrieb zu schätzen, was zu sehr leistungsstarken, allerdings auch teuren ersten MRK-fähigen Robotersystemen führte, die in den Operationssälen eingeführt wurden.

Einige Produktionsbetriebe wagten sich in den letzten Jahren an die Realisierung erster MRK-Pilotanwendungen oder sind derzeit intensiv dabei, sich Gedanken zu machen, wie man die MRK-Technologie in den vorhandenen Produktionslinien nutzbringend einführen kann und wie man die hiervon betroffenen Mitarbeiter in die neue Welt mitnehmen kann. Sie sammelten wertvolle Erfahrung und legten den Grundstock für eine massive Veränderung des Robotermarkts, in welchem neben den etablierten Anbietern von Robotern zunehmend Akteure aus dem Startup-Umfeld wertvolle Akzente setzen.

Mit dem Einzug der Cobots in die Fertigungshallen befindet sich die Robotik aktuell an einem bedeutsamen Wendepunkt. Sie entwickelt sich weiter zur modernen Assistenz- und Servicerobotik für den breit gefächerten Produktionseinsatz. Wir sehen heute schon an vielen Stellen Roboter, die uns bei unseren Aufgaben aktiv unterstützen und nicht mehr durch Schutzzäune getrennt von den Beschäftigten arbeiten.

Die kollaborative Robotik verändert unser Verständnis von Automatisierung grundlegend und wird die Industrielandschaft in den nächsten Jahren nachhaltig prägen. Cobots versetzen uns in die Lage, auch Produktionslinien mit volatilen Losgrößen zu automatisieren und diese flexibel an Produktionsspitzen anzupassen.

Gefallen sind die Preise für die neuen Roboterarme und ein neues Denken beflügelt den Erfolg der Leichtbaurobotik. Dieser Boom basiert auf zwei elementaren Vorteilen: Robotik wird erstens einfach und zweitens erschwinglich. Das gilt für die Hardware, aber auch für den Aufwand, den ich betreiben muss, um eine Applikation prozesssicher zu implementieren.

Wir erleben derzeit eine interessante Veränderung bei den Anbietern von Robotertechnik. Aktuell entstehen ganz neue anwendungsorientierte Plattformen und Ökosysteme. Neue Anbieter für Leichtbauroboter treten ins Marktgeschehen ein und haben zu einer beachtlichen Belebung des Innovationsgeschehens beigetragen. Die Roboteranbieter wandeln sich von Herstellern von Roboterarmen und dazu passender Steuerungstechnik hin zu Vollsortimentern für Robotersysteme und Handhabungsprozessen für die industrielle Arbeitspraxis.

Nach dem Vorbild der UR + Plattform von Universal Robots entstehen höchstinteressante Ökosysteme und Austauschforen. Das Produktportfolio der meisten Roboteranbieter ist heute vollumfänglich über digitale Plattformen zugänglich. Von der Modellierung bis zur Beschaffung ist darauf alles möglich. Das bislang vorherrschende Produkt- und Komponentendenken der einzelnen Akteure wird zunehmend abgelöst durch diese anwendungsbezogenen Plattformen.

Neben Roboterarmen werden zum sofortigen Einsatz maßgeschneiderte Komponenten von Partnern angeboten, die durch die Anwender direkt über das Netz aus einer Hand beschafft und sofort auf einfache, dennoch aber verlässliche Weise in Betrieb genommen werden können. Zusätzlich werden verstärkt Use Cases als anschauliche Beispiele aus der Einsatzpraxis offengelegt, Erfahrungswerte geteilt, Schnittstellen optimiert. Dies erhöht vor allem die Investitionssicherheit für Anwender.

Selbst kleine Unternehmen, die bislang kaum automatisiert haben, beschäftigen sich mittlerweile intensiv damit, wie sie über den Einsatz von Robotertechnologie oder sogar im Zusammenspiel von Menschen und Robotern Vorteile erzielen können. Viele suchen schon den Einstieg in die Robotik und wollen die Technologie selbst kennenlernen. Hierbei geht es vor allem darum, Berührungsängste abzubauen.

Damit verbunden ist die Forderung einer radikalen Vereinfachung. Nicht mehr höchste Präzision und die mechanische Robustheit der Systeme im Dauereinsatz stehen im Vordergrund der Argumentationsketten, sondern intuitive und einfache Bedienformen, eine leichte Anpassungsfähigkeit und die leichte Integrierbarkeit von Anbauwerkzeugen stellen kaufentscheidende Argumente und Erfolgsfaktoren am Cobot Markt dar, denn es geht in diesem neuen Segment meist um wenig komplexe Basisanwendungen, die erschlossen werden sollen.

Der Trend geht zu Robotersystemen, die sich zügig und intuitiv in Betrieb nehmen lassen, selbsttätig an variierende Arbeitssituationen anpassen und eine direkte Interaktion mit dem Menschen in gemeinsam genutzten Arbeitsräumen ermöglichen. Eine intuitive Roboterbedienung und eine intelligente Handhabung sind allerdings nur möglich, wenn Komponenten wie Anbauwerkzeuge und Roboterarme sich nahtlos, schnell und einfach zu einem Handhabungssystem integrieren lassen.

Letzteres steht für einen neuen, mit der Cobot Revolution in seiner Bedeutung gestiegenen Trend: Das zunehmende „Partnering". Eine enge Partnerschaft von Endeffektor- und Roboterhersteller, denn eine optimale Lösung ist bestimmt durch die bestmögliche Interaktion aller Komponenten und der beteiligten Peripheriegeräte mit dem Roboter. Vor allem die Leichtbaurobotik wird vom Engagement vielfältig aktiver Startups in ganz neue Richtungen gelenkt und die Robotikbranche muss sich an ganz neue innovative Akteure gewöhnen.

Parallel arbeitet die Entwicklungs- und Forschungslandschaft mit Hochdruck an Möglichkeiten der unmittelbaren Zusammenarbeit von Menschen und Robotern in gemeinsamen Arbeitsräumen. Ihr Fokus liegt auf sicheren Produktionssystemen, die schnell auf neue Rahmenbedingungen anpassbar sind. So wird dieser Automatisierungszweig eine wesentliche Verbesserung und Leistungssteigerung der Wertschöpfungskette erwirken.

Zusätzlich bedarf es einer einfacheren Inbetriebnahme der Roboter am Einsatzort im Sinne eines effizienten *„Plug & Produce"*. Auch die Steuerungslandschaft ist anzupassen. Von der einstigen Zeilenprogrammierung erleben wir heute einen rasanten Wandel hin zu intuitiven Bedienoberflächen und einem Vormachen und Führen, da nicht jeder Werker über Programmierkenntnisse verfügt.

Darüber hinaus wird der Grad der Intelligenz in den Robotersystemen und Endeffektoren steigen. Das smarte Greifen eines Werkstücks umfasst zusätzlich zum eigentlichen Greifvorgang das sensorgestützte Detektieren unterschiedlicher Werkstück- und Prozessparameter, deren Analyse sowie die Möglichkeit, situativ angepasst zu reagieren.

1.4   Exoskelette – Unterstützung ganz nah am Menschen!

Wer bisher glaubte, die geringstmögliche Distanz zum Roboter wäre bereits durch den kollaborierenden beziehungsweise Serviceroboter erreicht, vermutete das Exoskelett weiterhin in der Science-Fiction-Sparte. Dabei kann man mit einem Exoskelett sogar einen Roboter anziehen. Bei den neuartigen Assistenten handelt sich um motorisierte Muskeln und Gelenke, die die Bewegungen der Arbeiter unterstützen, ihnen beim Heben, Tragen, Treppensteigen helfen.

Ein Vorreiter für den Industrieeinsatz ist German Bionic Systems, der 2018 das erste in Deutschland entwickelte Exoskelett Cray X für die manuelle Handhabung von Gütern und Werkzeugen in Serie fertigen ließ. Es verringert den Kompressionsdruck im unteren Rückenbereich beim Heben schwerer Lasten.

Exo- oder Außenskelette verleihen zwar keine Superkräfte, kombinieren dafür aber menschliche Intelligenz mit maschineller Kraft, indem sie die Bewegungen des Trägers unterstützen oder verstärken und so das Risiko von Arbeitsunfällen und überlastungsbedingten Erkrankungen verringern. Ein Denkansatz, der auch für die Mensch-Roboter-Kooperation gilt (Abb. 1.11).

Exoskelette kommen dort zum Einsatz, wo menschliche Arbeit nicht sinnvoll durch Vollautomatisierung oder Roboter ersetzt werden kann. Hierzu zählen Arbeitsprozesse in der industriellen Produktion, beispielsweise in der Automobilbranche, aber auch körperlich schwere Arbeiten im Baugewerbe, der Logistik oder im Pflegebereich.

In einigen Branchen sind Exoskelette schon im Einsatz. Mediziner nutzen sie, um gelähmten Patienten das Gehen zu ermöglichen. In der Automobilproduktion und in der Transportlogistik tragen Werker Exoskelette, um ihre Schultern zu entlasten, wenn sie am Fließband Hunderte Male am Tag dieselbe Armbewegung ausführen.

Manche dieser ergonomisch belastenden Tätigkeiten tun schon beim Hinsehen weh, beispielsweise wenn Menschen mit gekrümmtem Rücken schwere Gegenstände aus tiefen Gitterboxen herausheben müssen. Dafür gibt es zwar Hebegeräte und teilweise auch Roboter, doch diese eignen sich hauptsächlich für stationäre Arbeitsplätze.

In der Logistik wird immer noch vieles von Hand bewegt, vor allem dort, wo unterschiedliche Produkte auf beengtem Raum be- und entladen werden. Bis alle diese Tätigkeiten z. B. mit Robotern automatisiert sind, dauert es noch Jahrzehnte. Deshalb werden Exoskelette langfristig als körpernahe Technikhelfer benötigt.

Grundsätzlich wird zwischen passiven und aktiven Exoskeletten unterschieden. Die einen unterstützen den Menschen rein mechanisch. Während aktive Exoskelette mit

Abb. 1.11 Mensch-Roboter-Interaktion ganz nah am Menschen: Ergonomische Entlastung durch Exoskelette, Assistenten zum Anziehen. (Quellen German Bionic Systems, ottobock)

Akkus und elektrischen Antrieben ausgestaltet sind und somit aktiv den Träger bei der Ausführung seiner Tätigkeit unterstützen, hilft die passive Variante mithilfe von Federn rein mechanisch dem Träger beispielsweise bei der Ausführung von Tätigkeiten über dem Kopf, indem es die Arme des Trägers in die Höhe hält oder den Menschen als Hilfe bei stehenden Tätigkeiten unterstützt.

Ziel ist es, Menschen zu unterstützen, körperliche Schwachstellen auszugleichen und deren Lebensqualität zu steigern. Damit kann man die Wirkung anziehbarer Roboter mit der von Brillen vergleichen. Menschen sind dank Exoskeletten wie einst dank Sehhilfen in der Lage, länger zu arbeiten, körperliche Defizite auszugleichen und Spaß am Leben zu haben.

Exoskelette sind zweifellos eine gute Sache. Aber sie müssen leichter, flexibler anzupassen und möglichst auch optisch attraktiver sein. Für Unternehmen müssen die wirtschaftlichen Vorteile neben der Reduzierung von Ausfalltagen klarer herausgearbeitet werden.

Literaturhinweise und Quellen

Abel, J. *Die flexible Produktion*, mi Wirtschaftsbuch München, S. 7–8, 11–21, 40 (2011)

Bauernhansl, T., ten Hompel, M., Vogel-Heuser, B., *Industrie 4.0 in Produktion, Automatisierung und Logistik*, Springer Vieweg, (2014)

Becker, N., *Automatisierungstechnik*, Vogel Fachbuch (2014)

Bendel, O., *Co-Robots und Co. – Entwicklungen und Trends bei Industrierobotern*, Netzwoche, 25(9), S. 4–5 (2017)

BS ISO 8373:2012. *Robots and robotic devices – Vocabulary.* London: The British Standards Institution (2011)

Buxbaum, H.-J. (Hrsg.), *Mensch-Roboter-Kollaboration"*, Springer Gabler (2020)

Ciupek, M., *Exoskelette – Wenn Roboter zu unflexibel sind*, VDI Nachrichten Nr. 9/2021, S. 14, 5.3.2021

Corke, P., *Robotics, Vision and Control*, Springer (2013)

Czichos, H., *Mechatronik: Grundlagen und Anwendungen technischer Systeme*, Springer Vieweg (2019)

Gausemeier, J., Plass, C., Wenzelmann, C., *Zukunftsorientierte Unternehmensgestaltung – Strategien, Geschäftsprozesse und IT-Systeme für die Produktion von morgen*, Carl Hanser (2009)

Glück, M., *Die Produktion 2020*, Computer & Automation, Heft 6/2012, S. 47–50

Glück, M. *Technologien und Managementsysteme für die Fertigung der Zukunft*, VDI-Z Integrierte Produktion, Heft 4/2012, S. 66–68

Glück, M., *Flexibles Greifen in Produktion und Logistik*, Vortrag beim Fachforum „Roboter im Warenlager" am Fraunhofer IPA in Stuttgart, 6.2.2020

Günthner, W., ten Hompel, M. (Hrsg.), *Internet der Dinge in der Intralogistik*, Springer (2010)

Hahn, W., *Das Cobot-Zeitalter hat begonnen*, etz, Heft S5/20019, S. 86–88

Heimbold, T., *Einführung in die Automatisierungstechnik*, Carl Hanser (2015)

Hertzberg, J., Lingemann, K., Nüchter, A., *Mobile Roboter*, Springer Vieweg (2012)

Hesse, S., Malisa V. (Hrsg.), *Taschenbuch Robotik, Montage, Handhabung*, Carl Hanser (2010)

Knoll, A., *Mehr Wettbewerbsfähigkeit durch Cobots*, Markt & Technik, Heft 4/2020, S. 30–31

Laeske, K., *Die Zukunft der Intralogistik für Menschen und Roboter*, Key Note Vortrag beim 2. Forum Mensch-Roboter, Stuttgart, 23./24.10.2017

Nehmzow, U., *Mobile Robotik: Eine praktische Einführung*, Springer (2002)

Reckter, B., *Muskelkraftverstärker*, VDI Nachrichten Nr. 42/2020, S. 6–7, 22.10.2020

Schilling, R. J., *Fundamentals of Robotics*, Prentice Hall (1990)

Schraft R. D., Volz, H., *Service Roboter: Innovative Technik in Dienstleistung und Versorgung*, Springer (1996)

Verein Deutscher Ingenieure, & Gesellschaft Entwicklung, Konstruktion, Vertrieb: *Mechanische Einrichtungen in der Automatisierungstechnik – Greifer für Handhabungsgeräte und Industrieroboter.* (VDI-Richtlinien, VDI 2740 Bl. 1, 1995).

Verein Deutscher Ingenieure, & Gesellschaft Produktionstechnik: *Montage- und Handhabungstechnik – Kenngrößen für Industrieroboter – Einsatzspezifische Kenngrößen.* (VDI Richtlinien, VDI 2861 Bl. 2, 1988).

Verein Deutscher Ingenieure, & Gesellschaft Produktionstechnik: *Montage- und Handhabungstechnik – Handhabungsfunktionen, Handhabungseinrichtungen; Begriffe, Definitionen, Symbole.* (VDI-Richtlinien, VDI 2860, 1990).

Vogel-Heuser, B., Bauernhansel, T., ten Hompel, M. *Handbuch Industrie 4.0 Bd. 2 Automatisierung*, Springer Vieweg (2017)

Weber, W., *Industrieroboter – Methoden der Steuerung und Regelung*, Carl Hanser (2019)

Entwicklungsgeschichte der Robotik und Mensch-Roboter-Kooperation

2

Die Mensch-Roboter-Kooperation (MRK) markiert den vorläufigen Endpunkt einer Maschinenentwicklung, die bereits im alten Griechenland begann. In der Ilias beschreibt Homer zwanzig dreibeinige Kreaturen, die der Gott Hephaistos auf goldene Räder montiert hatte, um den Göttern auf dem Olymp zu dienen. Unterstützt werden sie von zwei Assistentinnen in Gold. Sie gelten als die ersten humanoiden Roboter in der westlichen Literaturgeschichte.

Diese sagenhaften Skizzen der ersten Menschmaschinen sollten bald Wirklichkeit werden. In der ägyptischen Stadt Alexandria hantierten Ingenieure mit Druckluft oder Wasserkraft und entwickelten eine mechanische Gestalt, die Wein ausschenken konnte. In den Palastgärten der Kalifen gab es Feuer speiende Löwen und Bäume voller mechanischer Singvögel. Die Imitation der Natur galt als Zeichen dafür, dass man die Welt beherrscht.

Im Mittelalter begannen Westeuropäer, die Mechanik ihrer Maschinen zu verbessern. Diese mussten wie Uhrwerke aufgezogen werden und wurden „Automaten" genannt.

In der Renaissance begeisterten Automaten vor allem in Frankreich den Königshof. Eine von Jacques de Vaucanson (1709–1782) aus 400 Einzelteilen geschaffene künstliche Ente wurde zur vielbeachteten Sensation. Sie konnte mit den Flügeln schlagen, den Hals recken, ein Korn aus der Hand fressen, welches sie nach einer chemischen Reaktion im Gehäuseinnern als Brei ausschied (Abb. 2.1).

Bei seinen Entwicklungen ließ sich Vaucanson sogar von Ärzten und Chirurgen beraten. Vergeblich wollte er Mitte des 18. Jahrhunderts auf vergleichbare Weise auch einen künstlichen Menschen schaffen. Auch wenn das Vorhaben seinerzeit noch an der Komplexität der Aufgabenstellung und der fehlenden Lösungsmöglichkeiten scheiterte, so wurde deutlich, wie intensiv die Forscher zu dieser Zeit bereits Vorstellungen über maschinelle Abbilder der Menschen und ihrer Fähigkeiten entwickeln und diese voranzubringen versuchen.

M. Glück, *Mensch-Roboter-Kooperation erfolgreich einführen*, https://doi.org/10.1007/978-3-658-37612-3_2

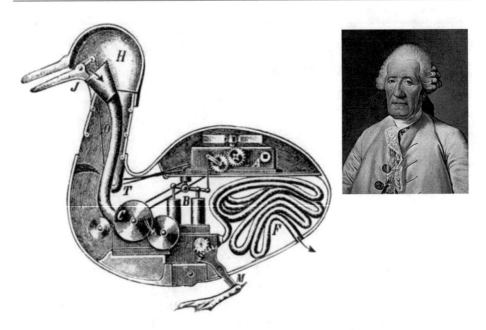

Abb. 2.1 Automaten: Mechanische Ente von Jacques de Vaucanson, 1738

Auch in der Literatur waren diese Vorstellungen sehr früh ein Thema. E. T. A. Hoffmann beschrieb 1819 in seinem Buch „Die Automate" ein mechanisches Orakel. Die ersten Fiktionen dampfbetriebener Maschinenmenschen kamen im 18. und 19. Jahrhundert in der Literatur auf. Und Filmpionier Georges Melies brachte 1897 im Kurzfilm „Gugusse et l´Automate" den ersten „Terminator" auf die Filmleinwand. Der heute verschollene Film handelt von einer Auseinandersetzung zwischen dem Clown Gugusse und einem Automaten.

Neben den Begehrlichkeiten zur Nachbildung menschlicher Fähigkeiten wuchs auch die Angst vor diesen Fähigkeiten und die Sorge vor der Intelligenz und des autonomen Handelns. Dieses Bedrohliche der Menschmaschinen wird vielfach zum Gegenstand in Romanen und Filmen.

In der Erzählung „Frankenstein" der Britin Mary Shelley wendet sich eine von Menschen geschaffene maschinenähnliche Kreatur gegen ihre Schöpfer. Dieses Drama schaffte als Film bereits 1910 den Sprung ins Filmtheater. Und der Regisseur Fritz Lang schafft 1927 in „Metropolis" einen der schönsten Roboter der Filmgeschichte, eine Androidin, welche die Rebellion einer unterdrückten Unterschicht gegen eine dekadente Oberschicht anführt.

Der Ruhm, den Begriff „Roboter" erfunden zu haben, gebührt dem tschechischen Autor Karel Capek. Die Erfindung seines älteren Bruders Josef, abgeleitet vom Tschechischen „robota", was so viel wie „Frondienst" oder „Zwangsarbeit" heißt, taucht erstmals 1921 in dem Theaterstück „R.U.R. – Rossum's Universal Robots" auf (Abb. 2.2).

In dieser Geschichte entwickelt der Wissenschaftler Rossum gemeinsam mit seinem Sohn eine chemische Substanz, die sie zur Herstellung künstlicher Arbeiter in Tanks verwenden. Ihr Plan war, dass diese Roboter den Menschen gehorsam als Arbeiter dienen und alle schwere Arbeit verrichten sollten. Die Anfänge eines Gedankenguts, das bis heute die Diskussion um den Nutzen der Robotertechnik prägt!

R.U.R. steht für ihr revolutionäres Unternehmen „Rossum's Universal Robots". Auch dies darf man mit einem Augenzwinkern an dieser Stelle schon kommentieren. Denn wer hätte geglaubt, dass in den frühen 2000er ein 2005 begründetes Unternehmen „Universal Robots" mit Sitz im dänischen Odense Weltruhm mit einem völlig neuartigen Leichtbauroboter erlangen und ebenfalls versprechen wird, dass sich Menschen und ihre Kollegen Roboter gemeinsam im Rahmen einer Mensch-Roboter-Kooperation in eine gute Zukunft entwickeln können?

Im Theaterstück der 1920er Jahre entwickelt sich zunächst jedoch alles vollkommen anders: Rossum perfektioniert seine Geschöpfe immer weiter. Er sensibilisiert sie, bis sie sogar menschliche Gefühle entwickeln und Schmerzen empfinden können. Auf diese Weise sollen sie vorsichtiger und produktiver werden. Doch die „perfekten" Roboter beginnen, sich nicht mehr in ihre dienende Rolle einzufügen. Sie entwickeln ihr eigenes Bewusstsein.

Es kommt zu einem Aufstand der Maschinen und die Roboter löschen die Menschheit aus. Eine Urangst der Menschen vor intelligent und autonom agierenden Robotern wird hiermit begründet. Eine unbegründete Angst, die vor allzu großer Nähe zu Robotern

Abb. 2.2 Die ersten Roboter als Menschmaschinen in Karel Capeks Bühnenstück „R.U.R. – Rossum's Universal Robots" (1921), später von der BBC verfilmt

zögern lässt und bis heute die Menschen beschäftigt. Und man darf sich an dieser Stelle sicher schon ein erstes Mal berechtigt fragen, ob die Roboter jemals ihren Schrecken verlieren werden?

In der ersten Hälfte des 20. Jahrhunderts hatten die Roboter zweifellos ein schlechtes Image. Auch Isaak Asimov schrieb mehrere Erzählungen über Roboter. Er formulierte sogar Gesetze für Roboter, deren oberstes besagt, dass Menschen kein Schaden zugefügt werden darf und legte den Grundstock für erste ethische Überlegungen zum Einsatz von Robotern.

Die mechanischen Konstruktionen von Bewegungsautomaten und Maschinen-menschen waren jedoch ausgereizt. Erst das Aufkommen der Elektronik und der Computertechnologie schaffte den nötigen Durchbruch. Mitte der 1950er Jahre war man begeistert vom automatischen Fabrikbetrieb.

1954 fertigte Pontiac in den USA erstmals Motorkolben vollautomatisch. Zum Einsatz kamen unflexible Automaten; an Roboter war noch nicht zu denken. Noch im selben Jahr meldete der amerikanische Erfinder George C. Devol sein Patent No. 2988237 *„Programmed Article Transfer"* an. Dieses bildet den Grundstein für die Realisierung der modernen Robotertechnik. Gemeinsam mit Joseph F. Engelberger gründete er 1954 die weltweit erste Robotikfirma Unimation (Abb. 2.3). Unabhängig davon und fast zeitgleich reichte der britische Erfinder C. W. Kenward ein Patent für ein zweiarmiges Robotergerät ein.

Industriell nutzbare Roboter wurden erst realistisch, als man es schaffte, Bewegungen und Greifoperationen einer Maschine frei zu programmieren und es entsprechende Steuerungskomponenten, Rechner und Mikroprozessoren gab, die man in eine bewegliche Maschine einbauen konnte.

Um 1958 entstanden bei AMF in den USA der erste Versatran Roboter und 1959 bei Unimation der 1,8 t schwere „Unimate".

1961 kam Unimate als erster Industrieroboter bei General Motors im Presswerk in Turnstead zum Einsatz. Man bezeichnete ihn als Universaltransportgerät (UTD, universal transfer device). Er manipulierte und schweißte Druckgussteile für Kfz-Karosserien bei General Motors.

Von 1965 an entwickelten Wissenschaftler in Stanford den ersten autonomen Roboter. Der Kopf war eine drehbare Kamera, der Körper ein riesiger Computer, der noch mit 192 kbyte Arbeitsspeicher auskommen musste. Bevor der Roboter selbständig eine Bewegung machen konnte, musste er eine gute Stunde lang rechnen. Da er sich dann nur sehr ruckartig bewegte, gaben ihm seine Entwickler den Spitznamen „Shakey".

Shakey war der weltweit erste mobile Roboter, der sich in die Alltagsumgebung des Menschen vorwagte. Mit Rädern und Batterien konnte er sich selbstständig bewegen. Über eine Kamera sowie Schall- und Kollisionsdetektoren erforschte er seine Umgebung und per Funk stand er mit einem Zentralcomputer in Kontakt. An eine Mensch-Roboter-Kooperation war aufgrund der begrenzten Rechenleistung zu dieser Zeit noch nicht zu denken.

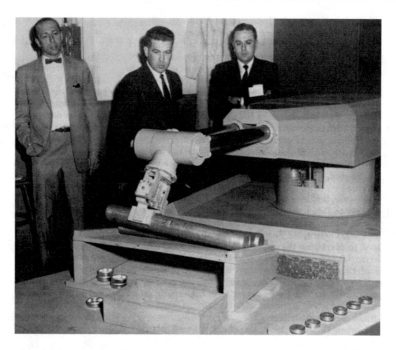

Abb. 2.3 Entwickler des ersten Industrieroboters Unimate (von links): Joseph F. Engelberger und George C. Devol. (Quelle Benson Ford Research Center/Kawasaki Heavy Industries Ltd.)

Gleichwohl wurden für Shakey erstmals Navigationsalgorithmen erfunden, die noch heute zum Einsatz kommen. Damit konnte er Karten der Räume erstellen, durch die er sich bewegte. Und er besaß eine Software zur Bildanalyse, die besonders gut Kanten sichtbar machte, sowie Problemlöse-Algorithmen, mit denen er Hindernisse umrunden konnte.

Zur gleichen Zeit konstruierte Claus Scholz einen ersten humanoiden Roboter, den MM7. Er konnte bereits sehr komplexe Bewegungsabläufe durchführen, wie Türen öffnen, Böden fegen oder Getränke aus einer Flasche in ein Glas einschenken. Sein damals größtes Problem war die Fortbewegung, die sein Erfinder nie befriedigend lösen konnte. Das änderte sich 1973 mit dem Wabot-1 der Waseda-Universität, der stabil laufen konnte.

Von einer schnellen Eroberung der Fabrikhallen konnte allerdings keine Rede sein, denn die Roboter fanden zunächst nur sehr langsam den Weg in die Fertigung. Ihr volles Potential wurde erst einige Jahre später erkannt, als Japan 1968 massiv ins Roboter-geschäft einstieg.

Bereits kurz nach dem Erhalt einer Lizenz von Unimation begann der japanische Schwerindustriekonzern Kawasaki Heavy Industries 1969 mit der Produktion des ersten Industrieroboters namens Kawasaki-Unimate. Dies sollte den Wendepunkt markieren.

1974 zog der japanische Roboterspezialist Fanuc nach, entwickelte und installierte Roboter in den eigenen Werken. Bereits drei Jahre später startete Fanuc den Export von Industrierobotern. 1970 kam der erste Roboter mit elektromechanischen Antrieben – der so genannte „Stanford Arm" – an den Markt. Der Bau der ersten Schweißtransferanlage mit hydraulisch angetriebenen Unimation Robotern in Europa startete 1971 bei Daimler-Benz.

1973 stellte das Augsburger Roboterunternehmen Kuka mit „Famulus" den weltweit ersten sechsachsigen, mit sechs elektromechanischen Antrieben ausgestatteten Industrie-roboter vor. Für die Automobilindustrie entwickelt und gefertigt, war Famulus gleich-zeitig der erste Industrieroboter des Augsburger Maschinenbauunternehmens Kuka (Abb. 2.4).

1974 folgte mit dem IRB 6 des schwedischen Elektronikunternehmens Asea (1988 verschmolz Asea mit dem Schweizer Unternehmen Brown Boveri zu dem heute bekannten ABB) der erste vollelektrisch angetriebene und mikroprozessorgesteuerte Roboter.

Der IRB 6 setze neue Standards in puncto Standfläche, bei der Bewegungs-geschwindigkeit und bei der Positioniergenauigkeit. Er fand dadurch zahlreiche Nach-ahmer. Durch den elektrischen Antrieb konnten neue Anwendungsgebiete erschlossen

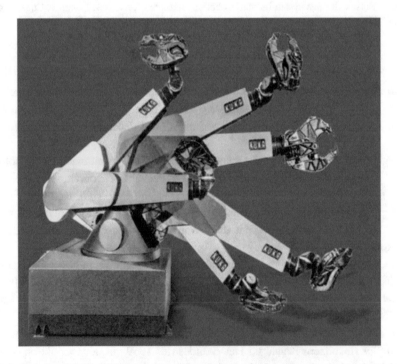

Abb. 2.4 Famulus (1973): Weltweit erster sechsachsiger, mit elektromechanischen Antrieben aus-gestatteter Industrieroboter des Augsburger Roboterunternehmens Kuka. (Quelle Kuka Roboter)

werden, für die sich die bisherigen hydraulische Maschinen nicht eigneten. Dies galt insbesondere für das Lichtbogenschweißen.

Anders verhielt es sich beim Punktschweißen, das im Aufgabenbereich des hydraulischen Roboters blieb bis Asea 1975 den IRB 60 auf den Markt brachte. Die Ähnlichkeiten zum IRB 6 waren groß, allerdings konnte die neue Robotergeneration bereits 60 kg tragen. Der IRB 60 kam beim schwedischen Automobilhersteller Saab beim Punktschweißen von Karosserien zum Einsatz.

Diese ersten Einsätze prophezeiten, dass der Industrieroboter seine längste praktische Erfahrung in der Automobilindustrie sammeln und hier in der Serienproduktion in der Hauptsache zum Einsatz kommen sollte, bevor andere Branchen, wie unter anderem die kunststoffverarbeitende Industrie, sein Potenzial erkannten.

Die meisten Industrieroboter wurden bei einfachen Arbeitsvorgängen eingesetzt, aber auch bei Arbeiten, die als zu gefährlich, extrem monoton, physisch und ergonomisch belastend sowie gesundheitsschädlich für den Menschen galten. Zudem für das unermüdliche, sich ständig wiederholende Heben und Transportieren von teilweise schweren Werkstücken und ganzen Karosserierahmen oder das präzise Führen von Bearbeitungswerkzeugen. Hierzu zählen vor allem Schweißzangen und Dosiersysteme für Kleb- und Dichtstoffe sowie Werkstücke mit hohen Gewichten. Mit 1000 kg Traglast und einer Reichweite von 3200 mm gilt der Kuka Roboter Titan seit 2007 als größter und stärkster 6-Achs-Industrieroboter der Welt.

Nach anfänglichen Schwierigkeiten hinsichtlich ihrer Durchsetzungskraft erkannte man doch noch rechtzeitig das Potenzial der Roboter und verhalf ihnen binnen weniger Jahrzehnte zum Ruf des wettbewerbsentscheidenden Effizienzbringers, der nicht nur Mitarbeiter entlastet, sondern zudem der Produktion einen Schub gibt.

Seit den 1980er Jahren wuchs die Roboterbranche mit hohem Tempo. Hierbei hatten die japanischen Roboterhersteller zunächst die Nase vorn. 1985 stellt Kuka den ersten Gelenkarmroboter ohne Parallelogramm vor, 1989 die weltweit erste Schutzgasschweißausrüstung mit Drahtantrieb in der Roboterhand.

Der aufrechte Gang humanoider Roboter, der für den Menschen selbstverständlich ist, war für die Roboterprogrammierer die Hölle. Beim Gehen ist der Mensch in jeder Sekunde Kräften ausgesetzt, die er austarieren muss. Dabei ist die Kontaktfläche zum Boden, die Füße, im Vergleich zum Rest des Körpers äußerst klein. Dies in eine mathematische Formel zu packen, schien lange Zeit unmöglich zu sein.

Schon 1986 starteten Forscher bei Honda das erste Entwicklungsvorhaben mit dem Ziel, einen zuverlässig laufenden humanoiden Roboter zu bauen. Dieser benötigte anfangs noch 15 s, um einen einzigen Schritt zu gehen. 14 Jahre später stellte das Unternehmen im Jahr 2000 dann den Roboter Asimo vor. Rund 30 Wissenschaftler hatten an ihm gearbeitet. Er konnte sich auf zwei Beinen fortbewegen, hatte gelernt, wie Menschen laufen und greifen. Er konnte selbsttätig aufstehen, so schnell laufen wie ein Mensch, hatte 34 Freiheitsgrade und bewegte sich mit einer Geschwindigkeit bis zu 9 km pro Stunde fort. Selbst das Treppensteigen war für ihn kein Problem mehr (Abb. 2.5).

Abb. 2.5 Der erste
zuverlässig gehende
humanoide Roboter Asimo.
(Quelle Honda)

Die integrierte Stromversorgung reichte für etwa 40 min. Asimo konnte tanzen, springen, balancieren, Fußball spielen und die Schraubverschlüsse von Flaschen öffnen. Mit 1,34 m Höhe war Asimo so groß wie ein neunjähriger Junge und gestikulierte wie ein fröhliches Kind im blickdichten Astronautenanzug. Mit seinen 48 kg Gewicht war er allerdings deutlich schwerer.

2005 wurde für Asimo noch einmal eine verbesserte Steuerung vorgestellt. Plötzlich waren die Menschen imstande, Visionen der vergangenen Jahrhunderte Realität werden zu lassen. Dennoch war Asimo kein umfassender Erfolg am Markt beschert. Seine Weiterentwicklung ist zwischenzeitlich eingestellt.

Besonders beweglich ist der humanoide Atlas-Roboter der US-Firma Boston Dynamics. In seiner neuesten Version sprintet der 1,75 m große und 82 kg schwere Koloss Treppen hoch, öffnet Türen, springt beim Hindernislauf über Baumstämme und schafft sogar einen Salto rückwärts. Wie stabil sich diese Maschinen bewegen und sogar das Tanzen vermögen, demonstrieren viel gesehene Internet-Videos auf eindrucksvolle Weise.

Richtig näher kamen sich Menschen und Roboter erst in den 2000er Jahren. Und das zunächst im privaten Umfeld und in nicht zu ahnender Häufigkeit. Die ersten Roboter für den Privatgebrauch waren die Staubsaugroboter Trilobite von Electrolux und Roomba von iRobot aus den Jahren 2001 und 2002. Bereits in den ersten Versionen konnte der

Roomba Hindernissen ausweichen, selbstständig dreckige Stellen finden und zum Aufladen zur Ladestation zurückkehren. Bis heute hat iRobot rund 30 Mio. solcher Haushaltsroboter verkauft.

Mobile Robotersysteme finden sich heute auch in der Industrie, in Logistikzentren, Kliniken und Pflegeheimen, wo sie direkt auf die Menschen treffen und mit ihnen interagieren. Heute wimmelt es mancherorts nur so von Robotern. Manche backen Pizza, andere operieren Menschen oder unterstützen Ärzte dabei. Wieder andere unterstützen Mitarbeiter in Hotels, Restaurants, Bars und Pflegeheimen. Einige sind so programmiert, dass sie bereits Patienten mit Demenz betreuen, Getränke ausschenken oder einfach nur die Menschen als Transportsysteme oder Aktenträger begleiten und ihnen die Arbeit erleichtern.

In der Zeit, als die Entwicklung von Servicerobotern bereits Fahrt aufgenommen hatte, tat sich in der Robotik noch etwas anderes, nicht minder bedeutungsvolles: Der Cobot war in seiner Entstehungsphase. Mit ihm verschwand der Schutzzaun. Die Menschen sollten gemeinsam mit dem kollaborierenden Roboter Hand in Hand arbeiten. Mensch und Roboter begannen sich einander mit dem Ziel einer menschzentrierten Mensch-Roboter-Kooperation anzunähern. Neu geprägt wurde das Kunstwort „Cobot" für einen „collaborative work assistant".

Die erste Definition des Cobots findet sich in einem US-Patent, das 1999 erteilt wurde: „Ein Apparat und ein Verfahren zur direkten physischen Interaktion zwischen einer Person und einem Allzweck-Manipulator, der von einem Computer gesteuert wird."

Die Beschreibung bezieht sich allerdings eher auf die Vorfahren moderner Cobots, die wir heute „Intelligent Assist Device" (IAD) nennen. Sein Grundkonzept entstand im Rahmen von intensiven Bemühungen bei General Motors, die Robotik nicht nur im Karosseriebau, sondern künftig auch zur flexiblen Montageunterstützung in nicht eingezäunten Umgebungen der Automobilproduktion einzuführen, denn das neue Gerät konnte sich auch bewegen.

2004 brachte Kuka als Pionier der Mensch-Roboter-Kooperation mit dem LBR 3 den ersten industrietauglichen, revolutionär mit modernster, in den Gelenken integrierter Kraft-Momenten-Sensorik ausgestatteten Leichtbauroboter an den Markt. Ein Trendsetter im wahrsten Sinn mit einem vorteilhaft geringen Eigengewicht.

Dieser erste Cobot heutiger Prägung, mit dem der Durchbruch zu einer sicheren Mensch-Roboter-Kooperation und einer direkten, sicheren Kollaboration von Mensch und Maschine in gemeinsamen Arbeitsräumen gelang, war das Ergebnis einer langen Zusammenarbeit zwischen dem Unternehmen Kuka und dem Deutschen Zentrum für Luft- und Raumfahrt.

Die Geschichte dieses Leichtbauroboters begann am Institut für Robotik und Mechatronik des DLR mit dem 1995 fertiggestellten DLR-Leichtbauroboter (LBR) 1. Wie sein im Jahr 2000 vorgestellter Nachfolger LBR 2, war er ein reines Forschungssystem. Die mit diesen beiden Generationen von Leichtbaurobotern gesammelten Erfahrungen flossen in die Entwicklung des 2003 präsentierten LBR 3 ein.

Nachdem der LBR 3 die Lizensierungsreife erreicht hatte, wurde er 2004 an Kuka lizensiert. Dort erfolgten weitere Entwicklungen, im Rahmen derer der Leichtbauroboter vollkommen überarbeitet und seine Fähigkeiten zur sicheren Bewegungssteuerung, der unmittelbaren Handführung sowie einem Programmieren durch direktes, vom Menschen geführtes Training bis zur Serienreife über den LBR 4 (2008), den LBR 4+ (2010) schließlich zum Kuka LBR iiwa (2013) weiterentwickelt wurden (Abb. 2.6).

Die Typbezeichnung „iiwa" steht hierbei für „intelligent industrial work assistant". Ein wichtiger Schrittmacher der MRK, mit dem Menschen und Roboter in die Lage versetzt werden konnten, in enger Zusammenarbeit hochsensible Aufgaben zu lösen!

Nicht weniger spektakulär verlief der Aufstieg des dänischen Roboterherstellers Universal Robots, 2005 von Esben H. Østergaard in Odense gegründet. Seine zunächst von vielen klassischen Marktteilnehmern belächelte Vision war es, Robotertechnologie, durch die Entwicklung leichter, benutzerfreundlicher sowie erheblich preisgünstigerer Industrieroboter allen interessierten Anwendern auf einfache Weise zugänglich zu machen und mit diesen ein sicheres Zusammenarbeiten zu ermöglichen.

Mit diesem revolutionären Konzept versetzte das extrem dynamisch agierende Startup-Unternehmen die Robotikbranche und ihre klassischen Akteure in Aufruhr. Universal Robots verkaufte bereits 2008 den ersten Cobot UR 5 an Linatex, einen dänischen Zulieferer von technischen Kunststoffen und Kautschuk für industrielle Anwendungen.

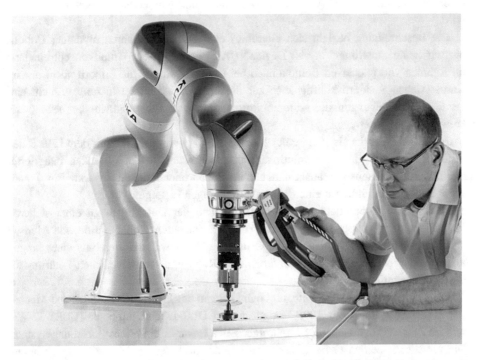

Abb. 2.6 Sichere Mensch-Roboter-Kooperation mit dem LBR iiwa. (Quelle Kuka Roboter)

Um seine CNC-Maschinenbeschickung zu automatisieren, realisierte Linatex etwas bis dato Unvorstellbares: Statt den Roboter vom Menschen abgeschirmt in einem Sicherheitskäfig aufzustellen, wie es die Norm für alle Industrieroboter war, setzten sie ihn direkt neben ihren Mitarbeitern in der Produktion ein. Anstatt externe Programmierexperten für die bislang komplexe Programmierung einzusetzen, konnte Linatex erstmals den Roboter alleine und nur über dessen Touchscreen ohne vorige Programmiererfahrung programmieren und betreiben.

Flexibel, anpassungsfähig und lernbereit, diese Attribute sollten von nun an die weitere Entwicklung der Mensch-Roboter-Kooperation neben den Sicherheitsthemen und das Zielprofil der Cobots bestimmen.

Mit diesem strategischen Ansatz hat das Unternehmen Universal Robots in kürzester Zeit ein beträchtliches Wachstum erfahren und verkauft heute seine Roboterarme weltweit. Dabei setzt es auf nur vier standardisierte Robotertypen, die Traglasten bis 15 kg bewegen können (Abb. 2.7).

Mit der Positionierung der Roboter wurde ein Weg in absolutes Neuland beschritten, indem kleine und mittlere Hersteller gezielt angesprochen wurden, die Robotik bisher als zu kostspielig und komplex erachtet hatten.

Universal Robots, heute dem Unternehmen Teradyne Inc. zugehörig, versetzte den Cobots und der Mensch-Roboter-Kooperation sowie ihrer Verbreitung in kleinen und mittelständischen Unternehmen neuen Schwung.

Gleichzeitig entstanden neuartige Ökosysteme und Partnernetzwerke, die der Einführung von Cobots in vielerlei Anwenderszenarien zu einem vielfach beachteten Durchbruch in ganz neuen Branchen verhalf. Bis heute ist diese Entwicklung Vorbild und Maßstab für viele weitere Startups, die gegründet wurden.

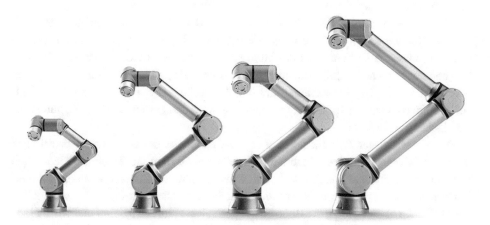

Abb. 2.7 Universal Robots, 2005 in Odense gegründetes Startup, revolutionierte die Welt der Cobots durch preisgünstige Standards und Lösungspakete. (Quelle Universal Robots)

Einst ausschließlich in schmutzigen, gefährlichen und menschenleeren Umgebungen eingesetzt, haben die Roboter sich über die Zeit ihren Platz direkt an unserer Seite erkämpft. Gemeinsam mit ihren menschlichen Kollegen arbeiten Leichtbauroboter heute an vielen Stellen in Produktion und Logistik ohne schützenden Zaun Hand in Hand zusammen.

Sie sortieren und handhaben Produkte, leere Behältnisse, beladen Maschinen, bringen Kleb- und Dichtstoffe auf, montieren Getriebe oder assistieren als Handlanger, halten schwere Bauteile und entlasten damit die Menschen in Produktion und Lager.

Sie übernehmen das Eindrehen von Schrauben, das Be- und Entladen von Werkzeugmaschinen, das Palettieren, einfache Laborarbeiten, das Schweißen oder Entgraten und Polieren von Oberflächen bei definiertem Polierdruck.

Die beschriebenen Anwendungen stehen für ein enormes Potenzial der kollaborativen Roboter. Dies gilt hauptsächlich für die fertigungsintensiven asiatischen Länder, allen voran China.

Entstanden sind zudem völlig neue, anwenderspezifische Ökosysteme und Plattformen im Internet, die sich eines enormen Zuspruchs erfreuen. Auf diesen tummeln sich Partnerfirmen als Anbieter von Komponenten und Anbauwerkzeugen und Anwender, die intensiv sich austauschen und offen ihre Erfahrungen bei der Realisierung von neuen Roboterapplikationen teilen.

Ebenfalls entstanden sind eine Vielzahl neuer Anbieter für Robotertechnik, die zum großen Teil der Gründer- und Startup-Szene zuzuordnen sind. Mit ihnen entstehen neue revolutionäre Ansätze für die Roboterprogrammierung wie zum Beispiel App-basierte Entwicklungsumgebungen oder das direkte Trainieren von Roboteranwendungen ohne hierbei auf die bisher übliche zeilenorientierte Programmierung von Codes zurückzugreifen. Hierbei entstehen völlig neue, intuitive Bedienformen und eine neue Qualität der Mensch-Roboter-Interaktion.

Abzusehen ist, dass der Einsatz von Methoden der künstlichen Intelligenz den Einsatz der Roboter künftig prägen wird. Hierbei wird es einerseits darum gehen, welche Rolle das maschinelle Lernen für das intuitive Bedienen der Roboter, zum Beispiel über Gesten oder Sprache, und die kamerageführte Bahnplanung spielen kann. Zum anderen wird man bei der Objekterkennung und der Wahrnehmung des Robotereinsatzumfelds auf Erfahrungen aus der Bilderkennung zurückgreifen und auf diese Weise die autonome Handhabung erschließen.

Der Siegeszug der Robotik muss aber auf Gegenliebe bei den hiervon betroffenen Menschen stoßen. Nach der Generation Smartphone kommt sicherlich die Generation Roboter. Und mit ihr werden sich die Erwartungen an Robotersysteme, Robotersteuerungen und Programmierumgebungen verändern. Die Servicerobotik wird näher am Menschen aktiv werden, die Roboter werden selbst autonom agieren und wir müssen gemeinsam den Eintritt in eine neue Ära der Mensch-Roboter-Kooperation wagen und sie ethisch bestimmt und nutzenstiftend gestalten, sich daraus ergebende Chancen vertrauensvoll angehen und Wettbewerbsvorteile heben.

Literaturhinweise und Quellen

Brinjolfsson, E., Mc Affee, A. *The Second Machine Age*, Börsenmedien (2015)

Ciupek, M., *Cobot-Markt in Bewegung*, VDI Nachrichten Nr. 44/2018, S. 14, 2.11.2018

Eberl, U., *Smarte Maschinen- Wie künstliche Intelligenz unser Leben verändert*, Carl Hanser (2016)

Ford, M., *Aufstieg der Roboter*, Plassen, S. 20–30, 42 (2016)

Haun, M., *Handbuch Robotik – Programmieren und Einsatz intelligenter Roboter*, Vieweg & Teubner (2013)

Husty M., Karger A., Sachs H., Steinhilper W., *Kinematik und Robotik*, Springer (1997)

Ichibiah, D., *Roboter: Geschichte, Technik, Entwicklung*, Editions Minerva (2005)

Kurth, J., *Sichere Anlagen im Serieneinsatz mit MRK*, Vortrag beim 2. Forum Mensch-Roboter, Stuttgart, 23./24.10.2017

Maier, H., *Grundlagen der Robotik*, VDE Verlag (2016)

Richard, H. A., Sander, M., *Technische Mechanik. Dynamik Grundlagen – effektiv und anwendungsnah*, Springer Vieweg (2014)

Schnell, G., Wiedenmann, B. (Hrsg.), *Bussysteme in der Automatisierungs- und Prozesstechnik*, Springer Vieweg (2012)

Schön, M., *Der Knickarmroboter wird mobil*, Markt & Technik, Heft 4/2019, S. 22–24

Siciliano, B., Khatib, O. (Eds.), *Springer Handbook of Robotics*, Springer (2008)

Siegert, H.-J., Bocionek, S., Robotik: *Programmierung intelligenter Roboter*, Springer (2013)

Sonnenberg, V., *Roboter auf Expeditionstour*, MM Maschinenmarkt, Heft 9/2019, S. 29–45

Vogel-Heuser, B., Bauernhansel, T., ten Hompel, M. *Handbuch Industrie 4.0 Bd. 2 Automatisierung*, Springer Vieweg (2017)

Produktinformationen und Schulungsunterlagen der Firmen SIEMENS, KUKA, PILZ, ABB, Universal Robots und Fachinformationen der Nutzerorganisation EUnited Robotics und der International Federation of Robotics (IFR) sowie des Fachverbands Robotik und Automation im VDMA e. V.

Märkte, Entwicklungen und Chancenpotentiale

Industriebetriebe aller Branchen wie etwa Metall- und Elektrounternehmen, der Fahrzeugbau, die Chemie- und Ernährungsindustrie, Lebensmittelhersteller sowie Holz und Kunststoff verarbeitende Betriebe setzen heute Roboter ein. Am stärksten verbreitet sind Roboter in jenen Branchen, die Produkte in großer Stückzahl herstellen. In der Kunststoffverarbeitung sowie im Fahrzeugbau. Im Maschinenbau oder der Textilindustrie sind sie bisher weniger verbreitet.

Deutschland ist nach Gesamtinstallationen von Robotern einer der größten Märkte in Europa. Mit rund 230.000 Robotern, die in deutschen Unternehmen heute ihren Dienst verrichten, zählt der Standort zu den am Stärksten automatisierten Volkswirtschaften. Die Zahl der neu installierten Roboter erreichte im Jahr 2020 rund 22.300 Einheiten. Das ist trotz des Krisenjahres 2020 der dritthöchste jemals erreichte Wert.

Im weltweiten Vergleich liegt Deutschland nach China, Japan, Korea und den USA auf Rang 5. Das gilt 2020 auch für die jährlichen Verkaufszahlen. Der Anteil der Unternehmen, die Roboter nutzen, ist aber geringer als im Ausland. Nur knapp 30 % der deutschen Unternehmen setzen Roboter ein. In Spanien dagegen 48 %, in Dänemark 44 %, in Frankreich noch 35 %.

Ein Grund hierfür ist die hohe Anzahl an kundenspezifischen Lösungen, die viele kleine und mittlere Unternehmen in Deutschland ihren Kunden anbieten. Diese bieten auf den ersten Blick wenig Potenzial für eine klassische Automatisierung mit Industrierobotern. Letztere verrichten daher vor allem in größeren Unternehmen und in der Serienproduktion ihren Dienst.

Nach Angaben des VDMA hat die deutsche Robotik- und Automationsbranche im Jahr 2020 ein Umsatzvolumen von 12,1 Mrd. € erwirtschaftet. Verglichen mit dem Vorjahr stellt dies ein Rückgang von −18 % dar, der durch die Coronakrise und vor allem durch die Strukturkrise des Automobilbaus begründet ist, mit deren Ende man in 2021 und dem klaren Bekenntnis zur Elektromobilität rechnet.

M. Glück, *Mensch-Roboter-Kooperation erfolgreich einführen*, https://doi.org/10.1007/978-3-658-37612-3_3

Für 2021 prognostiziert der VDMA eine kräftige Erholung und wieder ein Plus von 11 % und damit einen Branchenumsatz von ca. 13,4 Mrd. €. Damit wird leider noch nicht das Rekordniveau von 15,1 Mrd. € aus dem Jahr 2018 erreicht, aber die Branche zeigt sich sehr optimistisch.

Dennoch sollten diese Zahlen nicht darüber hinwegtäuschen, dass wir in der Robotik noch immer am Anfang stehen und uns durch die Mensch-Roboter-Kooperation vor allem weitere Wachstumsperspektiven erschließen können, denn nach wie vor sind die meisten heute eingesetzten Industrieroboter im Grunde blind und taub. Sie verfahren auf vorprogrammierten Bahnen, um zu schweißen, zu kleben, zu fügen. Unvorhergesehenes darf nicht passieren, daher werden die Arbeitsräume von Menschen und Robotern heute noch in aller Regel durch Zäune, Lichtschranken oder ähnliche Sicherheitstechniken voneinander abgeschottet.

Die Statistiken der International Federation of Robotics (IFR) erlauben es, den derzeitigen Robotereinsatz weltweit sehr präzise zu bewerten und in relativ genaue Zahlen zu fassen (Abb. 3.1). Der neueste IFR-Bericht „World Robotics 2021 – Industrial Robots" berichtet von 3,015 Mio. Industrierobotern, die im Jahr 2021 im Einsatz waren. Ein neuer Rekordwert, der ein Wachstum von 10 % gegenüber dem Vorjahr darstellt und zu einem durchschnittlichen Wachstum von 13 % (CAGR 2015–2020) beiträgt. Damit wächst die weltweite Roboterdichte um 12 % auf im Durchschnitt 126 Einheiten pro 10.000 Arbeitnehmer an.

Trotz der globalen Pandemie stieg damit der Absatz neuer Roboter um 0,5 % im Jahr 2020 leicht an auf 383.500 Einheiten. Dies ist die bisher höchste ermittelte Zahl. Sie markiert ein durchschnittliches Wachstum von 9 % (CAGR 2015–2020). Vor allem die besonders dynamische Marktentwicklung in China hat den positiven Trend der Gesamtbilanz vorangetrieben und den Rückgang in anderen Märkten ausgeglichen.

Die größten Absatzmärkte mit ca. 85 % des gesamten Absatzvolumens sind China, Japan, die USA, Südkorea und Deutschland und die USA. Wichtigster Treiber der Entwicklung ist der weltweite Wettbewerb der industriellen Produktion.

Die größten Absatzmärkte für neue Roboter sind mit ca. 85 % des gesamten Absatzvolumens China, Japan, die USA, Südkorea und Deutschland. Wichtigster Treiber dieser Entwicklung ist der weltweite Wettbewerb der industriellen Produktion.

Asien ist nach wie vor der weltweit größte Markt für Industrieroboter. 71 % aller neu installierten Einheiten wurden im Jahr 2020 in Asien verkauft (2019: 67 %). Die aktuelle Roboterdichte liegt in Singapur bei 605 Einheiten pro 10.000 Arbeitnehmer (Platz 2 weltweit).

Der Absatz in China, dem größten Anwenderland der Region, stieg mit 168.400 ausgelieferten Robotern um 20 %. Dies ist der höchste jemals für ein einzelnes Land verzeichnete Wert. Der operative Bestand erreichte 943.223 Einheiten (+21 %).

Die hohe Wachstumsrate dokumentiert die rasant voranschreitende Robotisierung in China. Die 1-Million-Marke wird voraussichtlich im Jahr 2021 geknackt. Und das Wachstumspotenzial bleibt weiterhin enorm, denn die chinesische Industrie verzeichnet erst eine Roboterdichte von 246 Einheiten pro 10.000 Arbeitnehmer (vgl. Abb. 3.2).

Abb. 3.1 Aktuelle Trend- und Markstatistiken zur Robotiknutzung weltweit enthalten die Markstatistiken der International Federation of Robotics. (Quelle IFR)

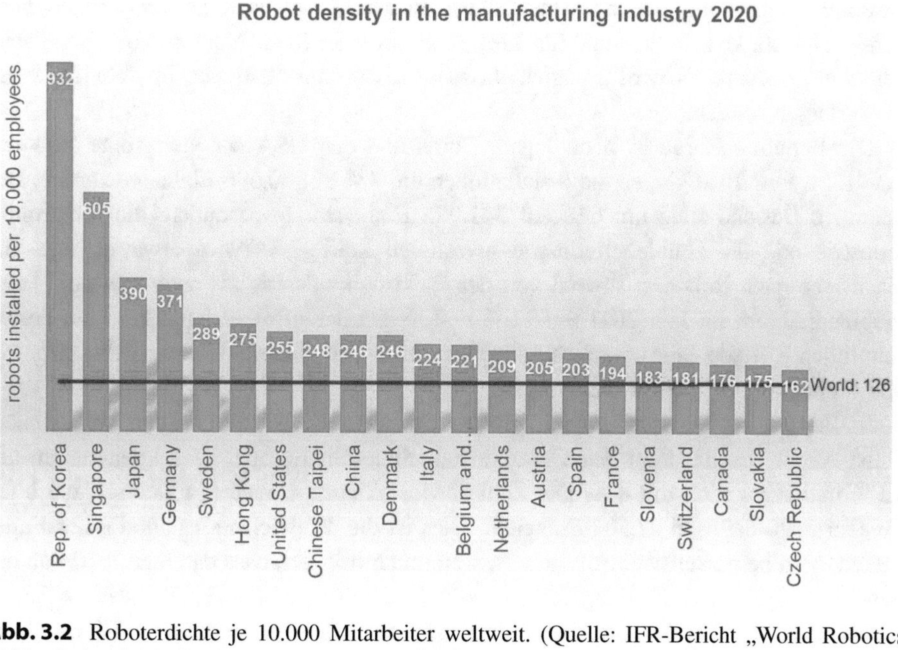

Abb. 3.2 Roboterdichte je 10.000 Mitarbeiter weltweit. (Quelle: IFR-Bericht „World Robotics 2021 – Industrial Robots", vorgestellt am 28.10.2021)

Japan bleibt nach China der zweitgrößte Markt für Industrie-Roboter, obwohl die japanische Wirtschaft von der Covid-19-Pandemie schwer getroffen wurde. Mit 38.653 installierten Einheiten ging der Absatz im Jahr 2020 um 23 % zurück. Dies war das zweite Jahr eines Rückgangs nach einem Spitzenwert von 55.240 Einheiten im Jahr 2018.

Im Gegensatz zu China war die Nachfrage aus der Elektronikindustrie und der Automobilindustrie in Japan schwach. Japans operativer Bestand lag im Jahr 2020 bei 374.000 Einheiten (+5 %). Japans aktuelle Roboterdichte beträgt 390 Einheiten pro 10.000 Arbeitnehmer.

Die USA sind mit einem Anteil von 79 % an den Gesamtinstallationen der größte Nutzer von Industrierobotern auf dem amerikanischen Kontinent. Es folgen Mexiko mit 9 % und Kanada mit 7 %. Im Jahr 2020 gingen die Neuinstallationen in den Vereinigten Staaten um 8 % zurück. Die aktuelle Roboterdichte liegt bei 255 Einheiten pro 10.000 Arbeitnehmer.

Für Nord-Amerika wird ein Anstieg um 17 % auf fast 43.000 Einheiten prognostiziert. Die Installationen in Europa werden voraussichtlich um 8 % auf fast 73.000 Einheiten steigen. In Asien dürfte die 300.000-Einheiten-Marke überschritten und das Vorjahresergebnis um 15 % übertreffen werden. Für fast alle südostasiatischen Märkte werden zweistellige Wachstumsraten erwartet.

Während die Automobilindustrie im Jahr 2020 deutlich weniger Roboter nachfragte (10.494 Einheiten, −19 %), stiegen die Installationen in der Elektro-/Elektronikindustrie um 7 % auf 3710 Einheiten.

Der operative Bestand in den Vereinigten Staaten stieg seit 2015 um 6 % CAGR. Die Gesamtprognosen für den nordamerikanischen Markt sind sehr positiv. Derzeit läuft bereits eine starke Erholung und für 2021 kann mit einer Rückkehr zum Vorkrisenniveau gerechnet werden. Es wird erwartet, dass die Roboterinstallationen im Jahr 2021 um 17 % steigen werden.

Die Republik Korea ist nach Japan, China und den USA der viertgrößte Robotermarkt. Im Jahr 2020 gingen die Installationen um 7 % auf 30.506 Einheiten zurück. Der operative Bestand stieg um 6 % auf 342.983 Einheiten. Insbesondere die Elektronikindustrie und die Halbleiterindustrie investieren kräftig. Es wird erwartet, dass die Nachfrage nach Robotern sowohl von der Elektronikindustrie als auch von den Automobilzulieferern im Jahr 2021 um 11 % und in den darauffolgenden Jahren um durchschnittlich 8 % pro Jahr erheblich zunehmen wird. Die aktuelle Roboterdichte liegt bei 932 Einheiten pro 10.000 Arbeitnehmer.

In Europa hat Deutschland mit großem Abstand die Nase vorn und verzeichnete einen Anteil von 33 % an den Gesamtinstallationen in Europa. Es folgten Italien mit 13 % und Frankreich mit 8 %. Die Zahl der installierten Roboter in Deutschland blieb im Jahr 2020 bei rund 22.302 Einheiten. Dies ist die dritthöchste Installationszahl aller Zeiten – ein bemerkenswertes Ergebnis, wenn man bedenkt, dass das Jahr 2020 von der Pandemie und der Umstellungsdiskussion zur Elektromobilität geprägt war. In Italien waren es dagegen 8525 Einheiten und in Frankreich 5.368 Einheiten, die 2020 installiert wurden. 2205 Einheiten neu installierte Einheiten werden dem Vereinigten Königreich zugeordnet.

In Deutschland führt die Automatisierung des Automobilsektors und der Elektro- und Elektronikindustrie zu einem Marktanteil von ca. 48 % der neu in 2020 installierten Einheiten. Sie öffnet darüber hinaus verstärkt den Markt für zusätzliche neue Anwendungen. Das gilt für kleinere und mittlere Unternehmen ebenso wie für Konzerne aller Branchen. Neben der Automobil- und Elektronikindustrie erreicht diese Entwicklung vor allem die metallverarbeitende Industrie, die Kunststoffindustrie sowie die Nahrungsmittel- und Verpackungsindustrie.

In ihrem Ausblick geht die IFR davon aus, dass sich der Robotikmarkt nach der Überwindung der weltweiten Coronakrise stark erholen wird. Bereits für das Jahr 2021 wird mit einem Wachstum von rund 13 % auf 435.000 Einheiten gerechnet. Damit wäre das bisherige Rekordniveau von 422.000 Einheiten aus dem Jahr 2018 übertroffen worden.

Von 2021 bis 2024 wird mit durchschnittlichen jährlichen Wachstumsraten im mittleren einstelligen Bereich um 6 % gerechnet. Eine Aufholjagd findet 2022 oder 2023 statt – geringfügige Rückgänge können als statistischer Effekt auftreten. Sollten Sondereffekte eintreten, werden sie den allgemeinen Wachstumstrend nicht brechen. Die historische Marke von 500.000 weltweit installierten Roboter-Einheiten pro Jahr wird voraussichtlich im Jahr 2024 erreicht werden.

Die IFR geht darüber hinaus davon aus, dass die digitale Transformations- und Automatisierungswelle den Siegeszug der Industrieroboter weiter vorantreiben wird. So steht aus ihrer Sicht auch die Mensch-Roboter-Kollaboration vor dem Durchbruch. Erste Marktzahlen gibt es seit 2017 mit stark steigender Tendenz.

Ausgehend von ca. 11.000 Cobots der ersten Erhebung hat sich deren installierte Basis in 2020 verdoppelt. 22.000 neu installierte Cobots stehen 362.000 Neuinstallationen konventioneller Robotersysteme gegenüber. Ein Wachstum gegenüber dem Vorjahr um 6 %, ein Anteil von 6,1 %, der durchaus noch ausbaubar ist.

Generell ist es äußerst schwierig, verlässliche Zahlen zu erhalten, wie viele Cobots tatsächlich in kollaborierenden Roboteranwendungen im Einsatz sind. Ein Grund dürfte die unscharfe Definition der Bezeichnung „kollaborierende Anwendungen" sein. Die Roboterhersteller liefern zwar Verkaufszahlen, diese aber implizieren, dass alle verkauften Roboter auch in kollaborierenden Anwendungen der Mensch-Roboter-Kooperation zum Einsatz kommen. Das ist heute mit Sicherheit nicht der Fall.

Losgelöst davon sind Cobots mehr als nur eine vorübergehende Modeerscheinung. Sie sind einer der Industrietrends schlechthin. So geht die Studie „Collaborative Robots Market – Global Forecast to 2023" von Markets and markets davon aus, dass sich der globale Absatz von Cobots 2023 im Vergleich zu 2018 verzehnfachen werde. ABI Research erklärt in einer anderen Erhebung, dass der Cobot-Markt bis 2030 rund 11 Mrd. US$ übersteigen und 29 % des gesamten Industrierobotermarkts repräsentieren werde.

Neben den Industrierobotern boomen inzwischen auch die Serviceroboter (131.800 Einheiten in 2020, +41 %), deren weltweites Umsatzvolumen die International

Federation of Robotics (IFR) im aktuellen Jahrbuch „World Robotics 2021 – Service Robots" mit rund 6,7 Mrd. US$ (+12 %) beziffert.

Im Profibereich reichen die Einsatzgebiete von Robotern in der Landwirtschaft über Logistikroboter in den Warenlagern bis zu Forschungsrobotern unter Wasser oder im Weltraum und den Minenräumern und Drohnen der Militärtechnik. Viele der Einsatzszenarien sind von einer intensiven Mensch-Roboter-Kooperation geprägt.

Jeder dritte professionelle Service-Roboter wird für den Transport von Waren oder Gütern in der Logistik eingesetzt. Der Umsatz mit autonomen mobilen Robotern (AMR) inklusive Lieferrobotern stieg um 11 % auf über 1 Mrd. US$. Die meisten verkauften Einheiten kommen in Innenräumen zum Einsatz, beispielsweise in der Produktion oder in Lagerhäusern.

Die Nachfrage nach professionellen Reinigungsrobotern stieg um 92 % auf 34.400 verkaufte Einheiten. Als Reaktion auf die steigenden Hygieneanforderungen in der Covid-19-Pandemie entwickelten mehr als 50 Anbieter von Service-Robotern Desinfektionsroboter, die Flüssigkeiten versprühen oder mit ultraviolettem Licht arbeiten.

Häufig bauen die Hersteller bereits bestehende mobile Robotermodelle zu Desinfektionsrobotern um. Das Potenzial für Desinfektionsroboter in Krankenhäusern und anderen öffentlichen Einrichtungen ist groß. Der Absatz von professionellen Bodenreinigungsrobotern wird im Zeitraum von 2021 bis 2024 im Durchschnitt voraussichtlich jährlich zweistellig wachsen.

Das ertragsstärkste Segment bei den professionellen Service-Robotern ist die Medizinrobotik mit einem Marktanteil von 55 % im Jahr 2020. Dazu tragen vor allem Robotersysteme bei, die in der Chirurgie eingesetzt werden und die höchsten Einzelpreise erzielen. Ihr Umsatz stieg um 11 % auf 3,6 Mrd. US$. Eine enorm wachsende Zahl von Robotern für die Rehabilitation und nicht-invasive Therapie sorgt in diesem Segment für die größten Stückzahlen. Etwa 75 % der Anbieter von Medizinrobotern stammen aus Nordamerika und Europa.

Die weltweite Pandemie sorgte für eine besondere Nachfrage an sozialen Robotern. Sie helfen beispielsweise den Bewohnern von Pflegeheimen, mit Freunden und der Familie in Kontakt zu bleiben. Kommunikationsroboter sorgen für Informationsangebote im öffentlichen Raum, um den persönlichen Kontakt mit Menschen zu vermeiden, bauen Videoschalten für Geschäftskonferenzen auf oder helfen bei Wartungsaufgaben in der Produktion.

Roboter im Hotel- und Gastgewerbe verzeichnen ebenfalls steigende Absatzerfolge und erzielten 2020 einen Umsatz von 249 Mio. US$.

Die Nachfrage nach Robotern für die Zubereitung von Speisen und Getränken stieg beachtlich. Ihr Umsatz verdreifachte sich auf fast 32 Mio. US$ (+196 %). Das Potenzial für Roboter im Hotel- und Gastgewerbe ist immens groß und wird voraussichtlich weiterhin ein mittleres zweistelliges jährliches Wachstum erzielen.

Gleichzeitig stieg der Umsatz mit Service-Robotern für den privaten und häuslichen Gebrauch um 16 % auf 4,4 Mrd. US$. 2020 wurden 18,5 Mio. Einheiten (+6 %) an neuartigen Servicerobotern an Privatpersonen verkauft, vorwiegend für Tätigkeiten wie

Staubsaugen, Rasenmähen, die Überwachung von Haus und Garten sowie für Unterhaltungszwecke.

Der Absatz von Staubsaugrobotern und anderen Roboter für die häusliche Bodenreinigung stieg zum Beispiel um 5 % auf mehr als 17,2 Mio. Einheiten mit einem Wert von 2,4 Mrd. US\$. Diese Art von Service-Robotern ist heutzutage zunehmend im Einzelhandel erhältlich und für alle Kunden leicht zugänglich.

Bei den Gartenrobotern sind vor allem die Rasenmähroboter stark nachgefragt. Dieser Markt wird in den nächsten Jahren voraussichtlich im Durchschnitt mit niedrigen zweistelligen jährlichen Raten wachsen.

Allein für die smarten Technologien – darunter Smart Building, Smart Energy, Smart Factory, Smart Healthcare, Smart Transportation und Smart Security – sagen Fachleute für die nächsten Jahre Marktvolumina in Milliardenhöhe voraus, mit vielen neuen Geschäftsmodellen. Darüber hinaus gibt es ein starkes Marktpotenzial für Transportroboter mit Publikumsverkehr im Außenbereich, beispielsweise bei der Zustellung auf der letzten Meile.

Die Marktforscher von BCC Research sehen den Weltmarkt für smarte Maschinen bis 2024 auf etwa 39 Mrd. € wachsen. Sie verstehen darunter Expertensysteme, Neuronale Netze, digitale Assistenten und autonome Roboter.

Kollaborative Leichtbauroboter, kurz „Cobots" genannt, erobern die Fabrikautomatisierung - entweder in Anwendungen mit direkter Mensch-Roboter-Kollaboration (MRK) oder als Mittel für die flexible und kostengünstige Automatisierung ohne direkte Zusammenarbeit von Menschen und Robotern.

Sicher ist: Die neue Robotergeneration entwickelt sich rasant weiter. Auch durch die in naher Zukunft erwartete Erschließung neuer Anwendungen wie etwa Servicearbeiten in Hotels, Krankenhäusern, Alten- und Pflegeheimen wird ein weiter steigender Bedarf an kollaborativen Robotern erwartet.

Jedes Jahr erscheinen viele Start-Up-Unternehmen am Markt, die Cobots mit neuartigen Fähigkeiten und innovative Serviceroboter-Anwendungen entwickeln. Einige dieser jungen Unternehmen wachsen sehr dynamisch und stoßen auf ein großes Investoren- und Nutzerinteresse, andere verschwinden ebenso schnell wie sie aufgetaucht sind.

Weltweit gelten 80 % der erfassten 1050 Anbieter von Service-Robotern als etablierte Unternehmen, die vor mehr als fünf Jahren gegründet wurden. 47 % der Anbieter von Servicerobotern kommen aus Europa, 27 % aus Nordamerika und 25 % aus Asien.

Als weiteres Wachstumsfeld etabliert sich zunehmend die Medizintechnik, wo Chirurgen von kollaborierenden Robotern bei feinmotorisch anspruchsvollen Arbeiten unterstützt werden. So werden zum Beispiel mehrarmige Operationsroboter in der minimal invasiven Chirurgie eingesetzt, um die Chirurgen bei ihrer diffizilen Arbeit zu unterstützen beziehungsweise um einige Operationstechniken überhaupt erst zu ermöglichen. Zusätzlich gibt es den Trend, minimal invasive Operationen mittels mehrerer individuell am Operationstisch platzierter und synchron gesteuerter Cobots durchzuführen.

Zahlreiche Experten erwarten, dass nach einem halben Jahrhundert der dominanten Industrierobotik nun ein halbes Jahrhundert der Servicerobotik und der Mensch-Roboter-Kooperation folgt. Doch noch ist die Service- und Assistenzrobotik ein relativ kleiner Markt, der allerdings sehr schnell wächst. Die größten Nachfragemärkte für Servicerobotik sind bislang Verteidigung, Landwirtschaft, Medizintechnik und Logistik.

Abschließend kann man festhalten, dass sich der Robotermarkt sowohl im Gesamtvolumen als auch in der Anwendungsbreite und Anbietervielfalt derzeit sehr dynamisch entwickelt. Dabei erklimmt die Robotik eine neue Entwicklungsstufe: Neben den klassischen Industrierobotern und der Vollautomation der Serienfertigung, die weiter an Bedeutung gewinnen, etablieren sich mit den Cobots kleine, wandlungsfähige Leichtbauroboter.

Die Grenzen zwischen der klassischen Industrierobotik, modernen Assistenz- und Leichtbaurobotern sowie fahrerlosen Transportsystemen verschwimmen. Schutzzäune fallen. Das unmittelbare Zusammenwirken von Menschen und Robotern wächst. Die Teilautomation von Fertigungsprozessen rückt in den Fokus der Anwender. Letztere sind nicht mehr nur die Großserienfertiger mit ihrer langjährig entwickelten, ausgewiesenen Fachexpertise, sondern zunehmend neue Anwenderkreise in klein- und mittelständischen Unternehmen, die sich mutig an die neuen Herausforderungen wagen und auf Markenversprechen der Hersteller bauen.

Zwei grundlegende Entwicklungsrichtungen sind derzeit erkennbar: Zum einen der Trend zur Simplifizierung, sprich ein einfacher Einstieg in die Robotik und die intuitive Bedienung der Roboter. Zum anderen der Trend zu intelligenten Lösungen und Funktionsintegration mit wachsenden Anforderungen an Sensorik und Intelligenz der Greifsysteme.

Anwender fordern heute intuitiv programmierbare, flexibel einsetzbare Systeme und erwarten immer mehr Autonomie bei der Inbetriebnahme und im Betrieb. Wenn schon Kinder komplexe Systeme wie ein Smartphone spielerisch bedienen und Fahrzeuge der Kompaktklasse sich selbst in x-beliebige Parklücken manövrieren, lässt sich nur noch schwer erklären, weshalb es Tage und Wochen dauert, bis hochqualifizierte Mitarbeiter einen Roboter programmiert haben.

Literaturhinweise und Quellen

Bieller, S., *Robotik und MRK – Marktanalyse mit Schwerpunkt auf den asiatischen Raum*, Vortrag beim 4. Forum Mensch-Roboter, Stuttgart, 23./24.10.2019

Ciupek, M., *Cobot-Markt in Bewegung*, VDI Nachrichten Nr. 44/2018, S. 14, 2.11.2018

Eberhardt, W., Schwarzkopf, P., Fath, P., VDMA Robotik + Automation, Pressekonferenz und Ergebniszusammenfassung zum aktuellen Marktgeschehen, Frankfurt, 10.6.2021

Glück, M. *Herausforderungen der Industrie 4.0 – Sichere Mensch-Roboter-Kooperation,* Markt & Technik, Heft 28/2015, S. 24–28

International Federation of Robotics (IFR), *Service-Roboter verzeichnen Sonderkonjunktur durch Corona,* Pressemitteilung mit Ergebniszusammenfassung zur Veröffentlichung des World Robotics 2021 Service Robots Report, Frankfurt, 5.11.2021

International Federation of Robotics (IFR), *Roboterverkäufe steigen wieder,* Pressemitteilung mit Ergebniszusammenfassung zur Veröffentlichung des World Robotics 2021 Report, Frankfurt, 28.10.2021

Shein, E., *Business Adopting Robots for New Tasks,* Computer World, 1.8.2013

Mensch-Roboter-Kooperation (MRK)

4

Seit über 50 Jahren versuchen Ingenieure, Roboter aus der reinen Industrieumgebung hinter Schutzzäunen zu befreien und sie in den Alltag der Menschen vordringen zu lassen. Der erste Roboter, dem dies ansatzweise gelang, war „Shakey". 1965 von Wissenschaftlern des Stanford Research Institute in Menlo Park (Kalifornien) entwickelt, gilt er als der weltweit erste mobile teilautonome Roboter mit Rädern und batteriebetriebenem Antrieb.

Mit Kameras, Ultraschall- und taktilen Kollisionsdetektoren erforschte er seine unmittelbare Umgebung. Per Funk stand er mit einem Zentralcomputer in Kontakt. Für ihn wurden die ersten Navigationsalgorithmen erfunden, mit denen der Roboter eine Kartierung von Räumen vornehmen konnte, um sich darin selbständig zu orientieren. Hierfür entstanden die ersten Bildanalyseprogramme, die besonders gut Kanten sichtbar machen konnten. Die ersten Problemlösealgorithmen wurden entwickelt, um Hindernisse zu umfahren und komplexere Aktionen durchführen zu können. Die ersten Ansätze künstlicher Intelligenz entstanden.

Cobots gelten heute als bezahlbare Alleskönner. Sie können mobil und flexibel eingesetzt werden. Mit den Cobots steht eine neue Generation von Leichtbaurobotern zur Verfügung, die nicht nur „niedere" Arbeiten im Hochgeschwindigkeitstakt verrichten kann, sondern vielmehr direkt am Arbeitsplatz die Menschen unterstützen und diese von monotonen, sich wiederholenden, körperlich und psychisch belastenden Arbeitsschritten – häufig auch als „4d-Anwendungen" bezeichnet, was für dirty, dull, dangerous, delicate steht – befreien kann.

Cobots bieten die Gelegenheit, die Stärken von Menschen und Robotern gezielt synergetisch zu nutzen und deren Schwächen in der Zusammenarbeit jeweils zu kompensieren. So liegen die Stärken der Cobots vor allem in der Wiederholung einfacher Handhabungstätigkeiten. Hier sind sie in der Regel schneller, ausdauernder und exakter

M. Glück, *Mensch-Roboter-Kooperation erfolgreich einführen*,
https://doi.org/10.1007/978-3-658-37612-3_4

als der Mensch. Hingegen ist der Mensch dem Roboter bei kognitiven Aufgaben weit überlegen.

Spontanität, Flexibilität, Kreativität, aber auch Erfahrungswissen sind Aspekte, bei denen Menschen das Leistungsvermögen der Roboter weit übertreffen. Türen öffnen, Bälle fangen, laufen, Hindernissen ausweichen, das gehört alles zu den leichtesten Aufgaben, die man einem gesunden Menschen stellen kann. Gleichzeitig zählen sie zu den größten Herausforderungen für Roboter.

Auf einen Nenner gebracht: Robotern fällt leicht, was Menschen schwerfällt und umgekehrt. Roboter können viele Dinge, die für Menschen eine Qual sind. Beispielsweise das Anheben und wiederholgenaue Ablegen größerer Lasten oder das millimetergenaue Setzen unzähliger Schweißpunkte im Karosseriebau. Ihre Stärke liegt in der zuverlässigen und unermüdlichen Wiederholung von Routinetätigkeiten. Diese führen sie mit deutlich höherer Geschwindigkeit und Präzision aus als menschliche Kollegen. Ihr Arbeitsbereich ist allerdings beschränkt.

Wenn nötig, bringen Roboter weit höhere Kräfte wiederholgenau auf als der Mensch. Dabei nutzen sie meistens nur eine einfache Sensorik. Sie arbeiten konzentriert und liefern 24 h am Tag eine konsistente Qualität ab, ohne auch nur einmal zu klagen. Ausfallzeiten sind nach der Inbetriebnahme äußerst selten. In den meisten Fällen stellen sie jedoch eine Gefahr für den Menschen dar.

Menschen dagegen sind mit ihren kognitiven Fähigkeiten einzigartig, etwa mit ihrem Verständnis der Aufgabe. Sie sind in der Lage, Probleme schnell zu lösen, spontan einzugreifen und zu improvisieren. Sie beherrschen wechselnde Arbeitssituationen. Sie nehmen auch unerwartete Ereignisse und Zusammenhänge wahr und reagieren situationsgerecht, ohne zuerst programmiert werden zu müssen.

Menschen können sich an ihr Arbeitsumfeld und die aktuelle Arbeitssituation auf einzigartige Weise anpassen. Dafür arbeiten sie in der Regel langsamer und weniger wiederholgenau als ihre Maschinenkollegen. Wiederkehrende Arbeitsabläufe erledigen sie mit geringerer Qualität, zumindest über lange Zeiträume hinweg. Ihr Arbeitstag und Arbeitseinsatz ist limitiert.

Die Mensch-Roboter-Kooperation (MRK) setzt genau hier an: Sie entlastet von lästigen Aufgaben und schafft Freiräume, um die dem Menschen als Stärken zugewiesenen humanen Qualitäten wirkungsvoll zu entfalten. Cobots ersetzen daher nicht den Menschen, sondern ergänzen seine Fähigkeiten und nehmen ihm belastende Arbeiten ab.

Darüber hinaus sind die neuen Produktionshelfer teilweise mobil einsetzbar und können wechselnde Aufgaben übernehmen. So können sie beispielsweise am Fließband aushelfen und die dort eingesetzten Werker unterstützen oder die Aufgaben eines erkrankten Kollegen kurzfristig übernehmen.

Eine allgemein gültige Definition für die „Mensch-Roboter-Kooperation" oder die unmittelbare „Mensch-Roboter-Kollaboration" sucht man vergebens. MRK als häufig genutzte Abkürzung steht für die schutzzaunlose Interaktion zwischen einem Bediener (Mensch) und einem Roboter in gemeinsam genutzten Arbeitsräumen.

Die Begriffe *Kooperation* und *Kollaboration* werden bei der Beschreibung dieser Zusammenarbeit zwischen Menschen und Robotern häufig synonym verwendet. Ebenso hört man oft die Begriffe kollaborativ und kooperativ. Auch wenn sie ähnlich klingen, bedeuten sie doch etwas gänzlich anderes, denn an einem gemeinsamen Projekt zu arbeiten, heißt nicht zwangsläufig, dass alle Beteiligten auch wirklich zusammen tätig sind:

- Bei der *Kooperation* arbeiten die Teilnehmer an unter schiedlichen Teilaufgaben des Endergebnisses. Sie sind nicht an der Produktion aller Ergebnisse eines Projekts beteiligt und die Bearbeitung erfolgt parallel. Auf die Mensch-Roboter-Interaktion bezogen, arbeiten beide also sowohl separat als auch – wenn nötig – zusammen. Das ist oft die effizienteste Lösung.
- Bei der *Kollaboration* arbeiten die Teilnehmer gleichzeitig gemeinsam an einem Teil des Endergebnisses. Eine Kollaboration erfolgt sequentiell, d. h. fortlaufend, sodass ein einzelner Mitarbeiter oder ein Team in die Produktion aller Ergebnisse eines Projekts involviert ist. Bei der kollaborativen Robotik arbeitet der Roboter also nie alleine und dementsprechend zum Schutz des Menschen langsam.

Menschen und Roboter werden sich immer häufiger ihren Arbeitsplatz teilen und täglich neue Formen der Mensch-Roboter-Interaktion erleben, bei denen ein Roboter wesentliche Bearbeitungsschritte einer Folge an Arbeitsschritten übernimmt.

Eine Zusammenarbeit, also *Kooperation* zwischen Menschen und Robotern, liegt immer dann vor, wenn Mitarbeiter und Roboter zwar zur gleichen Zeit ihre Aufgaben erledigen, jedoch sich nicht gleichzeitig an derselben Stelle befinden und der Roboter sein Verhalten an den Bediener anpasst, ihm beispielsweise unmittelbare Eingriffe zur Beseitigung von Störungen des Routineablaufs oder das Beladen einer Fertigungseinrichtung ermöglicht.

Kollaboration bedeutet wiederum, dass Mensch und Maschine zur gleichen Zeit gemeinsam eine Aufgabe am selben Bauteil durchführen. Eine umfassende Sicherheitstechnik macht die direkte Zusammenarbeit möglich. Die hierbei genutzten Roboter haben ausgefeilte Strom-, Kraft- und Drehmomentsensoren, die ihnen das nötige Fingerspitzengefühl und die erforderlichen Sinne verleihen, um eine gefährliche oder unangenehme Kollision mit dem Menschen zu vermeiden.

Cobots bewegen sich langsamer und verlangsamen ihre Bewegung oft noch, wenn der Mensch sich nähert. In der Regel sind sie leichter, rundlicher und manchmal zusätzlich mit weicher Polsterung versehen.

Ein Beispiel: Der Mensch reicht dem Roboter oder umgekehrt ein Bauteil. Der Cobot arbeitet mit dem Menschen Hand in Hand und ist im Produktionsprozess von diesem nicht durch Schutzeinrichtungen getrennt. Hierbei übernimmt der Mensch weiterhin wesentliche Bearbeitungsschritte. Aber warum?

Weil spezifische menschliche Fähigkeiten – zum Beispiel feinmotorische Fingerfertigkeit, Flexibilität und Urteilsvermögen – unersetzlich sind und unersetzlich bleiben.

Roboter hingegen besitzen andere Stärken. Sie können einen konstanten Anpressdruck beim Einkleben einer Gummidichtung sicherstellen oder schwere Gewichte halten.

4.1   Zielsetzungen und Triebkräfte

Die Mensch-Roboter-Kooperation (MRK) ist ein brandaktuelles Handlungsfeld mit ambitionierten Zielsetzungen, bei dem es primär nicht nur darum geht, die Fertigung weiter zu automatisieren, sondern die industriellen Prozesse einer gesamten Wertschöpfungskette nachhaltig zu vernetzen und möglichst flexibel zu gestalten, denn die größtmögliche Synergie von Mensch und Maschine, die Automatisierung bei höchster Einsatzflexibilität, wird durch das effiziente Zusammenwirken von Menschen und Robotern erreicht.

Bei der Einführung von kollaborativen Szenarien stehen daher die Verbesserung der Ergonomie, die Flexibilisierung der Arbeitsprozesse, die Steigerung der Gesamteffizienz sowie die Optimierung von Logistik-, Handhabungs- und Beladungsprozessen im Vordergrund.

Die erfolgreiche Kombination von Menschen und Robotern kann Arbeitsprozesse stark rationalisieren, sofern jedem die optimalen Arbeitsanteile zugewiesen sind und der Mensch weiterhin den Takt vorgibt. Für den Erfolg entscheidend ist die Verbindung der Qualitätsgüte des Roboters mit der Flexibilität der Menschen, die sich auf die konzentrierte Übernahme komplexerer Aufgaben fokussieren können.

Ein weiteres Ziel ist es, die Menschen bei der Arbeit durch Roboter zu unterstützen, um sie von körperlich anstrengenden, sich wiederholenden oder monotonen Tätigkeiten zu entlasten. Neue ergonomische Konzepte unterstützen die Arbeitssicherheit und führen zu einer wesentlichen Verbesserung der Verfügbarkeit, Zuverlässigkeit und Produktivität, denn krankheitsbedingte Ausfälle können vermieden und berufstypische Krankheitsbilder reduziert werden.

Die Mensch-Roboter-Kooperation ist ein wesentliches Element zur Gestaltung des demographischen Wandels und zur Überwindung des Fachkräftemangels. Sie dient zweifellos dem verantwortungsbewussten Erhalt der Leistungsfähigkeit alternder Belegschaften. Werker mit ergonomisch ungünstigen Aufgaben wie zum Beispiel der Überkopfmontage können entlastet werden. Sie bleiben durch die Roboterassistenz gesund und bis ins Alter arbeitsfähig.

Bis zum Jahr 2025 verdoppelt sich die Zahl der Menschen an den Produktionslinien, die älter als 55 Jahre sind. Etwa 2 Mio. Produktionsmitarbeiter werden sogar in den wohlverdienten Ruhestand gehen. Ein Ersatz durch jüngere Fachkräfte wird immer schwieriger. Deren Arbeitskraft könnte zumindest teilweise durch den vermehrten Robotereinsatz kompensiert werden, ohne dass erwerbsfähige Mitarbeiter zur Disposition gestellt werden.

Zunehmende Typenvielfalt, häufigere Modellwechsel, Stückzahlschwankungen: Auf einem hart umkämpften Markt sind flexible Automatisierungslösungen entscheidend.

Cobots erweisen sich als wichtige Enabler für die flexible Automation variantenreicher Produktionen, wie sie zum Beispiel für Mittelstandsunternehmen kennzeichnend sind. Schnell anpassbare Fertigungszellen ersetzen starre Anlagen, deren Umbau viele Wochen und Monate dauert.

Je nach Typ können Cobots zwischen drei und 25 kg bewegen. Für diese neue Robotergeneration wurden in kurzer Zeit sehr viele neue Anwendungen erschlossen und die laufenden Entwicklungen deuten darauf hin, dass dieser Trend weiterhin anhält. Dabei sind unter den derzeit installierten Anwendungen diejenigen mit echter MRK deutlich in der Minderheit. Viel häufiger als um MRK geht es derzeit noch um die Automatisierung von Prozessen, die bis dato nicht sinnvoll automatisiert werden konnten, weil dies wirtschaftlich unrentabel gewesen wäre.

Durch ihre einfache Inbetriebnahme in neuen Anwendungen, die ein schnelles Einrichten ohne Fachwissen der Roboterprogrammierung ermöglicht, eignen sie sich besonders dazu, die Produktion schnell auf ein anderes Produkt umzustellen und die eingesetzten Roboter an eine Vielzahl von Standardaufgaben anzupassen, die von Pick-and-Place bis hin zur Maschinenbedienung reicht. Dadurch können Fertigungsunternehmen besser auf Veränderungen im Markt reagieren und individuelle Kundenanforderungen mit einer größeren Produktvielfalt in kleineren Chargen effektiv erfüllen, was einen zusätzlichen Wettbewerbsvorteil darstellt.

Es ist richtig, dass bisher für die MRK meistens Roboter mit Traglasten von weniger als 15 kg erprobt und eingesetzt wurden. Dabei konzentrierte sich der Cobot-Einsatz vor allem aufs Kleinteilehandling, beispielsweise in Montageanwendungen der Elektronikindustrie oder beim Pick & Place von Gehäusen, Dreh- und Frästeilen, Leiterplatten, etc. Vor allem die Teilautomatisierung der Anreichung von Werkstücken macht große Fortschritte.

Vor dem Hintergrund der Verbesserung der Ergonomie an den Arbeitsplätzen sind auch MRK-Applikationen mit Schwerlastrobotern zur Handhabung hoher Traglasten zukunftsweisend. Schwerlastroboter, die ohne Schutzzaun mit Menschen in geteilten Arbeitsräumen agieren, waren bis vor wenigen Jahren noch undenkbar.

Nach guten Erfahrungen mit kollaborierenden Leichtbaurobotern erproben insbesondere Automobilhersteller derzeit auch größere Lösungen. Für die Montage der Autotüren wurde bei Opel beispielsweise ein Konzept mit Schwerlastrobotern entwickelt, das klassische Montagelinien alt aussehen lässt. Bisher entnahmen die Werker mit handgeführten Handhabungsgeräten die Türen aus der Förderanlage.

Künftig unterstützen kollaborierende Roboter die Mitarbeiter der Endmontage beim Anbringen kompletter Fahrzeugtüren. Zum Einsatz kommt ein Industrieroboter mit entsprechend höherer Traglast, neueste Sicherheitssensorik sowie ein sicherer Greifer, über den die Mitarbeiter mit dem Roboter zuverlässig interagieren.

Im neuen Prozess hebt der Roboter die Fahrzeugtür automatisch aus der Türförderanlage. Weiterhin gibt es mit Laserscannern überwachte Arbeitsbereiche, zu denen der Mensch keinen Zutritt hat.

Erst wenn der Roboter an die Montageposition gefahren ist, wird der Arbeitsraum für den Werker freigegeben, der dann die Feinjustierung und den Einbau übernimmt. Dem Werker bleibt so das ergonomisch ungünstige Beschleunigen und Abbremsen der Tür in der Handhabungsvorrichtung erspart. Derzeit erfolgt eine europaweite Evaluierung für weitere Einsatzmöglichkeiten, insbesondere bei Montageoperationen mit schweren Traglasten.

4.2   Robotereinsatz und MRK in der Intralogistik

Die Intralogistik hat die Weiterentwicklung der Mensch-Roboter-Kooperation auf mobilen Logistikhelfern frühzeitig begleitet, weil sie die ergonomische Entlastung des Menschen durch einen verstärkten Robotereinsatz, eine effizientere Wegegestaltung und eine enge Vernetzung mit den Systemen der Unternehmens-IT anstrebt.

Die in Logistikzentren heute zum Einsatz kommenden mobilen Robotersysteme werden immer intelligenter, um vor allem die vom Markt und Online-Handel geforderte Schnelligkeit und Flexibilität der zunehmend komplexeren Wert- und Produktströme beherrschen zu können. Dabei treffen sie immer wieder auf die Menschen – auf Verkehrswegen, an Übergabestationen und bei der Entnahme von Gütern aus den Regalsystemen.

Ob Maschinen, Medikamente oder Obst, Kunden erwarten ihre Produkte weltweit pünktlich am richtigen Ort. Eine riesige Auswahl an sehr spezifischen Waren muss kostengünstig und möglichst schnell den Weg aus dem Lager heraus zum Kunden finden. Um die ständig steigende Warenflut zu kanalisieren, werden die Prozesse der Lagerhaltung und des Transports durch den verstärkten Robotereinsatz in gemeinsamen, mit den Mitarbeitern der Logistikzentren geteilten Arbeitsräumen unterstützt.

Diese Entwicklung bedeutet nicht, dass die Intralogistik ganz auf den Menschen verzichten will. Ihm sollen aber viele Belastungen, beispielsweise beim Warentransport, durch Hebehilfen und Shuttletechnik abgenommen werden, denn auch Logistiker müssen sich heute schon auf alternde Belegschaften und einen bedeutsamen Fachkräftemangel in Zeiten einer explosiven Ausweitung ihres Geschäftsmodells durch den zunehmenden Onlinehandel einstellen.

Aber auch in der Produktion werden Maschinen, Transportfahrzeuge und Fördereinrichtungen zunehmend autonom agieren. Mobile Roboter mit 3D Umgebungserfassung werden in der Produktion Einzug halten, um Lasten aufzunehmen und diese zu Montageplätzen zu transportieren. Ziel ist eine schnellere und bedarfsgerechte Versorgung der Werker in der Produktion.

4.3   Einführungsstand der MRK

Heute werden Cobots schon häufig in Anwendungen der Fertigungsindustrie eingesetzt, unter anderem zu Arbeiten, die bisher Industrierobotern vorbehalten waren. Auch die aufgrund des intensiven Wettbewerbs der Roboteranbieter zwischenzeitlich sehr attraktiven Systempreise tragen zu einem lebhaften Interesse der Kunden bei.

Die klassischen Roboteranbieter wie Kuka, ABB, Bosch, Denso, Doosan, Mitsubishi Electric, Fanuc, Stäubli, Omron/TM, Epson, Kawasaki und Yaskawa sowie das dänische Unternehmen Universal Robots präsentieren seit geraumer Zeit Lösungsansätze für den Robotereinsatz ohne trennende Schutzeinrichtungen, bei denen sich Cobots und Werker die gemeinsam genutzten Arbeitsräume ganz oder zumindest zeitweilig teilen.

Zunehmend müssen sie sich hierbei einer für sie neuen Wettbewerbssituation stellen: Im hochdynamischen Umfeld der Startups entstehen neue Marktbegleiter, die es teilweise hervorragend geschafft haben, selbst Roboterarme und viel beachtete Softwareinnovationen umzusetzen, mithilfe derer alternative und intuitive Bedienformen verbunden sind, welche die Zugangsschwellen für die Anwender erheblich senken. Sie tragen Namen wie Yuanda, Franka Emika, Fruitcore, HORST, Aitme, Agile Robotics, Wandelbots, Artiminds, um nur einige der sehr interessanten neuen Roboteranbieter hier repräsentativ zu nennen.

Zahlreiche Großunternehmen der Automobilproduktion und diverse Zulieferunternehmen haben erste erfolgreich Gehversuche mit der Mensch-Roboter-Kollaboration hinter sich. Über erste interessante Referenzprojekte zur betrieblichen Anwendung der Mensch-Roboter-Kollaboration berichten die Firmen Kuka, Bosch Siemens Haustechnik, Daimler, SCHAEFFLER, ZF, BMW, VW, Ford, Audi, Valeo, Bosch, Pilz, Harting. Ebenso die Branchenverbände VDMA, VDA, BITKOM, VDI und der ZVEI.

4.3.1   Protagonisten der Mensch-Roboter-Kooperation

Wahre Pionierarbeit auf dem Gebiet der kraft-momenten-sensitiven Leichtbaurobotik und der sicheren MRK leistete das Deutsches Zentrum für Luft- und Raumfahrt (DLR) in Oberpfaffenhofen-Weßling, vor allem die Teams um Prof. Dr. Gerd Hirzinger und seinen Nachfolger Prof. Dr. Alin Albu-Schäffer sowie die Zentrale Forschung von Kuka unter der langjährigen Leitung von Dr. Bernd Liepert, Dr. Johannes Kurth, Dr. Albrecht Höne und Dr. Rainer Bischoff. Heute wird die Kuka Forschung angeleitet von Dr. Kristina Wagner, die Applikationsentwicklung von Otmar Honsberg und das Marketing von Wilfried Eberhardt.

In der angewandten Forschung leistet seit Jahren die Fraunhofer Gruppe wertvolle Aufbauarbeit, insbesondere die Forschungsgruppe um Dr. Werner Kraus und seinen Vorgänger Dr. Martin Hägele am Institut für Produktionstechnik und Automatisierung (IPA) in Stuttgart sowie am Institut für Fabrikbetrieb und -automatisierung (IFF) in Magdeburg das Forscherteam von Prof. Dr. Norbert Elkmann. Ziel ihrer Institutsarbeit ist es, die sichere MRK und die Servicerobotik für betriebliche Anwendungen reif zu machen und diese anschaulich auf ihren Technologieflächen zu präsentieren.

Prof. Dr. Bernd Kuhlenkötter, Präsident der Wissenschaftlichen Gesellschaft für Montage, Handhabung und Industrierobotik IMH und Leiter des Instituts für Produktionssysteme (IPS) in Dortmund leistet gemeinsam mit Dr. Alfred Hypki intensive Netzwerkarbeit auf dem Feld der anwendungsnahen MRK-Forschung und baut damit wertvolle Brücken des Technologietransfers zu ABB.

Thomas Pilz engagiert sich intensiv in der Normungsarbeit und bringt wertvolle Erfahrung aus der sicheren Steuerungstechnik und der industriellen Automation ein. Für die Sicht der Deutschen Gesetzlichen Unfallversicherung e. V. (DGUV) und die Arbeit der für Mensch-Roboter Applikationen zuständigen Berufsgenossenschaft Holz und Metall (BGHM) hat Dr. Matthias Umbreit wertvolle Grundlagenarbeit geleistet.

Neue Verfahren zur Robotersteuerung werden am Deutschen Forschungszentrum für Künstliche Intelligenz (DFKI) entwickelt. Ebenso am Forschungsinstitut für Kognition und Robotik der Universität Bielefeld, welches den Robotik Blog „Botzeit" betreibt. Ähnliches lässt sich aus der am KIT zusammengeführten Karlsruher Institutslandschaft berichten.

Und am Institut für Robotik und Embedded Systems der TU München leistete das Team um Prof. Dr. Alois Knoll bedeutende Grundlagenarbeit für den Einsatz sicherer Roboter in der Medizin. Den Einsatz von KI im Umfeld der Leichtbaurobotik demonstriert auf sehr anschauliche Weise das Forscherteam um Prof. Dr. Sami Haddadin.

Viele Unternehmen interessieren sich für den Einsatz der MRK in ihren Fertigungslinien. Cobots und Roboter, die direkt mit Menschen zusammenarbeiten, sind auf Industriemessen, Anwendertreffen und Fachtagungen beherrschendes Thema. Dennoch ist die Thematik aufgrund ihrer vielschichtigen, nicht nur technischen Facetten noch nicht auf breiter Front angekommen. Wer aber heute daraus den Schluss zieht, dass ihn die MRK nicht interessiert, macht einen verhängnisvollen Fehler und wird morgen voraussichtlich auf der Verliererseite stehen.

4.3.2   MRK im Mittelstand

Vor allem Mittelständler, die unter hohem Flexibilitätsdruck stehen und die technisch sehr versiert sind, werden vom Einsatz der MRK-Technologie in ihren Firmen stark profitieren, denn eine flexible Produktion, die individualisierte Kundenfragen schnell und zuverlässig bedient, ist ihr ideales Aktionsfeld, auf dem sie sich große Absatzpotentiale und Alleinstellungsmerkmale erschließen können. Sie fragen verstärkt nach flexiblen, den jeweiligen Aufgaben angepassten Automatisierungslösungen, die sich vor allem durch eine einfache Inbetriebnahme und eine möglichst universelle Einsetzbarkeit auszeichnen. Sie wünschen sich eine hohe Investitionssicherheit bei überschaubarem Investitionsvolumen.

Viele davon entdecken gerade erst die Vorteile der Robotik, beispielsweise in Form mannloser Nachtschichten oder in Form von teilautomatisierten Prozessen, die dem Nutzer eine Mehrmaschinenbedienung eröffnen, indem Cobots von einem Ort zum anderen bewegt werden, um an verschiedenen Aufgaben zu arbeiten, während herkömmliche Industrieroboter an einem Ort befestigt werden müssen und normalerweise innerhalb der Roboterzelle nur für eine bestimmte Aufgabe einsetzbar sind.

Wer als Mittelständler heute die Weichen frühzeitig in Richtung MRK stellt, kann schneller davon profitieren, flexibler automatisiert und profitabel fertigen als diejenigen, die die Beherrschung komplexer Wertströme ganz den Menschen überlassen. Dabei genügt es, sich zunächst an Fachdiskussionen zu beteiligen, denn sie müssen sich auf einen tiefgreifenden Wandel der Produktionsorganisation vorbereiten. Aktuell wird eine Vielzahl an Lösungsansätzen diskutiert und ausprobiert. Es schlägt die Stunde der Praktiker.

Statt Prozesse vollständig zu automatisieren, gewinnen Teilautomatisierungen an Bedeutung, bei denen die Stärken des Menschen und die Stärken der Robotik synergetisch zusammengeführt werden. In der Regel geht es um Automatisierungslösungen mit reduzierter Komplexität und hoher Flexibilität. Und nicht zuletzt ist die Skalierbarkeit für die Anwender der Mensch-Roboter-Kooperation ein großes Thema: Die Automation muss mit der Erfahrung des Unternehmens mitwachsen und darf die Bediener nicht überfordern.

Einige Firmen machen schon große Fortschritte und werden bald in größerem Umfang MRK-Anwendungen in die Serienanwendung überführen. Die ersten Erfahrungen mit der Mensch-Roboter-Kollaboration sind ermutigend. Die Arbeiter nehmen die neuen Kollegen gut an und berichten von Entlastung und verbesserten Arbeitsbedingungen.

Die Marktreife der Mensch-Roboter-Kooperation liegt in greifbarer Nähe. Man rechnet, dass in wenigen Jahren vielversprechende Pilotlinien entstehen. Hierbei nehmen die Automobilindustrie und einige Automobilzulieferer eine Schrittmacherrolle ein. Das liegt vor allem an den Produkten, die hochmodular aufgebaut sind, relativ variantenreich an den Kunden angepasst werden, im Grundzug aber ähnlich unter den Rahmenbedingungen einer Serienproduktion gefertigt werden.

Ein Knackpunkt ist die Komplexität ihrer Einführungsvoraussetzungen, die das Einführen dieser neuen und vielversprechenden Technologie äußerst vielschichtig macht. Zu groß sind die Herausforderungen im Einzelfall, zum Beispiel bei der Abstimmung und Integration existierender und neuer Roboter in heterogene Steuerungslandschaften und Bestandsmaschinen. Daher wird es zunächst sicherlich nur „Inseln" der MRK in vielen Unternehmen geben.

Doch die Mensch-Roboter-Kooperation und die unmittelbare Mensch-Roboter-Kollaboration in gemeinsam genutzten Arbeitsräumen stehen derzeit – und das ist sehr gut spürbar – vor dem Durchbruch. Dabei sind zwei Stoßrichtungen erkennbar:

- Zum einen boomt die Leichtbaurobotik. Viele Unternehmen haben Anwendungs-
demonstrationen und Tests im Vorserienumfeld gestartet und sammeln wertvolle Erfahrungen. Das Anbieterfeld entwickelt sich mit hoher Dynamik. Neue
Anbieter von Robotertechnik drängen mit Macht an den Markt und liefern sich
einen intensiven Wettbewerb. Vor allem die Montageassistenz und die 3C Märkte
beflügeln die aktuellen Debatten. In der Konsequenz arbeiten alle an Kosten- und
Leistungsoptimierungen.
- Parallel dazu entwickelt sich aufgrund des Fachkräftemangels und der demo-
grafischen Entwicklung eine zweite Entwicklungslinie: Die ergonomische Entlastung von Werkern in anspruchsvollen Montageumgebungen, beispielsweise in
der Getriebeherstellung. Roboter im mittleren Traglastbereich nehmen dabei erhebliche Lasten auf, während im Zuge dieser Teilautomatisierung von Prozessketten dem
Menschen weiterhin die zentralen Füge- und Führungsaufgaben überlassen bleiben.

In beiden Fällen soll das Arbeiten für den Werker angenehmer gestaltet werden, denn wir
brauchen die Roboter nicht, um die Menschen zu ersetzen, sondern um sie wirkungsvoll
zu unterstützen und ihnen die Möglichkeit zu geben, sich auf ihre Kernaufgaben und die
Stärken der menschlichen Arbeit zu konzentrieren.

Es gibt unzählige Montageanwendungen, bei denen Bauteile manuell zugeführt,
gehalten und mit größtem motorischem Feingefühl montiert werden. Gerade im Last-
bereich bis 10 kg wird in den Montagelinien bislang wenig technische Unterstützung
angeboten, obwohl die körperliche Belastung auf Dauer hoch ist. Wenn der Cobot diese
Last trägt, ohne die Flexibilität und das Prozesstempo einzuschränken, können sich die
Werker weitaus besser auf die qualitätsentscheidenden Kernaufgaben konzentrieren.

Auf die Mensch-Roboter-Kooperation setzen auch verstärkt Branchen wie die
Logistik, das Gesundheitswesen, der Einzelhandel sowie die Lebensmittel- und
Getränkeindustrie. Auch medizinisches Fachpersonal und Laborfachkräfte werden bei
der Laborarbeit und logistischen Aufgaben im Krankenhaus zunehmend von Robotern
unterstützt. Der Roboter kann potenziell ein breites Spektrum wiederkehrender und zeit-
aufwendiger Tätigkeiten übernehmen und unter anderem Medikamente vorbereiten,
Zentrifugen be- und entladen, pipettieren, mit Flüssigkeiten umgehen sowie Reagenz-
gläser aufnehmen und sortieren.

Damit auch kleinere Unternehmen künftig stärker Roboter in ihre Produktionsprozesse integrieren können, bedarf es seitens der Roboterhersteller neue Geschäftsmodelle zu entwickeln und flexible und kostengünstige Roboterlösungen voranzutreiben,
die sich vor allem durch eine einfache Inbetriebnahme und eine möglichst universelle
Einsetzbarkeit auszeichnen. Daran wird – wie Sie beim Lesen im Folgenden sehen
werden – mit Macht gearbeitet.

4.3.3 MRK – Eine Antwort auf den demographischen Wandel?

Der demographische Wandel verändert die Arbeitswelt und führt zu massiven Veränderungen in unseren Unternehmen. Diskussionen über alternde Belegschaften und den Fachkräftemangel sind längst zum Dauerbrenner geworden, befeuert durch neue Zahlen und teilweise dramatische Prognosen.

Kein Zweifel, die Zahl der verfügbaren Fachkräfte geht dramatisch zurück. Unterschiede in der Leistungsfähigkeit der einzelnen Mitarbeiter treten bei einer zunehmenden Arbeitsbelastung immer deutlicher zutage. Immer mehr Arbeitnehmer erwarten die Bereitstellung von attraktiven Arbeitszeit- und Schichtmodellen. Und in den nächsten Jahren scheiden viele wertvolle Erfahrungsträger altershalber aus dem Erwerbsleben aus. Arbeitsplätze müssen daher künftig besser an die spezifischen Möglichkeiten des Einzelnen angepasst werden, wenn dessen Arbeitsfähigkeit so lange wie möglich erhalten und dessen Tätigkeiten über die gesamte Lebensspanne hinweg sinnstiftend bleiben sollen.

Mit der MRK steht heute eine neue Generation an Robotern zur Verfügung, die die Menschen direkt am Arbeitsplatz unterstützen und von monotonen, sich wiederholenden und psychisch belastenden Arbeitsschritten entlasten können. Diese Chance gilt es, aufzunehmen und aktiv zu gestalten. Insofern ist die Erschließung der Innovationspotentiale der Mensch-Roboter-Kollaboration nicht nur technologisch motiviert, sondern berücksichtigt auch soziale Innovationen für das Arbeitsumfeld von morgen.

Durch die Reduzierung der körperlichen Beanspruchung und Arbeitsbelastung älterer Arbeitnehmer können wir deren Verbleib im Unternehmen fördern. Hierbei eröffnen MRK-fähige Roboter als Montagehelfer ganz neue Spielräume, um ältere Menschen länger im Produktionsgeschehen gesundheitserhaltend einzubinden und sie von monotonen, ergonomisch und psychisch belastenden Arbeitsschritten zu entlasten. Zudem gibt es mannigfaltige Möglichkeiten, den Arbeitsrhythmus der Menschen flexibler und besser angepasst an ihre körperliche Fitness so zu gestalten, dass der Roboter dem Werker als sinnvolle und sichere Ergänzung dient.

Literaturhinweise und Quellen

Bendel, O., *Co-Robots und Co. – Entwicklungen und Trends bei Industrierobotern*, Netzwoche, 25(9), S. 4–5 (2017)

Bengler, K., *Der Mensch und sein Roboter – von der Assistenz zur Kooperation*. Technische Universität München – Lehrstuhl für Ergonomie, 11.02.2012.

Bösl, D., *Mensch-Roboter-Kollaboration (MRK) – Der Weg in eine Mensch-Roboter Gesellschaft*, Key Note Vortrag beim 4. Forum Mensch-Roboter, Stuttgart, 23./24.10.2019

Butz, A., Krüger, A., *Mensch-Maschine-Interaktion*, De Gruyter Oldenbourg (2014)

Buxbaum H.-J., Kleutges, M., *Evolution oder Revolution? Die Mensch-Roboter-Kollaboration*. in H.-J. Buxbaum (Hrsg.), Mensch-Roboter-Kollaboration, Springer Gabler, S. 15–34 (2020)

Ciupek, M., *Darum stellen Autobauer jetzt Roboter her*, VDI Nachrichten Nr. 36/2021, S. 8–9, 10.09.2021

Eberhardt, W., Schwarzkopf, P., Fath, P., VDMA Robotik + Automation, Pressekonferenz und Ergebniszusammenfassung zum aktuellen Marktgeschehen, Frankfurt, 10.06.2021

Honsberg, O., *Mehr Effizienz durch Montage im Fließbetrieb*, Mechatronik 6/2020, S. 31–32

Hypki, A., *Kollaborative Montagesysteme. Verrichtungsbasierte, digitale Planung und Integration in variable Produktionsszenarien*, Vortrag beim 3. Workshop Mensch-Roboter-Zusammenarbeit Dortmund, Bundesanstalt für Arbeitsschutz und Arbeitsmedizin (2017)

Kuhlenkötter, B., *Montage im Schaltschrankbau – Von Manueller Montage über MRK zur Vollautomatisierung*, Key Note Vortrag beim 4. Forum Mensch-Roboter, Stuttgart, 23./24.10.2019

Kuhlenkötter, B., *Potenziale der MRK für die Montage*, Key Note Vortrag beim 1. Forum Mensch-Roboter, Stuttgart, 17./18.10.2016

Kurth, J., *Sichere Anlagen im Serieneinsatz mit MRK*, Vortrag beim 2. Forum Mensch-Roboter, Stuttgart, 23./24.10.2017

Liepert, B., *Wir denken Wege in die Zukunft*, Interview in Robotik und Produktion, Heft 3/2018, S. 18–19

Liepert, B., *Mensch-Roboter-Kollaboration – Zukunft der Produktion?*, Key Note Vortrag beim 1. Forum Mensch-Roboter, Stuttgart, 17./18.10.2016

Pilz, T., *MRK – Vom Hype zum nachhaltigen Erfolg*, Key Note Vortrag beim 2. Forum Mensch-Roboter, Stuttgart, 23./24.10.2017

Pott, A., Dietz, T., *Industrielle Robotersysteme – Entscheiderwissen für die Planung und Umsetzung wirtschaftlicher Roboterlösungen*, Springer Vieweg (2019)

Mensch-Roboter-Kooperation (MRK) im Unternehmen einführen

Die Einführung der Mensch-Roboter-Kooperation (MRK) ist ein nicht zu unterschätzender Strategie- und Veränderungsprozess größerer Zeitdauer, der im Allgemeinen nicht stressfrei erfolgt. Dabei gilt es, in besonderem Maße strukturiert vorzugehen, die betroffenen Mitarbeiter und den Betriebsrat frühzeitig einzubeziehen, wohlüberlegt vorzugehen und aus einem Projektteam heraus sowie von Führungsseite begleitend intensiv Überzeugungsarbeit zu leisten.

Neben der Auswahl geeigneter Einstiegsprojekte und einer schnellen Klärung des Anforderungsprofils sind umfangreiche Fragen der Betriebs- und Arbeitssicherheit zu klären. Hierbei sollte man sorgsam und schon in einer sehr frühen Phase alle Beteiligten – von den Fachabteilungen über die Werker bis hin zum Betriebsrat und den Verantwortlichen für Arbeitssicherheit – einbeziehen.

Vor allem die unmittelbar betroffenen Mitarbeiter müssen an die neuen technologischen Lösungen verständnisvoll herangeführt werden. Sie sollten dabei schnell lernen können, wie die Technologien funktionieren, um Irritationen vorzubeugen. Zudem sind sorgfältig ausgearbeitete Einarbeitungspläne für die Werker und Fachabteilungen erforderlich.

Einen entscheidenden Beitrag muss die Abteilung für Arbeitssicherheit leisten. Sie sollte von Beginn an in jedes MRK-Einführungsteam, bei der Auswahl und bei der Konzeption der MRK-Arbeitsplätze sowie bei der Beschaffung der Roboter einbezogen werden.

Erstprojekte sind mit einem nicht zu unterschätzenden Einarbeitungs- und Einführungsaufwand verbunden. Die Planung und Umsetzung eines Einführungsprojekts erfordert hohe Expertise und die Bereitschaft, über den Tellerrand zu blicken, sich umfassend einzuarbeiten und sich auf einen intensiven Veränderungsprozess einzustellen, denn Roboter, die gemeinsam mit den Werkern in einem gleichen Arbeitsumfeld tätig sein sollen, müssen als maschinelle Kollegen erst einmal Akzeptanz finden.

M. Glück, *Mensch-Roboter-Kooperation erfolgreich einführen*, https://doi.org/10.1007/978-3-658-37612-3_5

Wenn im Unternehmen noch keinerlei Erfahrungen mit Cobots gemacht wurden, gilt es, neben technischen Aspekten auch weiche Faktoren in den Blick zu nehmen: Die Sorge um einen Verlust angestammter Aufgaben, Sicherheitsbedenken oder die Angst, vom Roboter gegängelt zu werden.

Doch wie plant man nun ein MRK-Projekt ganz konkret? Wie sieht ein möglicher Einführungsstufenplan aus? Welche Fallstricke und Stolperfallen gibt es, die Sie vermeiden sollten?

5.1   MRK in 6 Phasen erfolgreich einführen

Die Einführung der Mensch-Roboter-Kooperation (MRK) wird in ihrer Bedeutung, im Arbeitsumfang und der Komplexität der Aufgabenstellung sowie in den damit verbundenen Umsetzungs- und Kostenrisiken häufig unterschätzt.

Eine MRK-Einführung ist, um es ganz klar und deutlich zu sagen, ein unternehmenskritisches strategisches Veränderungsprojekt, welches sowohl einer ausführlichen Planung als auch eines transparenten Controllings und einer mutigen, von Pragmatismus und Pioniergeist geprägten Umsetzung bedarf.

Wichtig ist es, von Beginn an auf ein systematisches Vorgehen zu setzen. Alle Einführungsmaßnahmen sollten bewusst und mit freiem Kopf angegangen, mit Bedacht geplant und in einer eher geringen Komplexität realisiert werden.

Erfahrungen zeigen, dass die Themenbearbeitung durch einzelne Mitarbeiter in einem Nebenprojekt zumeist nicht zum Erfolg führt. Daher empfiehlt sich die Ernennung eines geeigneten MRK-Verantwortlichen und die Einrichtung eines umsetzungsstarken Projektteams, um ein schnelles Erreichen eines positiven Kosten-Nutzen-Verhältnisses zu erzielen. Übliche Amortisationszeiten unter zwei Jahren sind am Anfang schwer zu erreichen.

Erfolgsentscheidend ist eine von Respekt vor den betroffenen Menschen geprägte Einführungsstrategie der MRK-Technologie sowie deren Umsetzung mit der gebotenen Geduld, dem erforderlichen Fingerspitzengefühl und der für den Erfolg nötigen Entschlossenheit.

Ebenso erfolgsentscheidend ist die Auswahl geeigneter Pilotprojekte für den Einsatz der Mensch-Roboter-Kooperation, um den Themeneinstieg zu schaffen und Erfahrungen mit dem Themengebiet in der konkreten Anwendung zu sammeln.

Auf dieser Pioniererfahrung aufbauend, kann ein unternehmensspezifischer, skalierbarer MRK-Einführungsprozess entworfen und ausgerollt werden. Der hierfür nötige Zeitbedarf muss mit ca. einem Jahr Zeitdauer veranschlagt werden. Abb. 5.1 skizziert einen strukturierten Einführungsprozess mit 6 Phasen. Anhang 1 vertieft diesen mit Leitfragen und einer fortlaufenden Checkliste. In der anschließenden Ausrollphase ist es das Ziel, die Mensch-Roboter-Kooperation in der Fläche und evtl. an mehreren Unternehmensstandorten einzuführen und deren Effizienz weiter zu steigern.

Abb. 5.1 Systematische Einführung der Mensch-Roboter-Kooperation (MRK) in 6 Phasen

1. Phase: Projektstart

Diese erste Phase dient der Vorbereitung, der Orientierung, Zielsetzung und Schaffung von erfolgsversprechenden Rahmenbedingungen für eine MRK-Einführung. Es beginnt damit, dass sich jedes Unternehmen darüber klarwerden muss, was die Mensch-Roboter-Kooperation bedeutet und wo ein Einsatz dieser neuen Technologie am meisten Sinn macht.

Neben der Zusammenstellung eines Projektteams dient diese Phase der gezielten Einarbeitung in die erforderlichen Kompetenzfelder, der Beschaffung und Sichtung von Fachinformationen, der Vorbereitung eines Kick-Offs und der ersten Information für den Projekterfolg maßgeblicher Stakeholder.

Machen Sie sich und allen Prozessbeteiligten frühzeitig klar: Die Mensch-Roboter-Kooperation ist weitaus mehr als die Beschaffung und Installation eines Roboters. Steigen Sie daher sorgsam und wohlüberlegt in Ihr erstes MRK-Projekt ein. Versuchen Sie, von Beginn an ganzheitlich und systematisch voranzugehen.

In dieser ersten Projektphase müssen Sie sich über die Aufgabenstellung Klarheit verschaffen, um einen Fehlstart zu vermeiden. Hierbei hilft auch die Auseinandersetzung mit Erfahrungswerten Dritter und der Einstieg in einen intensiven Erfahrungsaustausch. Hierzu erhalten Sie später weitere wertvolle Hinweise.

Was aber ist in dieser ersten Phase ganz besonders zu beachten?

- MRK-Einführungen erfordern einen mutigen Umgang mit Ungewissheit, Überzeugungsarbeit, Zeit, Lernbereitschaft und überdurchschnittliches Engagement. Schaffen Sie von Beginn an die nötige Organisations- und Teamstruktur. Setzen Sie sich ambitionierte Ziele.
- Achten Sie bei der Zusammenstellung des Projektteams darauf, dass Expertise und Erfahrung aus der Robotik entweder in dem neuen Team vorhanden ist oder sie bei den Teammitgliedern durch gezieltes Training schnell entwickelt werden kann. Wählen Sie belastbare, fachlich und methodisch flexible, im Umgang mit Menschen und Robotertechnik nach Möglichkeit erfahrene Mitarbeiter für das Projektteam aus. Neben fachlichen Grundlagen müssen die Mitglieder des Projektteams auch die

nötige Offenheit für Neues und Herausforderndes sowie den erforderlichen Einsatzwillen mitbringen. Eine attraktive Chance zur Personal- und Nachwuchsentwicklung, die man nutzen sollte!

- Das Projektteam sollte mit der vollen Kapazität eingeplant werden, damit die Umsetzung nicht durch dringliches operatives Geschäft in Verzug gerät. Die Aufgabenfülle im Projekt erfordert sehr schnell die volle Aufmerksamkeit Ihres Teams.
- Bei der Umsetzung von Projekten ist das nötige Know-how nicht immer sofort im eigenen Unternehmen vorhanden, sondern die Mitarbeiter eignen es sich erst im Laufe des Vorhabens an. Daher kann eine anfängliche Unterstützung durch externe Partner hilfreich sein.
- Mit dem Wegfall des Sicherheitszauns rund um den Roboter rückt der Faktor Sicherheit in den Mittelpunkt aller Aktivitäten. Unabdingbar ist der normenkonforme Einsatz technischer Sicherheitseinrichtungen, um jegliche Gefährdungen des Menschen durch geeignete Sicherheitsmaßnahmen auszuschließen. Eine intensive Einarbeitung in die rechtlichen und normativen Rahmenbedingungen der Maschinen- und Robotersicherheit ist daher unabdingbar. In den nachfolgenden Kapiteln erhalten Sie hierzu das wesentliche Rüstzeug.
- Menschen stehen Veränderungen tendenziell kritisch gegenüber. Machen Sie sich dessen klar bewusst und sichern Sie sich von Beginn an den Rückhalt Ihres Teams sowie den Rückhalt Ihres Managements. Nutzen Sie die Vorbereitungsphase bis zum Kickoff für eine Auffrischung Ihres Wissens und Ihrer Handlungskompetenzen auf dem Feld des Veränderungs- und Konfliktmanagements.
- Machen Sie sich bewusst, dass die Einführung von MRK im Produktionsbereich an viele Barrieren stößt, zum Beispiel das sich Einarbeiten in neueste Robotertechnik und das Erlernen modernster Maschinenbedienungskonzepte. Sie müssen vorangehen und Ihre Teamkollegen durch gezieltes fachliches und methodisches Coaching mitnehmen.
- Die Installation eines Kompetenzteams zum Auf- und Umbau von Anlagen an weiteren Standorten ist bereits zu Beginn eines MRK-Einführungsvorhabens ratsam.

2. Phase: Aufgaben-, Arbeitsplatz- und Prozessbewertung
Zuallererst gilt es, die Eignung eines Arbeitsplatzes für den Einsatz der Mensch-Roboter-Kooperation anhand spezifischer Auswahlkriterien zu prüfen. Dazu zählen unter anderem die Komplexität der Aufgabenstellung, der Programmieraufwand, der Platzbedarf, die nötigen Traglasten und Verfahrwege, der Grad der Interaktion mit dem Menschen und die Möglichkeit zur intuitiven Bedienerführung, der Integrationsaufwand innerhalb der gesamten Prozesskette, moderate Taktanforderungen sowie die Technikaffinität und Offenheit der unmittelbar betroffenen Mitarbeiter.

Hilfreich für eine erste Arbeitsplatzbewertung ist die Nutzung eines gewichteten Fragebogens, mit dem anhand einer begrenzten Anzahl an Auswahlkriterien eine schnelle und objektiv belastbare Bewertung von MRK-Potenzialen möglich ist (vgl. Anhang 2). Dabei kann zwischen „Muss-Kriterien" und „Kann-Kriterien" unterschieden werden. In den nachfolgenden Kapiteln stehen weitere Hinweise sowie eine Checkliste mit Kriterien für die Arbeitsplatzbewertung (vgl. Anhang 3) zur Verfügung.

Bei diesem ersten Evaluierungsschritt betrachten Sie die für geeignet erachteten Arbeitsprozesse näher und nehmen gleich eine erste sicherheitstechnische Einschätzung der Arbeitsplatzanforderungen vor, beginnend mit dem Roboter sowie dem nötigen Werkzeug, erforderlicher Vorrichtungen und Fertigungshilfsmittel sowie dem zu bearbeitenden Werkstück.

Denken Sie unbedingt daran, sich selbst beim Einstieg in die MRK die Messlatte nicht zu hoch hängen und gleich beim ersten Versuch eine herausfordernde Komplett-lösung oder eine direkte Kollaboration von Roboter und Werker anzustreben.

Am besten sollte man sich am Anfang einfache (Teil-)Prozesse aussuchen, um diese zu automatisieren. Beispielsweise das Anreichen oder Abnehmen eines Werkstücks. Das ist zwar eine scheinbar einfache Aufgabe, aber oft eben auch eine der unbeliebtesten, denn die Mitarbeiter wollen sich auf die Montageprozesse konzentrieren und solche langweiligen, ergonomisch dauerhaft belastenden Hilfsaufgaben gerne loswerden.

Klären Sie dann die Normenlage für diesen Einsatzfall und analysieren Sie im Detail die Vorgaben für die sichere Mensch-Roboter-Kooperation und den Rechtsrahmen für Arbeitssicherheit. Binden Sie in diese Vorprüfung bereits Ihren Sicherheitsbeauftragten ein.

Ziel dieser zweiten Projektphase ist es, ein geeignetes oder eine beherrschbare Anzahl für eine MRK-Einführung geeigneter Pilotvorhaben geringer Komplexität und mit bewältigbarem Umsetzungsrisiko zu identifizieren und eine erste Bewertung des Robotereinsatzes im Gesamtkontext dieses Arbeitsplatzes vorzunehmen, welche eine Anforderungsbeschreibung an den zu beschaffenden Roboter ermöglicht.

Was ist in dieser zweiten Phase ganz besonders zu beachten?

- Versuchen Sie nicht gleich als erstes eine Aufgabe höchster Komplexität zu lösen und die Menschen an ihren Arbeitsplätzen zu ersetzen. Setzen Sie auf ein solides Ein-führungskonzept und arbeiten sie sich schrittweise vor. Ein Messedemonstrator kann beispielweise ein sinnvolles Pilotprojekt darstellen, da bei Messeprojekten zwar ein harter zeitlicher Anschlag existiert, die Komplexität aber meist eher gering ist.
- Hören Sie bei der Suche nach MRK-Anwendungen aufmerksam und mit offenem Ohr in die eigene Belegschaft hinein. Wenn man den Mitarbeitern verhasste Teilschritte abnimmt, dann findet man meistens rasch die für einen Erfolg nötige Akzeptanz.
- Setzen Sie bei der Arbeitsplatzbewertung und bei der Anforderungsbeschreibung auf Schriftlichkeit. Dies zwingt zu einem intensiveren Nachdenken.
- Machen Sie nicht den Fehler, sich als erstes einen Roboter zu beschaffen und sich mit diesem dann unvorbereitet an die Gestaltung eines MRK-Arbeitsplatzes zu wagen. Das wird mit hoher Wahrscheinlichkeit schiefgehen und teuer enden.

Zusammenfassend: Welche Arbeitsplätze eignen sich für die Mensch-Roboter-Kooperation und den Einsatz kollaborativer Roboter?

- Anstrengende, eintönige oder schmutzige Arbeiten, die kein Produktionsmitarbeiter gerne übernimmt. Ihre Werker erfahren durch den Robotereinsatz eine Entlastung und können sich auf hochwertigere Tätigkeiten konzentrieren.
- Konzentrationsintensive und risikoreiche Tätigkeiten: Cobots entlasten den Werker von weniger interessanten Routinen und Nebentätigkeiten. Sie senken das Risiko von Fehlern oder Unfällen und verbessern die Fertigungsqualität, weil sich typische Fehler in Folge der Monotonie bei einem Roboter nicht einschleichen.
- Maschinenbeladung: Cobots schaffen die Grundlage für eine Mehrmaschinen-bedienung. Bei Bearbeitungszentren können sie insbesondere in den Nachtschichten kostengünstig und ressourcenschonend eingesetzt werden, ohne die Flexibilität in der Tagschicht einzuschränken. Die Handhabung schwerer Werkstücke und deren Positionierung auf dem Arbeitstisch bzw. in der Einbaulage stellen häufig ergonomische Belastungen dar, die es zu vermeiden gilt. Dabei kommt es auf ein sicheres Miteinander an, denn weder ein sporadisch anwesender Maschinenbediener noch die zu bestückende Maschine dürfen durch den eingesetzten Roboter in ihrer Funktion beeinträchtigt oder gar beschädigt werden.
- Teilautomatisierung als Alternative zur Vollautomatisierung: Wo eine komplette Automatisierung von Produktions- oder Montagelinien zu teuer oder nur bedingt umsetzbar ist, lassen sich evtl. Teilprozesse herauslösen und zwischen Menschen und Robotern aufteilen. Dadurch wird eine gleitende Automatisierung in vielen praktischen Anwendungsfällen interessant und eröffnet neue Handlungsspielräume. Zudem können Werker im Bedarfsfall umgehend eingreifen und die Gesamtverfügbarkeit der Anlage erhöhen, wodurch Komplettstillstände vermieden werden.
- Nachrüstung von Robotern an bestehenden Produktionsanlagen: Überall dort, wo aus Platzgründen kein Umbau einer Maschine und keine Nachrüstung mit trennenden Schutzeinrichtungen möglich ist, um die Werker zu entlasten oder zu ersetzen.

Generell wichtig ist es, sich zu Beginn einer MRK-Einführung im Unternehmen nicht zu übernehmen. Beginnen Sie mit Aufgaben geringer Komplexität. So können Sie und Ihre Mitarbeiter lernen und wachsen. Das schafft Akzeptanz und sichert einen schnellen Umsetzungserfolg. Verheben Sie sich nicht unnötig an zu komplexen Herausforderungen, die Sie automatisieren wollen. Misserfolge und Durststrecken sind vorprogrammiert und gefährden den Erfolg.

3. Phase: Roboterauswahl

Mit der Beschaffung eines Roboters alleine ist es nicht getan. Roboter, die in einem gemeinsamen Arbeitsbereich mit einem Werker interagieren, müssen weit mehr Anforderungen an die Sicherheit und Sicherheitstechnik erfüllen als Roboter, bei denen während der Produktion keine unmittelbare Interaktion von Roboter und Werker statt-findet.

Ein MRK-fähiger Roboter muss ruhig fahren, Kollisionen feinfühlig erkennen und sollte für ein intelligentes Teamwork mit dem Menschen sicher agieren. Leichtbau-materialien haben den Vorteil, dass die bewegte Masse des Arms sinkt und damit der Kollisionsimpuls verringert wird.

Sämtliche Steuerungselemente und Antriebsregelungen sind in sicherer Technik Performance-Level d (PL d) in Strukturkategorie 3 (Kat. 3) auszuführen. Der Roboter sollte zum einen möglichst platzsparend aufgebaut sein, zum anderen möglichst flexibel agieren können, um bei Bedarf Störkonturen im Arbeitsbereich zu umfahren.

Da nicht jeder Werker über Programmierkenntnisse verfügt, ist es gerade im Hinblick auf die vielfältigen Einsatzmöglichkeiten in einer Fertigungslinie sinnvoll, dass MRK-Roboter schnell und einfach programmiert und in Betrieb genommen werden können. Im Idealfall ohne Programmierkenntnisse des Bedieners (Teaching by Demonstration).

Ziel dieser dritten Projektphase ist es, eine Produktvorauswahl mit einem Schnelltest zu treffen (vgl. Anhang 4), einen Lösungsansatz zur Realisierung der MRK-Anwendung zu diskutieren und die nötigen Lösungspartner beziehungsweise den Entwicklungsbedarf des eigenen Integrationsteams zu identifizieren.

Diese Projektphase bereitet das Erreichen eines wichtigen Meilensteins vor, den Einstieg in die Roboterbeschaffung und die Kooperation mit Partnern oder System-integratoren. Wichtig für die erfolgreiche Umsetzung ist auch in dieser Phase die Ein-bindung von Schlüsselmitarbeitern, der Arbeitssicherheit und des Betriebsrats.

Zunächst gilt es Auswahlkriterien für den zu beschaffenden Roboter aus der Arbeits-platzbewertung in der zweiten Projektphase abzuleiten und diese über einen Faktor zu gewichten. Auch hier hilft es, zwischen Muss-Kriterien und Kann-Kriterien auf einer Checkliste zu unterscheiden. Konkrete Hilfestellung bietet die in Anhang 5 zur Ver-fügung gestellte Aufstellung.

Vor der Durchführung des Pilotprojekts und der Roboterbeschaffung werden die aktuell am Markt verfügbaren Roboter evaluiert. Dazu werden gezielt Informationen von Herstellern, Anwenderberichte und Marktvergleiche recherchiert. Außerdem ist es sinnvoll, sich bei Informationsveranstaltungen und Fachtagungen selbst ein Bild zu verschaffen. Es lohnt sich, hilfreiche Handreichungen, auf die später noch einmal ein-gegangen wird, zu sichten und diese auf ihre Relevanz für die eigene Projektbearbeitung hin zu überprüfen.

Auf Basis der eingeholten Informationen werden Bewertungsmethoden wie zum Beispiel die Nutzwert- oder Prioritätenanalyse durchgeführt. Im Rahmen der Nutz-wertanalyse wird für die gewichteten Muss- und Kann-Kriterien der Erfüllungsgrad für die einzelnen Angebote bestimmt. Anschließend wird der Roboter mit dem höchsten Erfüllungsgrad für das Pilotprojekt ausgewählt.

Zu berücksichtigen sind neben den Leistungs- und Genauigkeitsanforderungen an den Roboter auch die Schnittstellen und Austauschformate zwischen dem Roboter, seiner Steuerung, den Sicherheitseinrichtungen, den genutzten Endeffektoren und Prüfmitteln sowie die Kompatibilität zum übergeordneten Steuerungsumfeld, der Anlagenvernetzung und den im Unternehmen eingesetzten Standards und Austauschformaten. Eine aktuelle Übersicht gängiger Anforderungen und verfügbarer Cobots finden Sie in Kap. 7.

Was ist in dieser dritten Projektphase ganz besonders zu beachten?

- Mitarbeiter müssen an die neuen technologischen Lösungen behutsam herangeführt werden. Sie müssen auch mal mit den neuen Robotern „spielen" und selbst lernen dürfen, wie die Technologien funktionieren, um Vertrauen in die Technik und Selbstvertrauen in das eigene Leistungsvermögen zu entwickeln. Geben Sie Ihren Mitarbeitern hierfür ausreichend Zeit und Gelegenheit. Es hat sich gezeigt, dass Werker ihre Scheu vor dem Neuen in der Regel schnell ablegen und ihren neuen „Kollegen Roboter" im Allgemeinen sehr gut annehmen, wenn sie in den Auswahlprozess involviert sind.
- Reizen Sie die möglichen Traglasten der Roboterarme während der Pilotphase nur maximal bis zu 75 % der Herstellerangabe aus. Sie brauchen immer noch einen Puffer für zusätzliche Anbauten, nachträglich hinzuzufügende Leitungsverbindungen und Sensoren. Wählen Sie auch besser eine größere Reichweite des Roboterarms und unterziehen Sie die Herstellerangaben zu den Sicherheitsmerkmalen und -zertifikaten einer sorgfältigen Überprüfung. Sie brauchen auf jeden Fall PL d, Kat. 3!
- Hinterfragen Sie die Angaben der Roboteranbieter generell kritisch, insbesondere die Aussagen zur Einfachheit von Inbetriebnahme und Programmierung. Suchen Sie gezielt nach Möglichkeiten, um selbst in eigenen Testreihen die Eignung des ins Auge gefassten Robotersystems für Ihre Applikation zu hinterfragen. Viele Roboteranbieter bieten Testkapazität in Applikationslaboren an oder verweisen gerne auf ähnliche Referenzinstallationen.
- Legen Sie bei der Anforderungsspezifikation großen Wert auf Usability Aspekte. Zusätzlich sollten Sie gezielt Skalierungsanforderungen an die Leistungsmerkmale und Integrationsanforderungen in Ihr Bewertungsschema aufnehmen. Beleuchten sollten Sie beim Auswahlprozess auch die Anforderungen an die Robustheit der Systeme im Dauereinsatz und unter den Realbedingungen des Einsatzumfelds beim Ausrollen.

Zu den begleitenden Aktivitäten in dieser Projektphase gehört der Einstieg in eine fundiert abgeschätzte Kosten-Nutzenbewertung der MRK-Applikation. In einem ersten Schritt wird hierzu eine Kostenanalyse vorgenommen. Sie bildet die Grundlage für die anschließende Kosten-Nutzen-Abschätzung. Die entstehenden Kosten werden systematisch erfasst und den Nutzenpotentialen entgegengesetzt.

Im Budget sind neben dem Kaufpreis für den Roboter Lizenz- und Schulungskosten, Wartungsaufwände, Kosten für Sicherheitsvorkehrungen, Inbetriebnahme sowie Zertifizierung und Abnahme zu berücksichtigen. Weitere Hinweise zum Vorgehen finden Sie in Anhang 6.

Wichtig ist hierbei:

- Unterschätzen Sie nicht die Gesamtkosten Ihres Projektvorhabens! Diese können vor allem bei einer hohen Aufgabenkomplexität sehr schnell ihre Budgetgrenzen und die Angebotszusagen der Roboteranbieter und Systemintegratoren sprengen. Rechnen Sie als Faustformel bei den Gesamtprojektkosten mindestens mit einem Faktor 2 der Aufwendungen für das benötigte Robotersystem inklusive der erforderlichen Sicherheitseinrichtungen.
- Machen Sie sich und Ihrem Management zu Beginn einer MRK-Einführung klar, dass der Roboterbetrieb einer klassischen ROI-Berechnung – zumindest bei Erstinstallationen – den klassischen betriebswirtschaftlichen Bewertungskriterien nicht standhalten wird und dass bei der Bewertung der Kosten-Nutzen-Aspekte unabdingbar weitere Faktoren zu berücksichtigen sind, unter anderem welche Flexibilisierungsoptionen in der Fertigung erreicht werden können, wie beispielsweise die Eröffnung von Mehrmaschinen Betreuungsmodellen. Hierzu erhalten Sie weitere Hinweise in Kap. 6.

4. Phase: Integrations- und Sicherheitskonzept, Risikoanalyse

Damit Mensch und Roboter sicher zusammenarbeiten, ist stets eine individuelle arbeitsplatzbezogene Risikobeurteilung erforderlich: Welche Arbeitsräume existieren? Welche Risiken bestehen? Wo müssen Arbeitsräume eingeschränkt werden, um Verletzungen auszuschließen?

Insbesondere die Kraft, Geschwindigkeit und Bewegungsbahnen des Roboters inklusive des Anbauwerkzeugs sowie das Werkstück und der Werkstückträger stellen Gefahren für einen Werker dar. Diese müssen entweder durch die Nutzung inhärenter Schutzmaßnahmen oder gegebenenfalls durch die Anwendung zusätzlicher Maßnahmen zur Risikominderung beschränkt werden.

Die MRK zieht erheblich höhere Sicherheitsanforderungen nach sich als sie beim klassischen Robotereinsatz in durch Schutzzäunen abgetrennten Arbeitsräumen vorgeschrieben sind. Unabdingbar sind der normenkonforme Einsatz der Roboter und Sicherheitseinrichtungen. Bei Neuanlagen ist es daher besonders empfehlenswert, ausreichend Zeit für die Risikoanalyse sowie für die Umsetzung von Sicherheitskonzepten einzuplanen.

Prinzipiell werden mehrere Einsatzszenarien unterschieden und durch entsprechende Schutzanforderungen in den einschlägigen Normen untermauert. Vom abgetrennten Arbeitsbereich, einer Aufenthaltserkennung über Eingriffszonen und Assistenz durch Handführung bis hin zur echten Kollaboration reicht das Spektrum.

Grundsätzliches Ziel in allen Fällen ist die wirkungsvolle Kollisionsvermeidung an den gemeinsam von Menschen und Robotern genutzten Arbeitsplätzen über eine zuverlässige Arbeitsraumüberwachung beziehungsweise die Minimierung der Wahrscheinlichkeit einer Kollision durch eine Begrenzung des Kollisionsraums. Was an dieser Stelle ganz einfach klingt, gestaltet sich in der betrieblichen Praxis durchaus schwieriger und wird in den nachfolgenden Kapiteln anschaulich vertieft und konkretisiert.

Generell müssen alle sicherheitsrelevanten steuerungstechnischen Komponenten in sicherer Technik – redundant und sich gegenseitig überwachend – ausgeführt werden. Sicherheitsrelevante Fehler müssen in kürzester Zeit erkannt werden, so dass das Robotersystem ohne Zeitverlust adäquat auf Fehler reagieren und gegebenenfalls rechtzeitig zu einem sicheren Halt gebracht werden kann.

Einer der wichtigsten Aspekte auf dem Weg zur sicheren MRK-Applikation ist die Erstellung einer Risikoanalyse gemäß EN ISO 12100. Ihre Erstellung ist ein in der Maschinenrichtlinie gesetzlich vorgeschriebenes erforderliches Verfahren und keine freiwillige Leistung. Die Rechtsgrundlage in Deutschland bildet die 9. Verordnung zum Produktsicherheitsgesetz (ProdSG) – 9. ProdSV.

Darüber hinaus sind in der betrieblichen Einsatzpraxis die Bestimmungen des Arbeitsschutzgesetzes (ArbSchG) der Betriebssicherheitsverordnung (BetrSichVer) einzuhalten.

Bei der Erstellung der Risikoanalyse sind die geltenden Normen und Vorschriften zu ermitteln, die Grenzen der Maschine zu bestimmen, sämtliche Gefahren innerhalb jeder Lebensphase der Maschine zu ermitteln, die Risikoeinschätzung und -beurteilung vorzunehmen sowie die sinnvollste Herangehensweise zur Reduzierung des Risikos festzulegen.

Zusätzlich zu den Gefahren, die vom Roboter ausgehen, sind die Bewegungen des Menschen im Arbeitsumfeld des Roboters, am Aufstellungsort und auf den möglicherweise angrenzenden Verkehrsflächen, zu berücksichtigen.

Die Dokumentation der Risikobeurteilung muss spätestens zum Zeitpunkt des Inverkehrbringens beim Maschinenhersteller beziehungsweise Systemintegrator verfügbar sein.

Risikobeurteilungen für kooperierende oder kollaborierende Robotersysteme unterscheiden sich in der Vorgehensweise grundsätzlich nicht von solchen für andere Maschinen oder Roboteranlagen. Neu für den MRK-Bereich ist, dass in die Gesamtbetrachtung der Anlage und deren Wirkprozesse auch die unmittelbare Nähe von Menschen integriert ist. Vor allem der Ableitung entsprechender Schutzmaßnahmen sowie der Installation und Funktion der Schutzeinrichtungen kommt besondere Bedeutung zu.

Eine ausführliche Zusammenstellung möglicher Gefährdungen, die an kollaborierenden Robotersystemen zu berücksichtigen sind, findet man in EN ISO 10218-2 (Industrieroboter – Sicherheitsanforderungen – Teil 2: Robotersysteme und Integration) und in der ISO/TS 15066 (Roboter und Robotikgeräte – Kollaborierende Roboter).

Was ist in dieser vierten Projektphase ganz besonders zu beachten?

- Unterschätzen Sie nicht die Komplexität der Risikobeurteilung. Starten Sie frühzeitig mit der Einarbeitung in die zu berücksichtigenden Normen und den allgemeinen Rechtsrahmen. Weitere wichtige Hinweise und Details enthalten die Kap. 8 bis 11.

- Das Robotersystem umfasst neben dem Roboter auch die Anbauwerkzeuge, die Werkstücke, die eingesetzte Fördertechnik sowie alle beteiligten Vorrichtungen und Schutzeinrichtungen, die in die Risikoanalyse einzubeziehen sind. Hier ergeben sich oft überraschende Aspekte, die frühzeitig in die Konzeption Ihres Pilotprojekts eingehen müssen.
- Machen Sie sich mit den einschlägigen Normen und Sicherheitsvorschriften der Mensch-Roboter-Kooperation schnell und intensiv vertraut. Wertvolle Hilfestellung zur Risikoanalyse finden Sie nicht nur im Volltext der Normen, sondern vor allem auch in den Anhängen dieser Normen.
- Begrenzen Sie Kontaktsituationen zwischen Menschen und Robotersystemen immer auf ein Minimum und achten Sie hierauf ganz besonders bei Ihren ersten MRK-Applikationen.
- Achten Sie bei Ihrer Überzeugungsarbeit in dieser Projektphase ganz besonders darauf, die Ängste und Sorgen der betroffenen Mitarbeiter und der Stakeholder aufzunehmen und sie bei der Risikoanalyse zu berücksichtigen. Dies schafft objektiv Vertrauen.

Mit der Risikoanalyse ist es eine zentrale Aufgabe, das Sicherheitskonzept zu detaillieren und dieses auch gleich zu dokumentieren. Man unterscheidet zunächst grundsätzlich mehrere Arten der Interaktion von Menschen und Maschinen (vgl. Abb. 5.2):

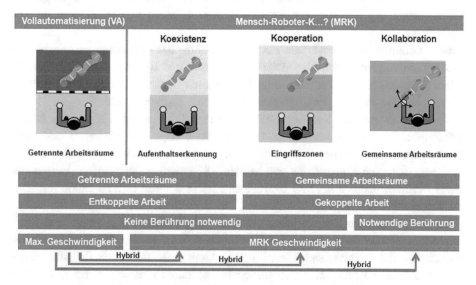

Abb. 5.2 Übersicht der unterschiedlichen Formen der Interaktion von Menschen und Robotern in den verschiedenen Kooperationsszenarien der MRK. (Quelle Kuka Roboter, J. Kurth)

- Die erste Form ist durch physikalisch dauerhaft getrennte Arbeitsräume gekenn-
  zeichnet und ist die Basis der Vollautomatisierung. Eine unmittelbare Interaktion der
  Menschen mit dem Roboter ist nicht vorgesehen. Die Arbeitsräume sind entkoppelt.
  Jeder Kontakt wird durch trennende Sicherungseinrichtungen ausgeschlossen oder
  verhindert.
- Mit virtuellen Schutzzäunen als zweite Variante wird eine Auflockerung durch
  Koexistenz von Roboter und Werker erreicht. Nach wie vor ist ein Kontakt zwischen
  Roboter und Werker ungewollt beziehungsweise auf die Interaktion bei Stillstand
  beschränkt.
- In der dritten Form – der Kooperation – teilen sich Roboter und Arbeiter einen Teil-
  bereich ihres Arbeitsraums, der dann als gemeinsam nutzbarer Arbeitsraum definiert
  wird. Ein Kontakt ist in diesem Szenario unerwünscht aber durchaus möglich. Die
  Sicherheit des Werkers wird vor allem durch Beschränkungen der Bahngeschwindigkeit und Impulskräfte erreicht oder über eine geeignete aktive Arbeitsraumüberwachung sichergestellt.
- Bei der vierten Variante der unmittelbaren Mensch-Roboter-Kollaboration findet ein
  bewusster, gewollter Kontakt zwischen Werker und Roboter statt, da beide gleichzeitig an einem Projekt arbeiten und ihre Bewegungen gemeinsam koordinieren, zum
  Beispiel bei der Montage oder dem Handführen des Fertigungsassistenten.

Allen Szenarien gemeinsam ist, dass zunehmend die schutztechnische Trennung der
Arbeitsräume aufgeweicht wird. Ein unmittelbares und dauerhaftes Zusammenwirken
der Menschen und Roboter wird im Arbeitsprozess jedoch vermieden oder gar ausgeschlossen.

Die Zusammenarbeit beschränkt sich mit Ausnahme des Kollaborationsszenarios auf
eine zeitlich eingeschränkte Interaktion von Mensch und Roboter unter abgesicherten
Rahmenbedingungen und bei reduzierter Verfahrgeschwindigkeit der genutzten Roboter,
wodurch eine Begrenzung der Greif- und Impulskräfte angestrebt wird.

Die im Rahmen der Risikobeurteilung abzuleitenden Schutzmaßnahmen können
traditionelle Schutzmaßnahmen sein (z. B. Lichtvorhänge, Laserscanner) oder auch
neuartige Schutzmaßnahmen (z. B. Kraftbegrenzungen, Begrenzungen des Bewegungsbereiches) oder eine Kombination von beidem. Die grundlegenden Anforderungen sind
in den Normdokumenten EN ISO 10218-1 und 10218-2 sowie ISO/TS 15066 festgelegt
und werden in Kap. 9 erläutert.

Nur kollaborierende Robotersysteme dürfen in der Funktion „Leistungs- und Kraftbegrenzung (Power and Force Limiting)" ohne traditionelle Schutzeinrichtungen
wie Zäune und Lichtvorhänge zum Einsatz kommen. Ihre Sicherheitsfunktionen
basieren auf einer Kraft- und Leistungsbegrenzung durch inhärente Konstruktion oder
Steuerung. Nach erfolgreicher Risikobeurteilung im Sinne der ISO/TS 15066 können
sie ohne Schutzzaun Seite an Seite mit den Mitarbeitern arbeiten. Dadurch bieten sie
eine Möglichkeit zur Automatisierung, die mit herkömmlichen Industrierobotern nicht
gegeben ist.

Was Sie bei der Definition des Sicherheitskonzepts noch beachten sollten:

- Verzichten Sie auf zu aufwendige Absicherungen. Favorisieren Sie immer einfache Lösungen und vom Gesamtprozess separierte Einsatzorte, die eine aufwendige Absicherung beispielsweise frequentierter Verkehrswege nicht zwingend erfordern.

5. Phase: CE-Zertifizierung und Validierung

Kollaborierende Robotersysteme fallen unter den Geltungsbereich der EG-Maschinenrichtlinie 2006/42/EG, die mit der 9. Verordnung zum Produktsicherheitsgesetz (9. ProdSV) in verbindlich anzuwendendes, deutsches Recht umgesetzt wurde.

Auch wenn ein einzelner Roboter bei exklusiver Betrachtung zunächst nur eine unvollständige Maschine darstellt, für den keine CE-Kennzeichnung zwingend erforderlich ist, und er folgerichtig nur mit einer Einbauerklärung zu versehen ist, so müssen ganze Robotersysteme – also mit Endeffektoren ausgestattete Roboter und Roboterarbeitsplätze – bei der Bereitstellung auf dem Markt sowie im betrieblichen Einsatz mit einem CE-Zeichen ausgestattet sein und über eine Konformitätserklärung verfügen.

Die Begründung hierfür liegt auf der Hand: Durch die Ergänzung um einen Endeffektor oder eines für die Applikation nötigen Werkzeugs bekommt der Roboter einen bestimmten Zweck und muss als vollständige Maschine betrachtet werden. Damit wird formaljuristisch der Integrator oder Anwender zum Hersteller der Maschine und ist für deren normenkonforme Überprüfung entsprechend der Vorgaben zur Durchführung einer CE-Kennzeichnung verantwortlich.

Ist diese erfolgreich verlaufen, bestätigt der Integrator oder Anwender mit der Ausstellung der Konformitätserklärung und seiner Unterschrift, dass die Roboterapplikation mit ihren zugesicherten Eigenschaften bei bestimmungsgemäßer Nutzung allen Anforderungen der Maschinenrichtlinie 2006/42/EG und aller relevanten Normen entspricht und hierüber eine normenkonforme Dokumentation inklusive Betriebsanleitung mit Sicherheitshinweisen und Beschreibung aller Restrisiken angefertigt wurde.

Eine wesentliche Grundlage der Prüfung zur Vergabe des CE-Kennzeichens bildet die EG-Maschinenrichtlinie. Sie enthält allgemeine Grundsätze sowie grundlegende Sicherheits- und Gesundheitsschutzanforderungen, die für den sicheren Betrieb einer Maschine notwendig sind. Und sie verpflichtet den Betreiber dazu, die Betriebssicherheit zu garantieren. Sie bildet die wichtigste Basis der Legitimation zur Inverkehrbringung innerhalb der EU.

Beim CE-Nachweis wird zwischen Hersteller- und Betreiberpflichten unterschieden. Hersteller sind nach dem Gesetz nicht nur die Produzenten des Produktes, sondern auch diejenigen, welche dies in einer höheren Stückzahl am Markt vertreiben, gleich ob diese Maschine oder Komponente zu ihrem Kerngeschäft gehört oder nicht. Gleiches gilt auch für den Umbau einer gebrauchten Maschine sofern diese dabei wesentlich verändert wurde.

Die Pflichten des Herstellers beinhalten unter anderem die Durchführung und Dokumentation einer Normen- und Richtlinienrecherche, die Durchführung von Messungen und Prüfungen, die Durchführung einer Risikobeurteilung sowie die

Erstellung der Technischen Dokumentation inklusive einer Betriebsanleitung mit Wartungsanleitung und Darlegung von Gefahrenhinweisen in der Amtssprache des Verwenderlands.

Einem Systemintegrator wird eine besondere Aufgabe zugedacht, da dieser weder Hersteller noch Betreiber der Anlage im eigentlichen Sinn ist. Seine Verantwortlichkeiten leiten sich dennoch im Wesentlichen aus den Herstellerpflichten ab. Er muss sicherstellen, dass die einzelnen Bestandteile der Anlage die geltenden Anforderungen der Normen und Gesetze erfüllen, ebenso die Gesamtheit der Maschine. Zu dokumentieren ist dies mit einer EG-Konformitätserklärung sowie mit CE- und Sicherheitskennzeichnungen an der Maschine.

Die Gestaltung einer sicherheitsrelevanten Steuerungsfunktion muss validiert, d. h. rechtsgültig geklärt werden. Die Validierung muss zeigen, dass das Design jeder Sicherheitsfunktion die an sie gerichteten Anforderungen erfüllt. Ein wesentlicher Teil des CE-Prozesses und der sicherheitstechnischen Abnahme des MRK-Arbeitsplatzes ist daher die Validierung der korrekten Funktion der Sicherheitseinrichtungen in allen denkbaren Betriebssituationen sowie die Messung und die Dokumentation der Einhaltung vorgeschriebener Grenzwerte aus den einschlägigen Normen, die in Kap. 9 und in den Anhängen 7 bis 11 ausführlich beschrieben werden.

Was ist in dieser fünften Phase ganz besonders zu beachten?

- Binden Sie frühzeitig, und zwar bereits in der Vorbereitung der Validierung, Ihre Fachkraft für Arbeitssicherheit ein und sorgen Sie bei entsprechendem Qualifizierungsbedarf dafür, dass sich Ihre Arbeitssicherheitsverantwortlichen rechtzeitig mit den besonderen Anforderungen an die Betriebssicherheit von MRK-Arbeitsplätzen vertraut machen.
- Binden Sie von sich aus möglichst früh die Berufsgenossenschaft in diesen abschließenden sicherheitstechnischen Zertifizierungsprozess ein und pflegen Sie mir ihr von Beginn an ein konstruktives, lösungsorientiertes Miteinander ihr. Ohne dieses kommen Sie nur erschwert, wenn überhaupt, zum Erfolg Ihrer MRK-Vorhaben. Umgekehrt schaffen eine frühe Kontaktaufnahme und eine verlässliche Abarbeitung der Themen nötiges Vertrauen.
- Arbeiten Sie bei der Validierung sowie vor allem bei der Durchführung und Dokumentation Ihrer Messergebnisse besonders sorgfältig. Setzen Sie auf ein Vier-Augen-Prinzip und unterzeichnen Sie die Protokolle persönlich. Bei Unklarheiten sollten Sie sich helfen lassen. Ihre Messprotokolle und die sorgfältige Dokumentation sind die Rückversicherung korrekten Arbeitens, die Sie bei Schadensfall dringend brauchen.

6. Phase: Betrieb in Pilotversuch und Alltagspraxis

MRK-Arbeitsplätze und kollaborierende Robotersysteme fallen in den Geltungsbereich der EG-Maschinenrichtlinie. Auch ohne trennende Schutzvorkehrungen müssen sie wirkungsvoll von Arbeitsraumüberwachungssystemen abgesichert werden. Hierbei ist auf eine manipulationssichere Auslegung und einschränkende Zugangsberechtigungen zu achten, denn nicht immer sind Menschen und Roboter die besten Arbeitskollegen.

Mögliche Kollisionsbereiche müssen durch entsprechende Hinweisschilder und deutlich sichtbare Bodenmarkierungen gekennzeichnet werden. Weder die Wahrnehmung des Roboters und seiner Bewegungen, noch die allgemeine Aufmerksamkeit des Werkers darf durch das Arbeitsumfeld gestört oder eingeschränkt werden.

Eine gute Übersichtlichkeit des MRK-Arbeitsplatzes, die Vermeidung von Störungen durch benachbarte Arbeitsplätze oder Lärm, eine ausreichende Bewegungsfreiheit zum Agieren und Reagieren in Gefahrensituationen sowie eine gewisse Vorhersehbarkeit auftretender Roboterbewegungen helfen, Unfällen vorzubeugen.

Im Rahmen der Betriebsanleitung und einer Nutzerschulung sind alle Schutzmaßnahmen aufzuführen und in ihrer korrekten Funktion zu beschreiben. Dabei spielt eine besondere Rolle, dass die zusammengefassten Verhaltensanweisungen dauerhaft und gut sichtbar an der Anlage verfügbar sind sowie zumutbar vom Bedienpersonal verstanden und angewendet werden können.

Ganz selbstverständlich sind die allgemeinen arbeitsrechtlichen Rahmenbedingungen nach der neuen Arbeitsmittel- und Anlagensicherheitsverordnung (ArbMittV) für die Produktionsarbeit einzuhalten, insbesondere die situationsgerechte Unterweisung der Werker und die Einhaltung von Pausenzeiten.

Spätestens beim Übergang in den Regelbetrieb ist die Gestaltung der Arbeitsprozesse und Schutzmaßnahmen im Hinblick auf eine Vermeidung von Fehlhandlungen der Bediener zu gestalten, zum Beispiel durch eine überschaubare Bahnplanung, einfache Prozeduren für das Anhalten, Wiederanfahren und Freifahren des Robotersystems nach Unterbrechungen sowie geeignete Verhaltenshinweise für Notfallsituationen.

Eine ergonomische Arbeitsplatzgestaltung, die ausreichende Beleuchtung des Arbeitsbereichs, insbesondere möglicher Kontaktbereiche, ist sicherzustellen. Die Standsicherheit am Arbeitsplatz ist zum Beispiel durch einen rutschfesten Fußboden oder geeignete Stehhilfen sicherzustellen.

Alle Personen, die im gemeinsamen Arbeitsbereich mit Robotern agieren und Kollisionsrisiken ausgesetzt sind, müssen regelmäßig über die Risiken, den Notfall und die dann erforderlichen sicherheitsgerechten Maßnahmen unterwiesen werden.

MRK-Arbeitsplätze dürfen nur mit geschulten Mitarbeitern besetzt werden, die über die nötige fachliche Qualifikation und Erfahrung verfügen. Dies ist besonders bei Installations-, Montage- oder Testarbeiten, beim Einrichtungsbetrieb und bei der Inbetriebnahme zu beachten. Die Anwesenheit Dritter im Kollaborationsbereich ist nach Möglichkeit zu vermeiden.

Im Laufe des Betriebs von MRK-Applikationen können sich die biomechanischen Belastungswerte ändern, zum Beispiel durch Umbauten, eine im Ablauf geänderte Applikation, Verschleiß von Gelenken und Bremsen, Werkzeugwechseln, Programm- oder Teileänderung, modifizierte Fertigungshilfsmittel und Vorrichtungen.

Regelmäßige und anlassbezogene Überprüfungen nach besonderen Ereignissen (Unfälle, Crash, Reparaturen), zum Beispiel das Nachmessen der biomechanischen Grenzwerte sind festzulegen, vorzunehmen und zu dokumentieren.

Regelmäßige Prüfungen des kollaborierenden Robotersystems sind auch ohne besondere Veranlassung durchzuführen. Diese Prüfungen sollten mindestens Sicht- und Funktionsprüfungen umfassen und mindestens im jährlichen Abstand stattfinden.

Im Fall von Verschleiß oder Reparatur können je nach Robotersystem auch interne Systemtests oder Referenzmessungen der biomechanischen Belastungswerte erforderlich sein.

Nach den Vorgaben der Betriebssicherheitsverordnung sind für die Arbeitsplätze an kollaborierenden Robotersystemen Gefährdungsbeurteilungen durchzuführen und Schutzmaßnahmen festzulegen. Zur Minimierung von Haftungsrisiken sollte großer Wert auf eine sorgfältige Dokumentation aller Entscheidungen, Maßnahmen und Prüfergebnisse gelegt werden.

Hinweise auf besondere Gefährdungen, die im Zusammenhang mit möglichen Kontaktsituationen und dem Gesundheitszustand der Bedienpersonen stehen und sich von denen sonstiger Maschinenarbeitsplätze unterscheiden, sind am Arbeitsplatz vorzuhalten. Im Besonderen sollten Verhaltenshinweise bei Einklemmung und ggf. fehlender Möglichkeit zum selbständigen Befreien, beim Hinzutreten Dritter oder bei psychischer Gefährdung aufgenommen sein.

Zusätzlich hat eine regelmäßige Prüfung der gesundheitlichen Eignung der Werker zu erfolgen, die mit den Robotern an einer Anlage zusammenarbeiten. Nach einem schädigenden Kollisionsvorgang sind die Arbeitsfähigkeit der Person und die korrekte Einrichtung des Arbeitsplatzes in jedem Fall zu prüfen. Unabhängig davon müssen alle sicherheitstechnischen Anforderungswerte nach einer Risikobeurteilung eingehalten werden.

Während der gesamten Pilotphase empfiehlt es sich, ein internes Begleitdokument zu erstellen und während der Bearbeitung fortlaufend zu ergänzen. Dieses Dokument unterstützt das Projektteam bei der erfolgreichen Planung, Durchführung und Dokumentation der Pilotprojekte sowie der weiteren Begleitung der MRK-Einführungsphase beim anschließenden Ausrollen.

Für den Aufbau des Dokuments haben sich folgende Inhaltspunkte als Gliederung bewährt:

- Beschreibung der Motivation für die Einführung der MRK im Unternehmen und Darstellung der anvisierten Kosten-Nutzen-Ziele.
- Beschreibung des Fokus bei der Umsetzung und der im Projektverlauf gemachten Erfahrungswerte. Dies ganz im Sinne einer offenen Fehlerkultur. Auch Negativerfahrungen sind für die weitere Themenbearbeitung wertvoll. Erfolge natürlich auch.
- Festlegung der Einführungsmaßnahmen und Zusammenstellung der Informationen, die zur erfolgreichen Durchführung eines MRK-Einführungsvorhabens von wem und in welcher Form benötigt werden.

- Festlegung der Abläufe im Einführungsprozess, zum Beispiel als Checklisten inklusive Phasen und Meilensteinzielen.
- Dokumentation von außergewöhnlichen Erkenntnissen und Erfahrungswerten. Festlegung des Ablageorts und -formats für Dateien, Dokumente und Ergebnisse.

Die Fertigstellung dieses Begleitdokuments beendet die Pilotphase und dient als Startpunkt für die Produktivphase. Es bildet die Grundlage für einen weiter teilbaren, auf die Bedürfnisse und Rahmenbedingungen des eigenen Unternehmens zugeschnittenen Einführungsleitfadens und daraus abgeleiteter Checklisten.

5.2 Entwicklung und Schwerpunkte einer MRK-Einführungsstrategie

Zahlreiche Großunternehmen der Automobilproduktion und diverse Zulieferunternehmen haben schon eine Vielzahl an ersten Pilotprojekten zur Mensch-Roboter-Kooperation erfolgreich durchgeführt. Und auch im industriellen Mittelstand haben sich einige Unternehmen neu an Robotik und die MRK gewagt.

Mit der Mensch-Roboter-Kooperation wird ein Paradigmenwechsel in der Robotik von der Vollautomation der Massenproduktion zur flexiblen (Teil-) Automation von Prozessen eingeleitet, der vor allem Firmen, die unter hohem Flexibilitätsdruck stehen und um Fachkräfte für die Produktion ringen, neue Chancen der Erschließung wertvoller Wettbewerbsfähigkeit eröffnet. Nicht nur aufgrund der zuletzt sehr attraktiven Preise für MRK-fähige Roboter!

Doch wie setzen sich heute Unternehmen mit der Mensch-Roboter-Kooperation auseinander? Und welche Lehren sollte man gleich zu Beginn für die eigene Strategiearbeit ziehen?

Heute sind unter Firmen drei Fraktionen auszumachen:

- Das eine sind die sehr innovativen Unternehmen, die es immer schon gewöhnt waren, neue Dinge frühzeitig und entschlossen anzugehen. Sie suchen als Protagonisten neuer Technologien schnell Kooperationen mit Roboteranbietern, Werkzeugherstellern oder der Berufsgenossenschaft. Sie profitieren frühzeitig von einem gegenseitigen Lernen und fahren bereits erste Erfolge ein. Im Allgemeinen starten diese Firmen ihren Einstieg in die Mensch-Roboter-Kooperation mit Pilotprojekten abseits ihrer Produktionslinien. Sie setzen sich zunächst intensiv mit der normkonformen sicheren Arbeitsprozessgestaltung und deren korrekter Umsetzung in MRK-Applikationen auseinander. Eine echte Kollaboration zwischen Menschen und Robotern bleibt in der fertigungstechnischen Praxis bisher die Ausnahme.
- Dann gibt es den kleineren Mittelständler, der keine Abteilung Industrial Engineering hat, aber durch die aktuellen Fachdiskussionen und Veröffentlichungen auf das Thema gestoßen wird. Er muss anders agieren als die Großkonzerne. Er möchte

konkret wissen, welche Veränderungen auf ihn zukommen, wie die MRK-Roboter und zukünftigen Roboteranwendungen aussehen und wie man sich mit begrenzten Zeit- und Finanzbudgets bestmöglich und rechtzeitig auf den zu erwartenden Wandel vorbereitet. Diese Unternehmen suchen ganzheitliche MRK-Lösungen, die auf dem Markt bereits bewährt sind. Sie investieren nicht in Vorzeige-Applikationen. Diese Zielgruppe muss auf dem Weg in die neue Produktionswelt begleitet werden, denn ein Teil dieser Firmen ist mit der komplexen Normenlage und dem noch diffusen Rechtsrahmen der MRK schlichtweg überfordert.

- Selbst kleine Unternehmen, die bislang kaum automatisiert haben, beschäftigen sich intensiv damit, wie sie über den Einsatz von Robotertechnologie oder sogar im Zusammenspiel von Menschen und Roboter Vorteile erzielen können. Insbesondere im Bereich der automatisierten Maschinenbeladung gibt es zahlreiche etablierte Lösungen, die von mittelständischen Betrieben erfolgreich eingesetzt werden. Orientieren Sie sich an derartigen Referenzanwendungen.

Generell gilt: Selbst wenn heute noch einiges auf dem Themenfeld der Mensch-Roboter-Kooperation unklar ist und in der betrieblichen Praxis sich sicherlich nicht alles von heute auf morgen radikal verändern wird, können es kleine und mittelständische Unternehmen nicht leisten, den Einstieg in die flexible Roboter unterstützte Automation und MRK zu verschlafen!

Für den Einstieg sollten sie sich einfache (Teil-)Prozesse aussuchen, um diese zu automatisieren. Beispielsweise das Anreichen oder Abnehmen eines Werkstücks. Das ist zwar eine scheinbar einfache Aufgabe, aber oft eben auch eine der unbeliebtesten, denn die Mitarbeiter wollen sich auf die Montageprozesse konzentrieren und solche langweiligen, ergonomisch dauerhaft belastenden Hilfsaufgaben loswerden.

Ohnehin gilt es, die Mitarbeiter frühzeitig miteinzubeziehen, denn die Werker müssen schnell praktisch erfahren können, dass sie die Arbeitsprozesse bei der Mensch-Roboter-Kooperation weiter beherrschen, die Abläufe bestimmen und sich auf die Funktion der Sicherheitssysteme verlassen können. Das schafft Vertrauen und Akzeptanz, baut Ängste ab.

Vor allem partizipative Entwicklungsansätze sorgen für die unbedingt erforderliche Nutzerakzeptanz. Die Erfahrung zeigt: Wem zugehört wird und wer spielerisch mit MRK-fähigen Robotern umgehen kann, langsam an künftige Szenarien herangeführt wird und Schritt für Schritt erkennen kann, wie die eigene Arbeitszufriedenheit durch den Einsatz von Cobots steigt, wird schnell zum Befürworter und Treiber dieser neuen Technologie werden.

Besonders erfolgversprechend ist es, bei einer MRK-Einführung Pilotanwendungen zu wählen, bei denen die Werker die mit der Einführung einhergehenden Vorteile unmittelbar erkennen und von ihnen profitieren. Noch besser: Die Werker selbst schlagen diese Arbeitsprozesse zur Automatisierung vor. Wenn man den Mitarbeitern verhasste Teilschritte wie beispielsweise das Schleifen, Schweißen, Polieren, Bestücken abnimmt, dann findet man die für einen Erfolg nötige Akzeptanz.

Das Wichtigste ist: Ein Mitarbeiter muss schnell lernen können, dass er dem Roboter vertrauen kann. Sorgen Sie im Rahmen Ihrer Überzeugungsarbeit und im Rahmen Ihres

MRK-Pilotprojekts für einen schnellen Zugang zum Roboter. Dann können Ihre Mitarbeiter sich schrittweise an ihn gewöhnen.

Ich vergleiche dies immer gerne mit der Begegnung mit einem fremden Hund beim Spaziergehen: Wenn der Besitzer versichert „Keine Angst, der beißt nicht". Glauben Sie das oder glauben Sie das nicht?

Zumindest bei einem größeren Hund wird wahrscheinlich eine gewisse Grundskepsis bleiben. Und dann werden Sie wahrscheinlich einerseits den Hundehalter genauer unter die Lupe nehmen und abschätzen, ob dieser vertrauenswürdig erscheint und andererseits den Hund selbst: Werde ich mit diesem schlimmstenfalls fertig oder nicht?

Mit einem Roboter verhält es sich ganz ähnlich. Die Situation muss für den Mitarbeiter, der mit ihm arbeiten soll, beherrschbar sein. Er muss ihn anhalten, in Schranken weisen und in irgendeiner Form kontrollieren können. Er muss zumindest bei den ersten Kontakten eine gute Sicht auf ihn haben, denn wer sitzt schon gerne mit dem Rücken zur Tür? Meinen Rücken kehre ich einem Hund oder auch einem Roboter erst dann zu, wenn ich ihm vertraue.

Über den Erfolg oder Misserfolg einer MRK-Anwendung entscheidet also nicht allein die technische Umsetzung, sondern vor allem der Faktor Mensch. Demnach gilt es die oft auch unausgesprochenen Unsicherheiten und Ängste der Mitarbeiter zu respektieren und mit Fingerspitzengefühl darauf einzugehen.

Da dem Erstkontakt mit dem Roboter eine besondere Bedeutung zukommt, sollte diese Phase von möglichst kurzen, langsamen und vorhersehbaren Roboterbewegungen dominiert werden, damit sich Mensch und Maschine aneinander gewöhnen. Dabei zählt vor allem das Aussehen des Roboters und das Sicherheitsempfinden der Nutzer.

Die Einführung von MRK wird von vielen Unternehmen im Maschinen- und Anlagenbau vor allem als technische Herausforderung begriffen. Unterschätzt werden die Konsequenzen, die sich durch die Einführung gemeinsamer Arbeitsräume von Menschen und Robotern als neue Arbeitswelt ergeben und damit die Anforderungen an das Veränderungsmanagement und den Organisationsbedarf im Unternehmen haben.

Es wird Ihnen nicht erspart bleiben, schrittweise eigene Erfahrungen zu sammeln und Problemlösungsstrategien zu entwickeln. Auch ist mit aufwendigen Einführungsphasen komplexer Technologien zu rechnen. Meistens sind MRK-Einführungen daher in der fertigungsbegleitenden Entwicklung, in der Betriebsmittelkonstruktion oder in einem Fachbereich Industrial Engineering angesiedelt. Wertvolle Beiträge leisten auch die Vorausentwicklungen.

5.3   Handreichungen und Informationsmöglichkeiten

Zahlreiche fachspezifische Innovationscluster und Arbeitskreise haben sich an die Arbeit gemacht, ein gemeinsames Verständnis zur Mensch-Roboter-Kooperation (MRK) zu entwickeln, den erforderlichen Normierungsbedarf zu identifizieren und Lösungsansätze für die Anwendung der MRK in der betrieblichen Praxis zu entwickeln.

Vor allem von den führenden Branchenverbänden der Automatisierungstechnik VDMA, ZVEI und Bitkom und den Berufsgenossenschaften werden konkrete Einführungshilfen angeboten und die verschiedenen Normungsaktivitäten aktiv begleitet. Diese Normen gelten weltweit und können beim Beuth Verlag bezogen werden.

In den Facharbeitskreisen von VDMA und DIN arbeiten Vertreter der Verbände, der Industrie, der Berufsgenossenschaften und der Wissenschaft eng zusammen. Zentrale Impulse für das Innovationsgeschehen werden arbeitsteilig ausgearbeitet.

Ein sehr interessantes Positionspapier „Sicherheit bei der Mensch-Roboter-Kollaboration" mit konkreten Lösungsansätzen zur MRK hat der VDMA in Zusammenarbeit mit der Wissenschaftlichen Gesellschaft für Montage, Handhabung und Industrierobotik (MHI) veröffentlicht.

Eine umfassende Themendokumentation zur MRK ist im Internet auf diversen Arbeitsschutzplattformen zu finden. Auch die Deutsche Gesetzliche Unfallversicherung e. V. (DGUV) hat wesentliche Schritte auf dem Weg zur erfolgreichen Umsetzung der MRK in frei über Internet zur Verfügung stehenden Statuspublikationen und Handreichungen offengelegt. Informationen über die MRK-Sicherheitsanforderungen hat die Berufsgenossenschaft Holz und Metall (BGHM) in ihrer DGUV Information 209-074 zusammengefasst, die kostenfrei erhältlich ist.

Damit die Verwendung von kollaborierenden Robotersystemen und die vorangehende BG-Zulassung zum Erfolg und nicht zum Risiko wird, sind eine Checkliste und weitere Fachinformationen bei der BGHM zusammengestellt. Empfehlenswert ist beispielsweise die DGUV-Information „Kollaborierende Robotersysteme – Planung von Anlagen mit der Funktion Leistungs- und Kraftbegrenzung".

Die Prüf- und Zertifizierungsstelle Maschinen und Fertigungsautomation des Fachbereichs Holz und Metall bietet Prüfungen und Zertifizierungen von kollaborierenden Robotersystemen an. Sie verfügt über modernste Messsysteme zur Bestimmung von Kraft und Druck. Gleichzeitig können auch die zur Robotersicherheit notwendigen Sicherheitsfunktionen wie z. B. sichere Geschwindigkeit und sichere Position bewertet werden.

Die Berufsgenossenschaft Holz und Metall (BGHM) forscht gemeinsam mit Experten des Fraunhofer Instituts für Fabrikbetrieb und -automatisierung (IFF) und ermittelt Grenzwerte für Kraft und Druck, die im Falle eines Kontakts zwischen Mensch und Roboter die Zusammenarbeit von Mensch und Maschine sicher und ohne Unfall oder Beeinträchtigung der Gesundheit sicherstellen und in die ISO/TS 15066 eingehen. Hierzu besteht auch eine enge Kooperation mit dem Institut für Arbeitsschutz der DGUV (IFA).

Darüber hinaus kann es keinem Produktionsunternehmen schaden, sich auch in kleineren Partnerkreisen und Innovationsnetzwerken zu engagieren und mit der daraus resultierenden gebündelten Schlagkraft frühzeitig erste Schritte in die richtige Richtung einzuschlagen.

Das Positionspapier „Sicherheit bei der Mensch-Roboter-Kollaboration" beispielsweise, welches der Verband Deutscher Maschinen- und Anlagenbauer e. V. (VDMA) in Zusammenarbeit mit der Wissenschaftlichen Gesellschaft für Montage, Handhabung und Industrierobotik (MHI) veröffentlicht hat, liefert konkrete Lösungsansätze zu MRK.

Eine umfassende Themendokumentation zur MRK ist im Internet auf diversen Arbeitsschutzplattformen zu finden. Auch die Deutsche Gesetzliche Unfallversicherung e. V. (DGUV) hat wesentliche Schritte auf dem Weg zur erfolgreichen Umsetzung der MRK in frei über das Internet zur Verfügung stehenden Statuspublikationen und Handreichungen offengelegt.

Informationen über Sicherheitsanforderungen in Zusammenhang mit MRK wurden von der Berufsgenossenschaft Holz und Metall (BGHM) in ihrer DGUV Information 209-074 zusammengefasst, die ebenfalls frei zum Download angeboten wird. Weitere interessante und detaillierte Informationsmaterialien zur Sicherheitstechnik allgemein und zur Anwendung der für MRK-Applikationen erforderlichen Normen bieten zahlreiche industrielle Anbieter von Sicherheitstechnik im Internet kostenfrei zum Download an. Empfehlenswert sind im Besonderen die Informationsangebote der Firmen Pilz, Festo und SICK (vgl. Abb. 5.3).

Damit die Verwendung von kollaborierenden Robotersystemen und die vorangehende BG-Zulassung zum Erfolg und nicht zum Risiko wird, sind bei der BGHM eine Check-

Abb. 5.3 Auswahl nützlicher Handreichungen zur MRK und zu Sicherheitsaspekten

liste und weitere Fachinformationen zusammengestellt. So liefert beispielsweise die DGUV-Information „Kollaborierende Robotersysteme – Planung von Anlagen mit der Funktion Leistungs- und Kraftbegrenzung" wesentliche Grundlagen.

Welche weiteren hilfreichen Netzwerke gibt es national und international?

Die Wissenschaftliche Gesellschaft für Montage, Handhabung und Industrierobotik e. V. (kurz MHI, www.wgmhi.de) ist ein Netzwerk renommierter Universitätsprofessoren und Institutsleiter aus dem deutschsprachigen Raum. Die Mitglieder forschen sowohl grundlagenorientiert als auch anwendungsnah in einem breiten Spektrum aktueller Themen aus dem Montage-, Handhabungs- und Industrierobotik-Bereich.

Die Gesellschaft hat derzeit 18 Mitglieder, die über ihre Institute und Lehrstühle rund 1000 Wissenschaftler repräsentieren. Präsident ist Prof. Dr. Bernd Kuhlenkötter von der TU Dortmund, weitere Vorstandsmitglieder sind Prof. Dr. Alexander Verl (Fraunhofer Gesellschaft), Prof. Dr. Jörg Franke (Friedrich-Alexander-Universität Erlangen-Nürnberg) und Prof. Dr. Thorsten Schüppstuhl (Technische Universität Hamburg-Harburg).

Der MHI versteht sich als enger Partner der deutschen Industrie. Die Gesellschaft wird durch einen industriellen Beirat, bestehend aus Führungspersönlichkeiten großer und bekannter deutscher Unternehmen, unterstützt. Zudem besteht eine Kooperation mit dem Fachverband Robotik+Automation im VDMA.

In den 1990er-Jahren wurde in Europa EURON, das European Robotics Network, ins Leben gerufen. Die wissenschaftliche und fachliche Zusammenarbeit unter europäischen Universitäten und Forschungseinrichtungen hat sich dadurch deutlich verbessert.

EUROP, die European Robotics Technology Plattform, war ein industriegetriebenes Netzwerk, um eine europäische Forschungsstrategie in der Robotik, insbesondere hinsichtlich europäischer Forschungsinitiativen, zu formulieren. Beide Netzwerke gingen in der 2012 gegründeten euRobotics auf, einem Zusammenschluss der europäischen Einrichtungen und Unternehmen im Umfeld der Robotik. Aktuell hat diese Organisation über 200 Mitglieder und bildet ein weithin sichtbares und aktives Netzwerk.

Ein sehr wichtiges Anwendernetzwerk auf europäischer Ebene stellt der Ingenieur- und Branchenverband EUnited Robotics dar. Das von industriellen Protagonisten der Robotertechnik initiierte Netzwerk engagiert sich neben einer Harmonisierung von gesetzlichen Vorgaben und Standards vor allem für eine offene und konstruktive Auseinandersetzung mit der Robotik und der Künstlichen Intelligenz sowie mit den Möglichkeiten, durch den Robotereinsatz zu einer klimaneutralen, nach Leitprinzipien der Nachhaltigkeit ausgerichteten Produktion an den europäischen Hochlohnstandorten beizutragen.

Wegweisend ist die 2021 veröffentlichte „Good Work Charter" dieses von namhaften Roboteranbietern, Robotik Startups und industriellen Anwenderfirmen getragenen, europaweit agierenden Fach- und Interessensverbands. Auf 38 Seiten identifizieren die Unterzeichner Handlungsfelder, skizzieren ethische Maßstäbe, formulieren Leitlinien und Maßnahmen für einen fairen, menschzentrierten Robotereinsatz.

Die in 10 Handlungsschwerpunkten thematisch zusammengefassten Aktionsfelder widmen sich der Forderung nach einen dem Menschen und von ihm kontrollierten Robotereinsatz, der nötigen Kompetenzentwicklung, der Bedienerfreundlichkeit künftiger Robotersysteme, der angstfreien Gestaltung von Mensch-Roboter-Kooperationen sowie Aspekten der Nachhaltigkeit und möglichen Lösungswegen, um durch den Einsatz von Robotern den demographischen Wandel und seine dramatischen Auswirkungen auf die industrielle Produktion, auf die Pflege kranker und altersbedingt hilfsbedürftiger Mitmenschen abzufedern. Sie bilden den Kern der Charta und der mit ihr verknüpften Selbstverpflichtung der europäischen Roboterhersteller zur Unterstützung der benannten Maßnahmen.

Die in der Good Work Charter beschriebenen Leitlinien sind kostenfrei im Internet abrufbar unter https://www.eu-nited.net/pdfs/robotics/good_work_charter/.

5.4   Kompetenzaufbau und Führungsaufgaben

Die Wirkungsweise der Mensch-Roboter-Kooperation (MRK) basiert auf der Vereinigung der Kompetenzfelder Robotik, Sicherheitstechnik, Produktionstechnik, Regelungstechnik, Automatisierung und Bildverarbeitung. Daher werden die Anforderungen an die Beschäftigten in den Produktionsbereichen durch die Mensch-Roboter-Kollaboration spürbar steigen. Davon profitieren vor allem diejenigen, die schon hoch qualifiziert sind: Techniker und Ingenieure.

Vielen kleineren Unternehmen fällt es noch immer schwer, mit der spürbar gestiegenen Durchdringung der Automatisierungstechnik Schritt zu halten. Aber auch die Menschen mit ihren teilweise begründeten Ängsten, fehlende Strukturen, Kompetenzen und Regelungen verlangsamen die Entwicklung. Sie müssen auf den Wandel und die neuen Kompetenzanforderungen vorbereitet werden. Dabei müssen auch bewährte Organisationsstrukturen auf den Prüfstand gestellt werden.

Die Einführung der MRK im Unternehmen gelingt nur mit aktivem Personalmanagement. Sie verschiebt Kompetenzfelder und die Mitarbeiter müssen sich auf die Zusammenarbeit mit ihren Roboterkollegen einlassen und ihr technologisches Grundwissen erweitern. Hierzu gehört der Umgang mit Robotern, das Eintrainieren der Fertigungsassistenten, die korrekte Reaktion auf Störungen, das Beheben einfacher Fehler und die Überwachung der Gesamtsysteme.

In der Frühphase einer MRK-Einführung müssen sich Fertigungsmitarbeiter vor allem mit der Gestaltung von Produktionsprozessen und dem Zusammenspiel von Automation und fertigungsbegleitender IT auseinandersetzen. Vor allem auf Planungs- und Steuerungsebene werden zunächst Prozessexperten gebraucht. Gefragt sind in dieser Phase Ingenieure – etwa für Sensorik, komplette Maschinen, Fertigungsstätten – und Informatiker, die in der Lage sind, Roboter und die komplexen Steuerungssysteme in ihrer Gesamtheit zu überblicken und dabei auf die notwendigen Fachkenntnisse in den

Disziplinen sicherheitsgerechte Steuerungstechnik und Maschineninformatik zurückgreifen können.

Später werden mehr und mehr die Mitarbeiter einbezogen. Ratsam ist es, mit im Fabrikbetrieb praktisch versierten und erfahrenen Mitarbeitern zu starten, die in der Lage sind, Anlagenstillstände schnell und effektiv zu beheben und unvermeidbare Automatisierungslücken kenntnisreich zu kompensieren. Bis zum Werker werden die Schnittstellen zwischen Ingenieurwissenschaften, Technik, IT und Informatik an Bedeutung gewinnen. Ebenso der Überblick über den Gesamtprozess. MRK Fachkräfte brauchen eine breite Wissensbasis.

Von allen zukünftigen Fachkräften werden vor allem Flexibilität, Steuerungstechnik Grundkenntnisse, eine ausgeprägte Lernbereitschaft sowie allgemein eine hohe fachliche Qualifikation erwartet. Hierbei bekommt die Weiterqualifizierung eine ganz besondere Relevanz. Wünschenswert aus Sicht der Werker wäre, dass sie in der Zusammenarbeit mit Robotern neue möglichst wissensintensive Aufgaben dazugewinnen und damit ihre Kompetenzen steigern.

Dass vor allem die älteren Mitarbeiter auch hinsichtlich ihrer Kenntnisse zur Steuerung solcher Maschinen an ihre Grenzen gelangen könnten, ist kein unlösbares Problem. Es gehört zu den Herausforderungen, benutzerfreundliche Bedienoberflächen zu gestalten. Am Anfang haben sich ältere Menschen auch am PC, am Bankautomaten oder einem Navigationsgerät schwergetan, aber letztlich hilft die neue Technik auch oder gerade den Älteren unter uns.

Welche Aufgaben kommen bei einer MRK-Einführung dann auf die Führungskräfte zu?

In der modernen Arbeitswelt wird von Führungskräften erwartet, dass sie Transformationsprozesse im Unternehmen vorantreiben, selbst Fachkompetenzen entwickeln, ihre Mitarbeiter in den Transformationsprozess einbinden und sie dabei unterstützen, den Wandel zu meistern. Dies gilt auch für die Einführung der Mensch-Roboter-Kooperation. Sie kann nur dann gelingen, wenn die mit ihr einhergehenden Veränderungen des Arbeitsumfelds von den Führungskräften klar erklärt und in der Fertigungslinie überzeugend vorbereitet werden.

Wichtig ist es, von Führungsseite aus die angestoßenen Innovationsprozesse zur ganz persönlichen Sache zu machen und sie stetig am Leben zu erhalten. Kurzzeit Strohfeuer bewirken kaum etwas. Meist verpuffen sie nach anfänglicher Euphorie und werden nie mehr erfolgreich wiederbelebbar sein.

Die Projekt- und Produktionsverantwortlichen müssen gemeinsam den Übergang aktiv moderieren. Im Umkehrschluss folgt daraus, dass die Unternehmen den von der MRK-Einführung betroffenen Fachabteilungen die Möglichkeiten zur Mitgestaltung dieses Umbruchs geben müssen.

Als erstes gilt es, die für die MRK-Einführung nötigen Talente aufzuspüren und deren fachliche Qualifikation auf dem Gebiet der Robotertechnik und der Arbeitssicherheit durch vorgelagerte Qualifizierungsmaßnahmen nachhaltig zu entwickeln. Von Beginn an müssen das Ressort Arbeitssicherheit in den Veränderungsprozess einbezogen werden.

Für das Gelingen sind allerdings auch die Mitarbeiterinnen und Mitarbeiter gefordert, an Weiterbildungen teilzunehmen und offen für Experimente mit den neuen Technologien zu sein, eigene Ängste zu überwinden. Was aber, wenn dies nicht gelingt?

Es ist ganz normal, dass Veränderungen, die mit einer möglichen Umorganisation der Arbeitsplätze und Arbeitsabläufe einhergehen, auf Widerstände stoßen, weil wir alle nicht gerne unsere angestammten und lange erlernten Verhaltens- und Arbeitsweisen ändern.

Mitarbeiter spüren auch schnell, wenn die Weiterentwicklung der Produktionssysteme in erster Linie der Erhöhung der Produktivität dient und die Führungskräfte in ihren Aussagen nicht authentisch und ehrlich sind. Sie werden sich nur verändern, wenn sie nachvollziehen können, wie ihr Unternehmen und – noch viel wichtiger – sie selbst von den Veränderungen profitieren.

Zur Überwindung dieser Hindernisse sind daher eine intensive Kommunikation, vertrauensbildende Maßnahmen aber auch eine der neuen Situation angemessene Personal- und Kompetenzentwicklung unabdingbar. Letztlich zählt aber auch Führungsstärke und Durchsetzungsvermögen. Das alles muss Teil Ihrer MRK-Einführungsstrategie sein, offen und transparent kommuniziert, nachhaltig mit klaren Zielsetzungen eingefordert!

Ganz wichtig: Innerhalb von drei Monaten lassen sich die meisten Menschen noch nicht von einer derart tiefgreifenden Veränderung vertrauter Arbeitsabläufe, wie sie durch eine MRK-Einführung vorgezeichnet ist, freiwillig überzeugen. Mögen die Argumente, die Sie für eine Unterstützung oder Entlastung durch einen Roboter aufbringen, noch so überzeugend sein.

Umso wichtiger ist es, von Führungsseite aus die mit der MRK-Einführung nötigen Veränderungen in der Produktion klar und deutlich zu erklären sowie diese dann zu seiner ganz persönlichen Sache zu machen und die damit angestoßenen Innovationsprozesse nachhaltig und stetig am Leben zu erhalten.

Viel einfacher verlaufen Veränderungsprozesse im Übrigen, wenn die mit einer MRK Einführung verbundenen Erörterungen des Handlungsbedarfs und der künftigen Arbeitsteilung zwischen Werker und Roboter offen diskutiert werden.

Verlieren Sie auf diesem nicht ganz einfachen Weg nicht den Mut. Es wird immer Leute geben, die sich Wandel widersetzen. Manche Personen sind sogar hartnäckige Widerständler, emotional, intellektuell oder ideologisch in alten Denkwelten verhaftet. Diese Menschen werden jeden Wandel bis zum bitteren Ende bekämpfen; auch die Einführung der Mensch-Roboter-Kooperation.

Hier hilft – nach mehreren Gesprächen – kein Pardon. Diese Leute müssen das für die MRK-Einführung vorgesehene Produktionsumfeld verlassen. Beschönigen Sie die Situation nicht. Wenn eingefleischte Widerständler aus Protest kündigen, dann müssen Sie jeden wissen lassen, dass diese Mitarbeiter versetzt oder entlassen wurden, weil sie die Zielsetzungen und den Wandel in ihrem bisherigen Arbeitsumfeld nicht akzeptiert haben.

Tragen Sie es äußerlich mit Fassung und wünschen Sie ihnen alles Gute für ihre weitere Zukunft. Sie und Ihre Mitarbeiter werden sehr schnell feststellen, um wie viel besser der Veränderungsprozess vorankommt, wenn sich wieder alles um das erfolgreiche Vorankommen einer MRK-Einführung und nicht mehr um Larmoyanz dreht.

5.5   Ängste in Verbindung mit der Mensch-Roboter-Kooperation

Die MRK-Technologie wird unsere Arbeitswelt erheblich verändern. Noch nie standen sich in den Fabrikhallen und an den Montagearbeitsplätzen Menschen und Roboter so nah gegenüber. Selten noch arbeiteten sie bisher Hand in Hand konsequent miteinander und waren gemeinsam für ein Prozessergebnis und die Arbeitsplatzproduktivität miteinander verantwortlich.

Es gibt keinen Zweifel: Eine MRK-Einführung stellt im Unternehmen nicht nur einen Einkaufs- oder einen klassischen Maschineneinführungsvorgang dar. Und noch nie mussten sich Menschen und Roboter im gemeinsamen Ringen um Wettbewerbsvorteile so eng unterhaken. Ein herausfordernder und nicht zu unterschätzender Veränderungsprozess!

Veränderungen und das Betreten von Neuland, wie sie mit einer MRK-Einführung im Unternehmen unweigerlich verknüpft sind, benötigen Jahre, bis die zu erwartenden Erfolge Realität werden. Sie rufen naturgemäß Ängste hervor. Bei einer MRK-Einführung lassen sich diese in der Regel in zwei Schwerpunkte untergliedern:

- Ängste und zusätzliche psychische Belastungen, wenn die betroffenen Mitarbeiter Angst davor haben, die Arbeit mit den Robotern nicht zu beherrschen. Das sind in der Regel Berührungsängste beim Erstkontakt. Ängste, Fehler zu machen und mit der neuen Arbeitsplatzkomplexität klarzukommen. Aber auch Ängste, einem wachsenden Produktivitätsdruck, der aus der Zusammenarbeit mit dem Roboter erwächst, standhalten zu können.
- Angst vor dem unmittelbaren oder zumindest mittelfristigen Arbeitsplatzverlust. Sie überragt bei vielen Personen alles und kann zu mentalen Blockaden bis zu unkontrollierten Sabotageakten führen.

Generell gilt: Ängste von Mitarbeitern, die vor einer MRK-Einführung stehen, sind grundsätzlich ernst zu nehmen. Ihnen muss man mit höchster Sensibilität zu begegnen. Nur so gelingt das Vorhaben!

Selbstverständlich muss man damit rechnen, dass die unmittelbare Zusammenarbeit von Menschen und Roboter und die mit ihr möglicherweise einhergehende Beschleunigung der Fertigungsdynamik zumindest vorübergehend zu einer höheren psychischen Belastung der Beschäftigten führen kann.

Gibt der Roboter die Prozesszeiten vor, fühlen sich die Werker zurecht im Hamsterrad einer unmenschlichen Fabrik. Es ist daher darauf zu achten, dass stets der Mensch das Tempo und den Takt des gemeinsamen Arbeitsprozesses von Werker und Roboter bestimmt. Und dass für die Werker die Anzahl parallel zu erledigender Tätigkeiten oder zu gleichen Zeiten zu beobachtender Vorgänge nicht über Gebühr erhöht wird.

Darüber hinaus können bei einer Fehlbedienung des Roboters bereits kleine Fehler zu hohen wirtschaftlichen Schäden führen. Daher lastet auf Beschäftigten in einem MRK-Arbeitsumfeld ein hoher Erfolgsdruck, der von den Unternehmen durch die Etablierung einer Fehlerkultur abgefedert werden muss.

Fertigungsverantwortliche sollten zumindest während der MRK-Einführung ein besonderes Augenmerk auf die Menschen, die unmittelbar mit Robotern kooperieren, haben. Parallel müssen eventuell Angebote zur physischen und psychischen Regeneration gemacht werden. Außerdem empfiehlt sich die gezielte Vorbereitung auf Stresssituationen und die Einübung von Verhaltensweisen bei Störfällen im Betrieb.

Und natürlich sind einige durch die Robotik in ihren gesellschaftlichen Auswirkungen berücksichtigende Aspekte nicht von der Hand zu weisen, wie Kap. 13 aufzeigt. Aus einer realistischen Position heraus betrachtet, ist davon auszugehen, dass es künftig sicher Produktionsbereiche geben wird, die weitgehend ohne menschliches Zutun laufen. Dabei wird es sich lediglich um sehr begrenzte Fabrikbereiche mit nach wie vor relativ standardisierter Produktion handeln. Es werden auch durch MRK keine menschenleeren Fabriken entstehen. Horrorszenarien von menschenleeren Produktionshallen sind nicht angebracht.

Betroffen von der kommenden Automatisierungswelle – und damit nicht nur von MRK – sind vor allem Menschen mit einfachen Routinejobs, die sich häufig wiederholen. Generelle Panik ist nicht angebracht. In der Vergangenheit hat sich gezeigt, dass ein Großteil dieser Arbeitskräfte beim Wegfall ihrer Routinetätigkeit eine neue Aufgabe im gleichen Unternehmen fand.

Dennoch kann durch eine pro-aktive und sorgsame Kommunikation, über sachliche und zahlenbasierte Argumentation und ein Quäntchen Fingerspitzengefühl sehr schnell Verständnis für die neue Technologie geschaffen werden. Das beste Rezept gegen Angst!

Und wann weiß man als Arbeitgeber, dass ein Cobot von den Mitarbeitern als „Kollege" akzeptiert wurde? Spätestens dann, wenn er einen Namen erhalten hat. So tragen die beiden ersten MRK-Roboter zur automatisierten Spaltmessung im ungarischen Audi Produktionswerk Györ die liebevoll von den Werkern ausgewählten, für Erstsysteme bezeichnenden Namen „Adam" und „Eva" (vgl. Abb. 5.4). Und auch beim mittelständischen Werkzeugsystemhersteller Zoller hat man sich ganz bewusst für den Namen „Cora" entschieden, mit dem man dem Cobot einen ansprechenden Namen gegeben hat.

Abb. 5.4 MRK-Roboter Eva im Audi Produktionswerk Györ, Spaltmessung parallel zum Fertigungsfluss und dem Einsatz der Werker. (Quelle Audi)

Literaturhinweise und Quellen

Bengler, K., *Der Mensch und sein Roboter – von der Assistenz zur Kooperation.* Technische Universität München – Lehrstuhl für Ergonomie, 11.02.2012

DGUV-Information 209-074 „Industrieroboter". Deutsche Gesetzliche Unfallversicherung e. V. (DGUV). Ausgabe Januar 2015

EUnited Robotics European Engineering Industries Association, *Good Work Charter of the European Robotics Industry,* 2021, www.eu-nited.net/robotics

Glück, M. *Herausforderungen der Industrie 4.0 – Sichere Mensch-Roboter-Kooperation,* Markt & Technik, Heft 28/2015, S. 24–28

Glück, M., *MRK im Unternehmen einführen – Erfahrungsbericht und Greiferinnovationen für die Smart Factory,* Vortrag beim MRK-Fachkongress an der Georg-Simon-Ohm-Hochschule in Nürnberg, 24.01.2019

Haag, M., *Kollaboratives Arbeiten mit Robotern – Vision und realistische Perspektive* in A. Botthof, E. A. Hartmann (Hrsg.), Zukunft der Arbeit in Industrie 4.0., Springer Vieweg, S. 59–68, (2015)

Hypky, A. *Wo kann Teamwork mit Roboter und Mensch funktionieren? Potentiale erkennen und umsetzen,* Vortrag beim 3. Forum Mensch-Roboter, Stuttgart, 17./18.10.2018

Kurth, J., *MRK-Applikationen sicher auslegen und erfolgreich einführen,* Vortrag beim 3. Forum Mensch-Roboter, Stuttgart, 17./18.10.2018

Müller, R., Franke, J., Henrich, D., Kuhlenkötter, B., Raatz, A., Verl, A. (Hrsg.), *Handbuch Mensch-Roboter-Kollaboration,* Carl Hanser (2019)

Röhricht, K., *Mensch-Roboter-Kooperation: Wege in die Praxis*, MM Maschinenmarkt, Heft 9/2019, S. 78–81

Schmid, H., Schäfer, M., *MRK-Einführung in der Fertigung bei der Albrecht JUNG GmbH*, Praxisbericht beim 3. Forum Mensch-Roboter, Stuttgart, 17./18.10.2018

Schmid, H., *Eine Medaille – zwei Seiten! Wie Unternehmer UND Mitarbeiter von Mensch-Roboter-Kollaboration profitieren*, 1. Forum Mensch-Roboter, Stuttgart, 17./18.10.2016

Schunkert, A., Whitepaper *Kollaborative Robotik*, Universal Robots (2019)

Sträter, O., Schmidt, S., Stache, S., Saki, S., Wakula, J., Bruder, R., Ditchen, D., Glitsch, U., Abschlussbericht Forschungsvorhaben *U-Linien-Montagesysteme – Instrumente zur Gefährdungsbeurteilung und arbeitswissenschaftliche Gestaltungsempfehlungen zur Prävention*, BGHM (2018)

Trübswetter, A., *Akzeptanz neuer Technologien am Beispiel von MRK: Warum die „gute" Gestaltung von Technologie alleine nicht ausreicht*, Key Note Vortrag beim 5. Forum Mensch-Roboter, Online Fachkongress 7./8.10.2020

Trübswetter, A., *MRK-Systeme erfolgreich implementieren mit User-Centered-Design*, Vortrag beim 3. Forum Mensch-Roboter, Stuttgart, 17./18.10.2018

Umbreit, M., *Aktueller Stand Mensch-Roboter-Kollaboration aus Sicht der BG*, Key Note Vortrag beim 2. Forum Mensch-Roboter, Stuttgart, 23./24.10.2017

VDMA Robotik und Automation, *Positionspapier „Sicherheit bei der Mensch-Roboter-Kollaboration"* (2014)

Wachter, U., *Erfolgreicher Einsatz von Leichtbaurobotern in der Produktion*, Vortrag beim 5. Forum Mensch-Roboter, Online Fachkongress 7./8.10.2020

Wetzel, D., *Arbeit 4.0*, Herder (2015)

Aufgaben-, Arbeitsplatz- und Prozessbewertung

6

Wie bereits in Abschn. 5.1 einleitend dargelegt, stellt die Aufgaben-, Arbeitsplatz- und Prozessbewertung einer Applikation auf Eignung für den Einsatz der Mensch-Roboter-Kooperation ein wesentliches Element der Projektvorbereitung dar, auf das Sie großes Augenmerk richten sollten. Hilfreich ist hierbei die Aufstellung und Nutzung eines Fragebogens, mit dem anhand einer begrenzten Anzahl spezifischer Auswahlkriterien eine schnelle und objektiv belastbare Bewertung der MRK-Potenziale und Integrationsrisiken möglich ist (vgl. Anhänge 2, 3).

Bei diesem Evaluierungsschritt sollten Sie die für eine MRK geeignet erachteten Arbeitsprozesse und Arbeitsplätze konzentriert unter die Lupe nehmen und dabei auch gleich eine erste sicherheitstechnische Einschätzung der Arbeitsplatzanforderungen vornehmen.

Jeder Produktionsprozess ist für sich einzigartig. Dennoch muss die Gesamtproduktion auf prozesssicheren und wirtschaftlichen Fertigungsabläufen beruhen. Manuell ausgeführt, können bestimmte Arbeitsschritte im Betrieb schnell zu unrentablen Ressourcenfressern werden. Wer diese Prozesse automatisieren kann, profitiert von Wettbewerbsvorteilen.

Doch nicht jede Aufgabe ist für eine Automatisierung geeignet. Wir müssen und sollten nicht alles automatisieren, was theoretisch möglich ist. Prozessschritte, die nur alle paar Stunden vorkommen, sollten wir dem Werker überlassen. Wir sollten nur Prozessschritte automatisieren, die wirklich gebraucht werden; dort, wo hohe Frequenzen auftreten.

Probieren Sie die Aufgaben-, Arbeitsplatz- und Prozessbewertung einfach mal anhand eines Schnelltests (vgl. Anhang 2) aus, um zu einer ersten Einschätzung zu kommen. Bei Arbeitsplätzen, die es in die engere Wahl schaffen, sollten Sie dann ins Detail gehen (vgl. Anhang 3).

M. Glück, *Mensch-Roboter-Kooperation erfolgreich einführen*, https://doi.org/10.1007/978-3-658-37612-3_6

Großserien, große Stückzahlen und Produktionsprozesse mit extremen Taktanforderungen sollten weiter mit klassischen Industrierobotern in hierfür geeignet
konzipierten Roboterzellen ausgeführt werden. Strikt vom Werker getrennt oder mit zeitlich begrenzten Phasen der Interaktion, beispielsweise beim Be- und Entladen.

Wo eine Vollautomatisierung von Produktions- oder Montagelinien zu teuer oder nur
bedingt umsetzbar ist, bietet es sich an, Teilprozesse herauszulösen und sie zwischen den
Menschen und Robotern aufzuteilen. Dadurch wird eine gleitende oder flexible Automatisierung in vielen praktischen Anwendungsfällen interessant, deren vollständige
Automatisierung bisher unrealistisch oder unwirtschaftlich erschien.

Innerhalb fast aller Produktionsabläufe gibt es auch Arbeiten, die besonders
anstrengend, eintönig oder schmutzig sind. Tätigkeiten, die kein Produktionsmitarbeiter
gerne übernimmt. Hier erfahren die Werker durch die Mensch-Roboter-Kooperation
eine wohltuende Entlastung und können sich gleichzeitig auf hochwertigere Tätigkeiten
konzentrieren.

Auch zur Übernahme monotoner Tätigkeiten, die eine hohe Präzision erfordern,
eignet sich die Mensch-Roboter-Kooperation. Ebenso für konzentrationsintensive und
mitunter gefährliche Tätigkeiten, die von einem Produktionsassistenten übernommen
werden können. Dadurch werden Facharbeiter entlastet und die Fertigungsqualität verbessert, weil sich typische Fehler in Folge der Monotonie bei einem Roboter nicht einschleichen.

Cobots können die gleiche Bewegung viele Stunden lang wieder und wieder mit
höchster Präzision und konstant ausführen. So steigern sie die Produktivität, reduzieren
den Ausschuss und entlasten ihre menschlichen Kollegen. Diese können im Bedarfsfall
umgehend eingreifen, Komplettstillstände auflösen und die Gesamtverfügbarkeit der
Anlage erhöhen.

Bei der Beladung von Maschinen mit Werkstücken und Rohlingen kann die Mensch-
Roboter-Kooperation die Werker bei der Mehrmaschinenbedienung in den Fertigungslinien unterstützen. Vor allem das Beladen von Bearbeitungszentren – insbesondere zur
Nachtschichtzeit – kann durch einen Roboter kostengünstig und ressourcenschonend
übernommen werden. Dabei kommt es selbstverständlich auf ein sicheres Miteinander
von Menschen und Robotern an, denn weder ein sporadisch anwesender Maschinenbediener, noch die zu bestückende Maschine dürfen durch den eingesetzten Roboter in
ihrer Funktion beeinträchtigt oder beschädigt werden.

Meistens ist eine MRK-Einführung auch aus einem ganz anderen Grund notwendig,
wenn die Entlastung eines Werkers oder dessen Ersatz durch die Nachrüstung eines
Roboters an einer bestehenden Produktionsanlage zur Flexibilisierung der Logistik,
Beladung und Handhabung erforderlich ist, aber kein Umbau der Maschine und aus
Platzgründen keine Nachrüstung mit trennenden Schutzeinrichtungen oder Zäunen mög-
lich ist.

Doch eine MRK-Einführung sollte nicht um jeden Preis erfolgen. Vielmehr ist
vor allem im Vorfeld eines Pilotprojekts Vorsicht und ein systematisches kritisches

Hinterfragen angebracht, um darauf basierend den am besten geeigneten Lösungsweg abzuleiten.

Grundsätzlich gilt es bei jeder Roboterapplikation vier wesentliche Aspekte zu beachten, die einen Großteil der Aufgaben-, Arbeitsplatz- und Prozessbewertung ausmachen:

- Die Prozessanforderungen: Dabei gilt es, die Bewegungsabläufe, die Taktanforderungen, die Traglastbedarfe zu identifizieren und die generellen Anforderungen sowie die Eignung eines Cobots zur Automatisierung dieses Prozesses einzuschätzen.
- Die Umgebungsanforderungen: Hierbei gilt es, einen genauen Blick auf den Einsatzort, die Platz- und Integrationsanforderungen sowie den Interaktionsbedarf des Roboters mit dem Werker und anderen Fertigungs- und Logistiksystemen, die zum Gesamtprozess beitragen, zu werfen sowie die nötigen Absicherungsmaßnahmen und den erforderlichen Integrationsgrad in vorhandene oder übergeordnete Steuerungssysteme zu bewerten.
- Die Werkstückanforderungen: Bei der Konfiguration einer Roboterapplikation und deren Überprüfung auf MRK-Tauglichkeit spielt das Gewicht, die Form und die Beschaffenheit der handzuhabenden Werkstücke eine zentrale Rolle. Hierbei genügt es nicht, sich nur auf die Werkstücke allein zu konzentrieren. Auch der Bedarf an Spann-, Führungs- und Fertigungsvorrichtungen ist in die Bewertung mit einzubeziehen sowie deren Form und davon ausgehender Gefahrenpotentiale im MRK-Einsatz.
- Die Arbeitsplatzanforderungen: An dieser Stelle gilt es, die Voraussetzungen einer ergonomisch sinnvollen und menschzentrierten Gestaltung des MRK-Umfelds zu beleuchten. Zu berücksichtigen sind die Auswirkungen auf die in diesem Arbeitsumfeld wirkenden Menschen, insbesondere deren Qualifizierungs- und Unterstützungsbedarf. Zu bewerten ist auch die Aufgeschlossenheit der am Arbeitsplatz tätigen Mitarbeiter sowie ihr Entwicklungspotential angesichts neuer Herausforderungen und der Erschließung neuer Kompetenzen, zum Beispiel in der Sicherheitstechnik.

6.1   Bewertung der Prozessanforderungen

- Wie hoch ist der Integrationsgrad des Prozesses beziehungsweise der Automatisierungsaufgabe? Handelt es sich um einen isolierten, lokal begrenzten und nicht verketteten Prozess oder um eine verkettete Prozessablaufkette?
Grundsätzlich sollte man sich bei den ersten MRK-Anwendungen auf Prozessfolgen geringer Komplexität konzentrieren, die nicht in einer unmittelbaren Abhängigkeit mit weiteren, verketteten Prozessschritten stehen und unter Taktzeitdruck ausgeführt werden müssen.

Zusätzlich ist zu beachten, dass viele Cobots über eigene Robotersteuerungen ver-fügen, die zwar leicht trainiert werden können und einfache Bewegungsabläufe sowie Routinezyklen an einer Station beherrschen, jedoch für die Integration in ein übergeordnetes oder vernetztes Steuerungsumfeld einer Gesamtanlage (z. B. eine SPS) oder für die Koordination mit Bewegungsabläufen weiterer Roboterarme unzureichend vorbereitet sind.

- Bei einer Prozesskette: Wie hoch ist der Automatisations- und Reifegrad der Prozesse und der gesamten Ablaufkette? Welche Taktanforderungen liegen vor?

Entscheiden Sie sich während eines Pilotprojekts nur für MRK-Applikationen zur Lösung von einfachen und unkritischen Prozessen, die sie bereits beherrschen oder für ohne weiteres handhabbar einschätzen.

Suchen Sie sich am Anfang einfache (Teil-)Prozesse aus, um diese zu automatisieren. Beispielsweise das Anreichen oder Abnehmen eines Werkstücks. Das ist zwar eine scheinbar einfache Aufgabe, sie gehört aber oft zu den unbeliebtesten Aufgaben ihrer Mitarbeiter, die sich lieber auf die Montageprozesse konzentrieren und solche lang-weiligen, ergonomisch belastenden Teilprozesse und Hilfsaufgaben gerne loswerden möchten.

Wichtig: Die Taktzeit darf bei einer MRK-Anwendung, insbesondere bei Pilot-projekten, nicht die maßgebliche Instanz sein. Der Mensch gibt den Takt vor. Er darf nicht vom Roboter verantwortungslos angetrieben, gegängelt und von Fehlersignalen in der Erfüllung seiner Aufgaben unnötig genervt werden.

- Müssen zusätzlich Prozessmedien bereitgestellt werden? Ist diese Bereitstellung kritisch und erfordert sie eine explizite Prozesskontrolle (z. B. eine Mengen-dosierung)?
- Zählt der zu automatisierende Bearbeitungsschritt zur Kategorie „4d" monotoner, in hohem Maße repetitiver, ergonomisch ungünstiger, physisch oder psychisch belastender Prozesse?

Innerhalb fast aller Produktionsprozesse gibt es Arbeiten, die besonders anstrengend, eintönig oder schmutzig sind. Tätigkeiten, die kein Produktionsmitarbeiter gerne übernimmt. Hier sehen die Werker sofort eine wohltuende Entlastung bei der Aus-übung ihrer Tätigkeit. Dies fördert die Nutzerakzeptanz der Roboterunterstützung.

- Gibt es am ins Visier genommenen MRK-Arbeitsplatz besondere Risiken, die Fehl-funktionen und kritische Auswirkungen auf den Gesamtprozess haben können? Wie ist es generell um die Kritikalität der Anwendung, zum Beispiel auf Taktzeiterfüllung und Einhaltung qualitätsrelevanter Prüfmerkmale und Systemfunktionen, bestellt?
- Kostet die händische Ausführung des Prozesses wertvolle Arbeitszeit? Bremst sie womöglich den Produktionsablauf oder werden wichtige Ressourcen gebunden? In solchen Tätigkeiten verbirgt sich in der Regel Optimierungspotential. Manche Mit-arbeiter sind dafür überqualifiziert. Oft aber lassen sich keine Fachkräfte für diese Arbeiten finden.

Vor allem beim Be-/Entladen von Bearbeitungsmaschinen oder bei Qualitätsprüfungs-vorgängen muss die Roboterbewegung nicht um jeden Preis schnell gemacht werden.

Hier dauert der Bearbeitungs- oder Prüfprozess manchmal so lange, dass die lang-
samere Geschwindigkeit eines kollaborierenden Roboters beim verhältnismäßig
kurzen Be-/Entladen in Kauf genommen werden kann. Der Verzicht auf einen Schutzzaun ist leicht möglich.

- Wie hoch ist die Komplexität des Bearbeitungsanteils, der dem Roboter zugewiesen
  wird, einzuordnen?

Vielfach werden an dieser Stelle die Fähigkeiten der Robotersysteme überschätzt und
der erforderliche Aufwand an Anpassungsentwicklungen, Roboterprogrammierung
und Tests unterschätzt. Obwohl Cobots sich schnell weiterentwickeln, gibt es nach
wie vor Hindernisse, die sie davon abhalten, in vielen Fertigungsanlagen zum Einsatz
zu kommen.

Kritisch zu betrachten sind vor allem die Anforderungen der Fingerfertigkeit. Zum
Beispiel dann, wenn kleine oder zerbrechliche Teile aufgehoben werden sollen.
Besonders bei haptisch geprägten Arbeitsanteilen wie zum Beispiel dem Setzen von
Gummistopfen sowie beim Fügen in Gewinde und Hülsen besteht ein hoher, vielfach
unterschätzter Adaptionsbedarf, der eher für den Werker als für eine Delegation an
den Roboter spricht.

- Zu bewerten ist die Einfachheit der Bereitstellung von Handhabungsgütern und deren
  Zuführung zur Bearbeitung. Werden die Komponenten sortiert oder unsortiert, vereinzelt, ruhend oder als Schüttgüter bereitgestellt? Erfolgt die Bereitstellung in Behältnissen? Mit welche Formvarianten und Losgrößen ist dabei typisch zu rechnen?

- Welche Anforderungen ergeben sich an die Positioniergenauigkeit und Einhaltung
  von Toleranzen, die Verfahrgeschwindigkeiten, die Wiederholgenauigkeiten des
  Roboters und wie steht es um die Komplexität der Bewegungsführung?

Idealerweise sind bei MRK-Anwendungen zunächst kurze, langsame, vorhersehbare
Roboterbewegungen und sanfte Bewegungsabläufe vorteilhaft, die sowohl vom
Menschen beobachtet, als auch nachvollzogen werden können. Nur wenn der Werker
die Anfahrstrategie der Robotersteuerung versteht, kann er geeignet agieren und
reagieren. Später kann die Geschwindigkeit nach einer Eingewöhnungszeit oft noch
gesteigert werden.

6.2   Bewertung der Umgebungsanforderungen

- Wie gestaltet sich die Stellfläche und der Arbeitsradius am Aufstellort? Ist der Standort isoliert und von weiteren Fertigungseinrichtungen hinreichend separiert? Befinden
  sich allgemein genutzte Verkehrs- oder Fluchtwege im Einsatzumfeld und werden
  diese von den Roboterbewegungen tangiert? Gibt es genügend Reserveflächen als
  Puffer?

Die meisten Cobots sind so kompakt gebaut, dass sie sich selbst in begrenzten
Umgebungen aufgrund ihres geringen Platzbedarfs implementieren lassen. Kompakte
Tischroboter genügen häufig, um kleinteilige Aufgaben in der automatisierten

Montage zu übernehmen. Dennoch ist vor allem bei Erstinstallationen ein separater Aufstellungsort und die Herausnahme aus einem verketteten Fertigungsgeschehen zunächst ratsam.

- Soll eine unmittelbare Interaktion des Roboters mit oder in unmittelbarer Nähe zum Menschen stattfinden? Und wie hoch ist der Interaktionsanteil hierbei? Handelt es sich um eine Koexistenzsituation, eine (zeitweise) Kooperation oder eine unmittelbare Kollaboration zum gleichen Zeitpunkt?

Der Anteil der Mensch-Roboter-Interaktion an der gesamten Zykluszeit ist ein wesentlicher Faktor bei der Auslegung und Eignungsbewertung eines Arbeitsplatzes. Ebenso der nötige Interaktionsgrad mit den Werkzeugen, Werkstücken und Vorrichtungen, die am Prozess beteiligt sind. Schauen Sie sich diesen Punkt daher besonders genau an.

Gibt es Personenverkehr im Umfeld? Erfolgt die An- und Ablieferung der zu verarbeitenden Werkstücke durch Menschen, die womöglich nicht mit dem Geschehen am Ort vertraut oder häufig sogar noch in Eile und damit wenig konzentriert sind?

Kommt es nicht unbedingt auf Geschwindigkeit an, bieten sich kollaborierende Roboter an. Statt kurzen Taktzeiten sind hier eher Synergieeffekte durch geschicktes Parallel- oder Zusammenarbeiten von Menschen und Robotern gefragt, zum Beispiel bei Assistenzaufgaben oder zum Anreichen von Werkstücken während der Handmontage.

Gibt es längere Phasen, in denen Mensch und Roboter zusammenarbeiten, und andere Phasen, in denen der Mensch nicht anwesend ist, sind kooperative Roboter ebenfalls sinnvoll. Ebenso interessant sind Stationen, die an Verkehrswege angrenzen, wenn diese von unabsehbarer Frequenz, jedoch geringer Dauer genutzt werden.

Wenn sich die Mensch-Roboter-Interaktion allerdings nur auf einen sehr geringen Zeitraum beschränkt, zum Beispiel beim Einlegen und Entnehmen von Werkstücken, sind in der Regel klassische Industrieroboter am sinnvollsten. Sie bleiben zwar stehen, wenn der Mensch ihnen zu nah kommt, können aber in der übrigen Zeit ihren Geschwindigkeitsvorteil voll ausspielen. Mit Mehrstationen, Dreh- oder Schwenktischen lassen sich zudem die Einlegezeiten häufig günstiger entkoppeln.

- Wie steht es um die Robustheit des MRK-Umfelds gegen ungeplanten Impakt? Befindet sich der Standort auf gesichertem Grund? Gibt es eine Häufigkeit für riskante Störungen, die zu berücksichtigen ist?

Zu den Störungsrisiken zählt zum einen die Nähe zu Verkehrswegen, insbesondere Verkehrswegen, die von Staplern und Fördersystemen genutzt werden. Aber auch Risiken eines mechanischen Impakts, die von den Lasten und der Formgebung des Handhabungsguts oder der Bewegungsführung ausgehen. Vor allem die Fähigkeit, schnell Entscheidungen zu treffen, um Hindernissen aus dem Weg zu gehen, ohne dabei die Produktion lahmzulegen, fehlt einigen Cobots.

Ebenso wichtig ist es zu bewerten, ob Störungen von benachbarter Infrastruktur ausgehen können, zum Beispiel EMV-Beeinträchtigungen, Latenzen oder Massefluktuationen der Netzversorgung durch leistungsstarke Antriebe, stromführende

Werkzeuge und Leitungen, Leistungsspitzen und Spannungsschwankungen im Netz, etc.

- Sind häufige Variantenwechsel und dadurch Umbauten im Arbeitsumfeld des Roboters erforderlich? Wenn ja, welche Anforderungen sind dann an die Roboterkonfiguration, den Flansch und die Schnittstelle zu den Endeffektoren und Anbaumodulen vorzusehen? Ist es von entscheidender Bedeutung, dass sich die Endeffektoren schnell und einfach tauschen lassen, zum Beispiel durch den Werker selbst?
- Welche Störgrenzen und Störumgebungen kennzeichnen den geplanten Einsatzort des Roboters? Vor allem die sich ergebenden Bewegungseinschränkungen sind zu identifizieren und kritisch zu bewerten?

6.3   Bewertung der Werkstückanforderungen

Eingehend gilt es die Beschaffenheit der zu handhabenden oder zu bearbeitenden Werkstücke zu betrachten:

- Handelt es sich um filigrane Montageteile, empfindliche oder zerbrechliche Werkstoffe? Weisen diese möglicherweise sensitive Kontakt- oder Materialoberflächen auf?
- Welche Form und Außenkontur weisen die Werkstücke und Fertigungsvorrichtungen auf und welche zusätzlichen Sicherheitsmaßnahmen können sich aus der Form des Werkstücks, der Form der Anbauwerkzeuge und Fertigungshilfsmittel für die Arbeitsplatzgestaltung und dessen Absicherung im Prozessbetrieb gegen Klemmen und Scheren ergeben?
  Bei der Konzeption eines MRK-Arbeitsplatzes sind jegliche Klemm- und Scherstellen zu vermeiden, um Verletzungsrisiken, beispielsweise durch scharfkantige Bleche auf Hals- oder spitz geformte Werkstücke auf Augenhöhe, stumpfe Anbauteile auf Gesäßhöhe, zu minimieren.
  Es dürfen sich keine scharfen, spitzen, scherenden oder schneidenden Kanten und Konstruktionsteile oder raue Oberflächen im Kollisionsbereich befinden und es darf nur flächenhaft ausgeführte Berührungsbereiche geben. Die EN ISO 13849 geht auf typische Gefahrenstellen wie Einzugs-, Fang-, Quetsch-, Scher-, Schneid-, Stich- und Stoßstellen sowie deren Auslegungsanforderungen im Detail ein.
- Wie groß sind die zu handhabenden Gewichte und welche Beschleunigungen treten z. B. in einer Nothalt-Situation auf? Ist das Greifgut beim Transport und Nothalt gesichert?
- Wie komplex sind die Anforderungen an den bereitzustellenden Endeffektor und dessen Einsatzflexibilität sowie dessen Robustheit im künftigen Serienbetrieb?
  In Betracht zu ziehen ist die Beschaffenheit der Funktionsoberfläche bei der Prozessführung. Liegen die zu bearbeitenden Werkstücke in gereinigter und trockener Form vor? Oder weisen sie feuchte, verstaubte, verschmutzte bzw. ölige Oberflächen auf?

6.4   Bewertung der Arbeitsplatz- und Einrichtungsanforderungen

- Welche Möglichkeiten bestehen, um einen potentiellen MRK-Arbeitsplatz nutzerfreundlich, ergonomisch und wenig angsteinflößend zu gestalten? Wie starr ist der Einsatzort des Roboters in ein vorhandenes Arbeitsumfeld eingebunden?

Menschen, die sich ihr Arbeitsumfeld mit einem Roboter ganz oder nur zeitweise teilen, haben zurecht ein besonderes Sicherheitsbedürfnis. Sie wollen zum Beispiel die zu erwartenden Bewegungsabläufe kennen und im direkten Sichtkontakt wahrnehmen. Sie wünschen sich einen sicheren Rückzugsraum für kurze Pausen sowie einen raschen Fluchtweg und gut erreichbare Möglichkeiten zur Auslösung eines Nothalts.

Auch die wahrnehmbaren Geräusche sind von elementarer Bedeutung. Ebenso ein stets gesicherter Blick auf das Geschehen. Hand auf Herz: Wer sitzt schon gerne in einem Raum mit dem Rücken zur Tür, auch wenn dort keine Gefahr droht? Und wer arbeitet schon gerne Rücken an Rücken oder auf Kopf- bzw. Augenhöhe mit einem Roboter, auf den er sich vielleicht noch nicht verlassen möchte oder kann?

- Wie ist es um den Erfahrungshintergrund mit Robotern, den allgemeinen Qualifikationsgrad, die Zuverlässigkeit und Technikaffinität der Bediener, der Schichtleitung sowie des unmittelbaren Instandsetzungspersonals bestellt? Und wenn es Kompetenzlücken gibt, lassen sich diese überwinden?

Denken Sie an dieser Stelle daran, dass vor allem der Erstkontakt mit dem Roboter und die in der Pilotanwendung vorherrschenden Einsatzbedingungen großen Einfluss auf den Erfolg der MRK-Einführung haben. Haben die Mitarbeiter die hierfür nötige Offenheit?

- Haben die an der MRK-Einführung beteiligten und die davon betroffenen Mitarbeiter Angst vor der Zusammenarbeit mit Robotern? Trauen Sie sich eine nötige Einarbeitung und die spätere erfolgreiche Zusammenarbeit mit einem Kollegen Roboter zu?

Manche Menschen, die mit einem Roboter zusammenarbeiten sollen, empfinden zunächst eine hohe Belastung, die aber abgebaut werden kann. Stress und Angst können bereits durch das Aussehen des Roboters, seine Bewegungsfahrten und das anfänglich sicherlich misstrauisch beäugte Sicherheitsempfinden der Nutzer verursacht werden.

Letztendlich müssen die Werker schnell praktisch erfahren können, dass sie die Arbeitsprozesse beherrschen, die Abläufe bestimmen und sich auf die Funktion der Sicherheitssysteme verlassen können. Vor allem das Ausprobieren begeistert und weckt den Spieltrieb. Lassen Sie doch einmal nur die Werker an einem Gerät spielen. Sie werden erleben, wie sie testen, wann Sicherheitstechnologien anspringen, wie sich ein Roboter verhält, wie einfach er programmiert werden kann. Darin steckt eine große Chance: Anwender gewinnen Vertrauen Berührungsängste werden abgebaut. Bei diesen Kennenlernaktionen erlebt man meistens große Aufgeschlossenheit und regelrechte Neugierde.

- Gibt es externen Unterstützungsbedarf bei der MRK-Einführung und beim späteren Betrieb des Arbeitsplatzes? Hierbei lohnt es sich Aspekte wie beispielsweise die Nähe und das Reaktionsverhalten des Partners bzw. des Systemintegrators sowie dessen Erfahrungshintergrund, Professionalität und ökonomische Stabilität (Resilienz) in die Bewertung einzubeziehen.

- Gibt es einen besonderen Zeit- und Erfolgsdruck der Umsetzung? Gibt es die Möglichkeit der Testinstallation oder einer Machbarkeitsuntersuchung bei Dritten? Viele Anbieter von Roboter- und Greiftechnik bieten heute bereits in Applikationszentren ihren potentiellen Kunden die Möglichkeit, mit eigenen Werkstücken erste Machbarkeitstests durchzuführen und gemeinsam die Einrichtung der MRK-Applikation zu erörtern bzw. hierfür die nötigen Voraussetzungen zu schaffen. Frühzeitig durchgeführte Schlüsselexperimente erhöhen den Erkenntnisgewinn, sind ein wertvoller Test der Zusammenarbeit und schaffen Sicherheit im Fortschritt des Beschaffungs- und Einführungsprojekts.

- Wie steht es um die Absicherungsanforderungen am Einsatzort des Cobots? Wie aufwendig und komplex sind diese in vorhandene Sicherheits- und Systemarchitekturen zu integrieren? Besteht im Umgang mit sicherheitstechnisch relevanten Komponenten und in Fragen der funktionalen Sicherheit bereits wertvolle Erfahrung oder besteht Einarbeitungsbedarf? Sind die hierfür nötigen Kompetenzen vorhanden bzw. durch Partner schließbar? Grundsätzlich gilt es, jede Kollision mit dem Roboter bestmöglich zu vermeiden. Industrieroboter, die ihre Arbeit mit hoher Geschwindigkeit erledigen, müssen auf sichere reduzierte Geschwindigkeit zurückfallen, sobald ein Mensch in ihren Arbeitsraum hineintritt. Diese Erkennung erfolgt mit marktüblicher Sicherheitstechnik, wie Sicherheits-Laserscannern, Sicherheitsvorhängen oder Trittmatten. Diese Technik wird bei vielen Projekten – ob mit oder ohne kollaborierendem Roboter – sowieso benötigt, um Gefahren, die von Vorrichtungen, Greifern und Werkstücken ausgehen, abzufangen. Zusätzlich sind bei allen Konzeptplanungen Überlegungen zur Verbesserung der Manipulation und einem Schutz vor Sabotage geboten.

- Gibt es die Projektarbeit einengende Budgetgrenzen hinsichtlich personeller und finanzieller Ressourcen, die für eine vollständige und erfolgreiche Durchführung des MRK-Einführungsprozesses ein Risiko darstellen? Wenn ja, dann sollten Sie die Finger von einem voreiligen Start lassen und abwarten, nachbessern oder noch einmal für Verständnis und das Einplanen von Budgetreserven werben.

Literaturhinweise und Quellen

Bauer, W., Bender, M., Braun, M., Rally, P., Scholtz, O., *Leichtbauroboter in der manuellen Montage – Einfach anfangen.* Studie, Fraunhofer IAO (2016)

BG/IFA-Empfehlungen für die Gefährdungsbeurteilung nach Maschinenrichtlinie – Gestaltung von Arbeitsplätzen mit kollaborierenden Robotern. U 001/2009 (2009)

Blankemeyer, S., Recker, T., Raatz, A., *Hardwareseitige MRK-Systemgestaltung* in R. Müller, J. Franke, D. Henrich, B. Kuhlenkötter, A. Raatz, A. Verl (Hrsg.), Handbuch Mensch-Roboter-Kollaboration, Carl Hanser, S. 37–70 (2019)

Butz, A., Krüger, A., *Mensch-Maschine-Interaktion*, De Gruyter Oldenbourg (2014)

Dietz, T., *Mensch-Roboter-Kollaboration: Nutzen, Technik, Anwendungsbeispiele und Entwicklungsrichtung*, Universität Erlangen (April 2012).

Dietz, T., Verl, A., *Wirtschaftlichkeitsbetrachtung* in R. Müller, J. Franke, D. Henrich, B. Kuhlenkötter, A. Raatz, A. Verl (Hrsg.), Handbuch Mensch-Roboter-Kollaboration, Carl Hanser, S. 334–347 (2019)

Ermer, A.-K., Seckelmann, T., Barthelmey, A., Lemmerz, K., Glogowski, P., Kuhlenkötter, B., Deuse, J., *A quick-check to evaluate assembly systems' HRI potential*, 4. Kongress Montage Handhabung Industrieroboter, Berlin (2018)

Hypki, A., *Kollaborative Montagesysteme. Verrichtungsbasierte, digitale Planung und Integration in variable Produktionsszenarien*, Vortrag beim 3. Workshop Mensch-Roboter-Zusammenarbeit Dortmund, Bundesanstalt für Arbeitsschutz und Arbeitsmedizin (2017)

Hypky, A. *Wo kann Teamwork mit Roboter und Mensch funktionieren? Potentiale erkennen und umsetzen*, Vortrag beim 3. Forum Mensch-Roboter, Stuttgart, 17./18.10.2018

Roboterauswahl

7

Sobald die in Kap. 6 beschriebene Aufgaben-, Arbeitsplatz- und Prozessbewertung im Hinblick auf die Eignung zur Automation und Einrichtung eines MRK-Arbeitsplatzes einen gewissen Reifegrad erreicht hat, ist es Zeit, sich mit der Roboterauswahl auseinanderzusetzen.

Der Cobot Markt boomt. Umso herausfordernder ist es, sich hier zu orientieren und vor allem die vielen Neuentwicklungen in seine Überlegungen einzubeziehen. Mehrere Roboterhersteller bieten heute Produkte mit erstaunlichen Fähigkeiten an. Die Treiber dieser Entwicklungen tragen Produktbezeichnungen wie LBR iiwa (Kuka), Yumi (ABB), CR-Xi (Fanuc), UR 3, 5, 10, 15 und 20 (Universal Robots), Franka, Horst (Fruitcore) oder Sawyer (Rethink Robotics).

MRK-Pioniere wie Universal Robots, Kuka, Yaskawa, Fanuc und ABB stellen aktuell bereits ihre zweite Cobot-Generation oder Erweiterungen ihres Cobot-Angebots vor. Kuka hat seinem Leichtbauroboter „LBR iiwa" den kleineren Bruder „LBR iisy" an die Seite gestellt. Universal Robots hat die „e-Series" als überarbeitete und weiterentwickelte zweite Generation seiner UR-Leichtbauroboter präsentiert.

Das Grundkonzept der kollaborativen Roboter für industrielle Anwendungen ist stark an die traditionelle 6-Achs Knickarmrobotik angelegt. Deutlich verringert sind die Traglasten und Gewichte der Systeme.

Cobots, die in einem gemeinsamen Arbeitsbereich mit einem Werker interagieren, müssen weitaus mehr Anforderungen an die Sicherheit und Sicherheitstechnik erfüllen als Roboter, bei denen während der Produktion keine unmittelbare Interaktion von Roboter und Werker stattfindet. Insofern ist es nicht verwunderlich, dass die Cobot Produkte der verschiedenen Anbieter sehr ähnlich aussehen, auch wenn sie sich im Detail dann doch nicht nur beim Systempreis unterscheiden (vgl. Abb. 7.1).

Grundsätzlich müssen bei der Roboterauswahl – bei allen Verlockungen, die günstigen und verlockend klingenden Angebote zu nutzen – zunächst das Werkstück, die

M. Glück, *Mensch-Roboter-Kooperation erfolgreich einführen*, https://doi.org/10.1007/978-3-658-37612-3_7

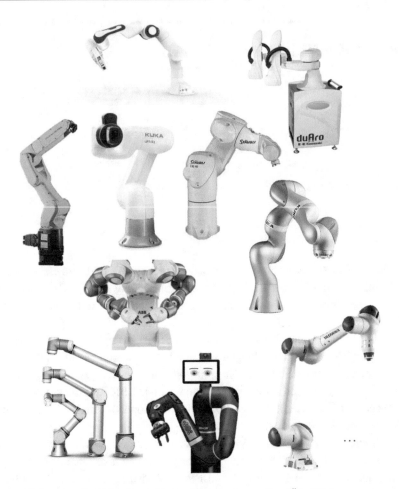

Abb. 7.1 Einige aktuelle Cobot-Produkte in einem repräsentativen Überblick

Anforderungen an die Bewegungsabläufe, deren Genauigkeit und Reproduzierbarkeit sowie den dauerhaft zuverlässigen Betrieb unter den realen Einsatzrahmenbedingungen im Vordergrund stehen.

Hierbei bleibt einem oft nur die Möglichkeit, sich zunächst anhand der Datenblätter und häufig blumig ausgestalteter Produktbeschreibungen zu orientieren. Doch was sind die wichtigsten Gütekriterien für den Robotereinsatz in der Praxis?

Die charakteristischen Eigenschaften und der Wert eines Robotersystems werden durch eine Vielzahl an Kenndaten und Leistungsmerkmalen beschrieben. Diese sind vor allem für Industrieroboter ausführlich niedergelegt, zum Beispiel in der Deutschen Norm DIN EN 29946 (ISO 9946) „Industrieroboter: Darstellung charakteristischer Eigenschaften". Die dort aufgelisteten Leistungskriterien werden in der deutschen Fassung der DIN EN 9283 „Leistungskriterien und zugehörige Testmethoden" erläutert.

Diese auch für Cobots geltenden Kenngrößen lassen sich in fünf Gruppen einteilen:

- geometrische Kenngrößen wie die benötigte Aufstellfläche, den abzudeckenden Arbeitsraum, Nachlaufwege und einzuhaltende Mindestabstände und mechanische Systemgrenzen wie die äußeren Maße und Masse der Geräte, Anschlussmöglichkeiten und Vorkehrungen zur Versorgung der Endeffektoren, interne oder externe Kabelführung
- Belastungskenngrößen wie die Nenn- und Nutzlast, das maximal nutzbare Nennmoment und das zulässige Massenträgheitsmoment
- kinematische Kenngrößen wie die Bahngeschwindigkeit und Orientierungskontrolle des Endeffektors, die maximal erzielbare Beschleunigung, Verfahr-, Zyklus- und Ausschwingzeiten
- Genauigkeitskenngrößen wie die relative und absolute Wiederholgenauigkeit der Pose und der Bahnführung
- allgemeine systemtechnische Kenngrößen wie die Möglichkeit der Integration und Kooperation mit übergeordneten Steuerungen, die Anzahl und gleichzeitige Nutzbarkeit digitaler und analoger Ein- und Ausgänge, die Kontrollierbarkeit weiterer Steuerungsparameter, Möglichkeiten der On- und Off-line Programmierung, Diagnose- und Sicherheitsfunktionen, Fernwartungsoptionen, etc.

Von zentraler Bedeutung ist die Genauigkeit der „Pose". Mit dem Begriff der Pose wird die Kombination von Position und Orientierung eines Endeffektors im dreidimensionalen Raum bezeichnet (DIN EN ISO 8373).

Unter dem eher umgangssprachlich verwendeten Begriff „Genauigkeit" wird bei der Bewertung der Arbeitspräzision von Industrierobotern im Wesentlichen die Wiederholgenauigkeit beim Positionieren und Orientieren sowie die Bahntreue beim Nachfahren einer Bahn verstanden. Bestimmt wird die Abweichung des Mittelwerts der programmierten Ist-Position zur programmierten Soll-Position als absolute Wiederholgenauigkeit sowie die relative Pose-Wiederholgenauigkeit in einer Richtung und die Streuung der Pose in mehreren Richtungen. Hierbei werden heute Werte um $\pm 0,1$ mm erreicht.

Die Wiederholgenauigkeit liefert eine Aussage darüber, wie stark die Lage der Ist-Positionen streut, wenn derselbe Soll-Punkt als Referenz mehrfach aus derselben Richtung angefahren wird. Sie ist im Vergleich zur absoluten Wiederholgenauigkeit meistens geringer und wird daher gerne in den Datenblättern der Roboterhersteller ausgewiesen.

Zu berücksichtigen ist die Pose-Stabilisierungszeit, die sich aus dem Überschwingen und der Drift der Pose-Kenngrößen ergibt. Letztere sind bei Leichtbaurobotern höher als bei Industrierobotern und unbedingt bei den zu erfüllenden Leistungsmerkmalen zu betrachten. Man unterscheidet daher generell in statische und dynamische Genauigkeiten.

Typische Störeinflüsse, die sich vor allem auf die Absolutgenauigkeit auswirken, sind die Anzahl der Achsen und deren Prüfposition, die Gelenkspiele in den Lagern, Führungen und Übertragungsgetrieben, elastische Verformungen des Roboterarms unter statischer und dynamischer Belastung, Wärmeausdehnungseffekte in den maßgeblichen Strukturelementen (zum Beispiel der Schwinge) sowie Unterschiede in der Reibung bei verschiedenen Bahngeschwindigkeiten. Damit stellen die Absolut- und ebenso die Relativgenauigkeit ein wichtiges Maß für die Robustheit einer Armkonstruktion dar.

Bei der Bewertung von Bahnsteuerungen interessiert darüber hinaus, mit welcher Konturtreue eine geplante Bahn abgefahren wird. Die Konturtreue hängt stark von der Geschwindigkeit ab, mit der die Bewegungen und vor allem Richtungswechsel erfolgen. Als charakteristisches Gütemaß wird das Überschwingen als der größte Abstand der realen Messbahn von der zweiten Geraden nach einer 90° Ecke bewertet. Als weiteres Gütemaß wird häufig noch die Stabilisierungsbahnlänge ermittelt. Sie ergibt sich als Wegstrecke, die gebraucht wird, bis die Bahnabweichung nach einer Eckenfahrt wieder innerhalb festgelegter Toleranzgrenzen liegt.

Durch die Verschmelzung der Arbeitsbereiche von Menschen und Maschinen steigt das Gefahrenpotential innerhalb der gemeinsam genutzten Arbeitsräume bei Cobots bedeutsam an. Insofern kommt den Sicherheitsvorkehrungen zur Kollisionsvermeidung, dem Reaktionsvermögen der Sicherungseinheiten und der allgemeinen Wirksamkeit der Kraft- und Impulsbegrenzung bei Kollisionen eine zentrale Rolle zu.

Das größte Risiko bei einer Zusammenarbeit von Mensch und Roboter ist die Verletzung des Menschen durch den Roboter. Hierbei reicht das weite Spektrum von der einfachen Kollision und leichten Verletzung an Scher-, Einzugs-, Schnitt-, Klemm- und Reibstellen bis zur lebensbedrohlichen Verletzung oder gar Tötung des Werkers.

Zunächst versucht man Kontakte zwischen Roboter und Mensch zu vermeiden. Dies betrifft vor allem die Zustell- und Rückfahrbewegungen des Roboters. Kommt es doch zum Kontakt, so ist man in der MRK bestrebt, diesen Kontakt so zu gestalten, dass es nur ein vorübergehendes Berühren ist und jegliches Klemmen vermieden wird.

Dennoch muss die Ergonomie des Roboters auf den direkten Kontakt ausgelegt sein. Der Roboter und seine mechanischen Komponenten dürfen keine scharfen Kanten aufweisen. Die Radien der Kollisionsflächen und die Gehäuseformen sind so abzurunden, dass keine Störkonturen mit Radien kleiner 5 mm im Kontaktbereich auftreten. Generell zeichnen sich die Roboter durch große Kontaktoberflächen und geringe Stoßkräfte aus.

Über die Begrenzung der Bahngeschwindigkeiten des Roboters wird darüber hinaus eine Begrenzung der Impulskräfte angestrebt, die wiederum angepasst sind an die Körperregionen, die berührt werden können. Diese Begrenzung wird bestimmt durch die Masse und Formgebung des Roboters und der Anbauwerkzeuge sowie die zu tragenden Lasten.

Um mit Menschen kollaborieren zu dürfen, müssen Cobots über einige grundlegenden Funktionen verfügen, die in der Folge kurz diskutiert werden. Eine Herausforderung ist es, die Sensorik in das Produkt zu integrieren, sodass der Roboter sicher kontrolliert und bei Kollisionen wirkungsvoll abgebremst werden kann. Hierbei unterscheiden sich die von den Roboteranbietern jeweils verfolgten Sicherheitskonzepte stark.

Durch eine schnelle und zuverlässige Kollisionserkennung muss auch ein Nachdrücken des Roboters im Kollisionsfall verhindert werden. Alle Steuerungselemente und die Antriebsregelungen sind in sicherer Technik Performance-Level d (PL d) mit Strukturkategorie 3 (Kat. 3) redundant auszuführen. Eine gegenseitige Abfrage und Kontrolle aller sicherheitsrelevanten Elemente ist unabdingbar.

Ein Cobot muss ruhig fahren, in seinen Bewegungen feinfühlig zu koordinieren sein. Er sollte für ein intelligentes Teamwork mit dem Menschen kraftgeregelt ausgeführt sein und sicher interagieren. Hierzu muss das Robotergehäuse entweder komplett aus Aluminium oder Leichtbau-Materialien gebaut werden, wodurch die bewegte und zu beschleunigende Masse des Arms reduziert wird. Damit wird der Kollisionsimpuls begrenzt.

Für Fertigungsassistenten sind feinfühlige Gelenkmomentensensoren unerlässlich, um einerseits mit dem Roboter kraftsensitive Montageabläufe bestmöglich übernehmen oder unterstützen zu können, aber auch um Kollisionsereignisse rechtzeitig zu erkennen, damit nur ein sanfter Druck auf den Bediener ausgeübt wird, ohne ihn nachhaltig zu verletzen.

Der Roboter sollte eine möglichst platzsparende Bauform aufweisen und flexibel agieren können, um auch Störkonturen im Arbeitsbereich umfahren zu können. Um den menschlichen Arm und dessen Bewegungsabläufe optimal zu adaptieren und auch um Stellen erreichen zu können, die der Werker nicht oder nur sehr schwer erreichen kann, sollte der Roboter eventuell über mehr als 6 Gelenkachsen verfügen, also kinematisch überbestimmt sein.

Da nicht jeder Werker über Programmierkenntnisse verfügt, ist es im Hinblick auf die vielfältigen Einsatzmöglichkeiten in einer Fertigungslinie sinnvoll, dass der Roboter schnell und einfach programmiert sowie intuitiv bedient werden kann; auch ohne besondere Programmierkenntnisse des Bedieners.

Eine attraktive und nutzerfreundliche Lösungsmöglichkeit ist das handgeführte „Teaching by Demonstration". Hierzu wird der Cobot-Arm beim Training einfach an die gewünschte Position bewegt, die Daten werden gespeichert und dem Arbeitsablauf hinzugefügt. Dies kann auch mit grafischen Touchscreen-Oberflächen kombiniert werden, um anspruchsvollere Operationen oder Standardfunktionen über Apps zu implementieren.

Wichtig bei der Roboterauswahl sind auch der Erfahrungshintergrund und der bisherige Tätigkeitsschwerpunkt des Roboteranbieters. Große Anbieter bedienen kleinvolumige Anfragen mittelständischer Anbieter vor allem in Zeiten stürmischen Wachstums bisweilen nicht immer optimal. Umgekehrt kann die mangelnde inhaltliche und ökonomische Substanz eines Startups oder jungen Anbieters schnell ein erhebliches Risiko darstellen.

Vorteilhaft sind neben langen Jahren der Erfahrung die räumliche Nähe zur Entwicklung, Produktion, den Trainings-, Vertriebs- und Servicestützpunkten der

Hersteller. Hierdurch entsteht in der Regel ein intensiverer Austausch als bei einer reinen Beschaffung über Internetportale oder reine Vertriebsstützpunkte internationaler Anbieter. Interessant ist es in diesem Zusammenhang auch, das Applikationsengineering der Anbieter und die Möglichkeit von Pilottests oder der Ausleihe von Testgeräten zu berücksichtigen.

Wohlwissend, dass sich das derzeitige Angebot an MRK-fähigen Cobots mit hoher Veränderungsdynamik weiterentwickelt und tagesaktuell nur schwer darstellbar ist, soll nachfolgend ein Überblick über die im Moment bedeutsamen Cobot-Produkte gegeben werden, welcher die Roboterauswahl und die zu bewertenden Auswahlkriterien zumindest eingrenzen und vielleicht sogar erleichtern soll.

Der Roboterhersteller Kuka bietet mit dem Roboter LBR iiwa (iiwa steht für intelligent industrial work assistant) – einem Nachfolger des mit dem Deutschen Zentrum für Luft- und Raumfahrt (DLR e. V.) gemeinsam gebauten LBR IV – einen dank gelenkintegrierter Kraft- und Drehmomentsensorik zur Kollisionserkennung und schnellen Regelung ideal für die Mensch-Roboter-Kooperation vorbereiteten Fertigungs-assistenten am Markt an.

Mit diesem MRK-Flaggschiff können feinfühlige und komplexe Montageaufgaben automatisiert werden, bei denen der Einsatz von Robotern bisher nicht möglich war. Je nach Modell kann der LBR iiwa bis zu 14 kg heben – ein sehr hoher Wert bei nur 24 bis 30 kg Eigengewicht. Mit sieben Bewegungsachsen ist der Leichtbauroboter kinematisch überbestimmt und flexibel genug, um beispielsweise um Hindernisse herumzugreifen und seine Aufgaben auf mehr als eine Weise erledigen zu können.

Er besitzt in seinen Gelenken Kraft-Momenten-Sensoren, die die Kräfte sehr präzise messen können und so dem Roboterarm einen Tastsinn verleihen, mit dem er Objekt-konturen nachfahren oder beispielsweise Werkstücke durch leichtes Zurechtrütteln pass-genau einfügen kann, wie dies auch seine menschlichen Vorbilder häufig tun. Egal, ob es darum geht, eine Schraube gefühlvoll einzudrehen, einen Stecker irgendwo einzustecken, einen Bolzen einzufügen oder ein Objekt in einer Schachtel lagerichtig zu platzieren.

Seine Nachgiebigkeitsregler lassen sich unterschiedlich einstellen, von hart bis ganz weich. Im letzteren Fall gibt der Roboterarm schon bei der leichtesten Berührung nach, als ob er sanft gefedert wäre. Aufgaben werden so nicht mehr durch Positionsgenauigkeit gelöst, sondern über die Nachgiebigkeit. Da diese aus dem Roboter und nicht aus dem Werkzeug kommt, kann sich der Nutzer aufwendige Technologien bei den Werkzeugen und komplizierte Ergänzungen der Peripherie bei der Werkstückzuführung und Verein-zelung häufig sparen.

Kuka hat seinem Leichtbauroboter „LBR iiwa" den kleineren Bruder „LBR iisy" an die Seite gestellt, der über sechs ebenfalls in sicherer Technik ausgeführte, kraft- und momentensensitive Gelenkachsen verfügt (vgl. Abb. 7.2). Der „LBR iisy" besticht – ein-gebettet in ein neues intelligentes Steuerungsumfeld – durch ein neues, sehr intuitives, nutzerfreundlich gestaltetes Bedienkonzept und ist vor allem für einfachere Handhabungs- und Montageaufgaben bis 3 kg Traglast konzipiert. Zudem lässt er sich in kürzester Zeit in Betrieb nehmen und für eine neue Aufgabe programmieren. Sicherheitsbezogene

Kraft- oder Momenten-Sensoren im Robotersystem sorgen dafür, die Kraft des Roboters zu begrenzen und ihn im Fehlerfall schnell abzuschalten.

Am Flansch kann die Armkinematik mit einem Knopfdruck entriegelt werden. Der Endeffektor lässt sich einfach bewegen. Er lernt alles, was man ihm beibringt. Umgehend ist der Roboter in der Lage, die ihm vom Menschen antrainierte Arbeit akkurat ein ums andere Mal zu wiederholen.

Besonders flexible und kostengünstig erhältliche Leichtbauroboter bietet das Unternehmen Universal Robots mit Hauptsitz in Odense (Dänemark) am Markt an. Im Fokus des 2005 gegründeten Roboteranbieters stehen Unternehmen kleinerer und mittlerer Größe als Abnehmer, für die Cobots mit möglichst intuitiver Bedienerführung in drei Leistungsklassen angeboten werden.

Die Systeme UR 3, UR 5, UR 10 und UR 16 sind auf Tragkräfte von 3 kg, 5 kg, 10 kg bzw. 16 kg begrenzt. Sie bestehen aus drei wesentlichen Funktionsbaugruppen: einem Controller, den Gelenken und den Verbindungsstücken.

Jedes Gelenk wird von einem 48 V Gleichstromservomotor angetrieben. Die Motorströme werden fortlaufend überwacht. Hieraus kann der Roboter die auf ihn einwirkenden Kräfte bestimmen. Diese vergleicht er in Echtzeit mit den aus der Modellierung der Armkinematik zu erwartenden Werten statischen und dynamischen Kräften. Stimmen diese beiden Werte durch den erhöhten mechanischen Widerstand im

Abb. 7.2 Mensch-Roboter-Kollaboration mit dem LBR iisy (Quelle Kuka Roboter)

Kollisionsfall nicht überein, stoppt er sofort. Hierzu genügt bereits eine Krafteinwirkung von lediglich 50 bis 100 N.

Bislang hat Universal Robots, das seit Juni 2015 zum amerikanischen Unternehmen Teradyne gehört, nach eigenen Angaben über 50.000 dieser Roboterarme in über 50 Ländern verkauft. Rund 80 % der Leichtbauarme arbeiten ohne Schutzzaun in nächster Nähe zum Werker.

Nach anfänglicher Kritik an der MRK-Tauglichkeit der Sicherheitsvorkehrungen hat Universal Robots seine Cobots überarbeitet und eine zweite Generation der in hohem Maße standardisierten Cobot Produkteals „e-Series" präsentiert.

Neu ist ein am Werkzeugflansch integrierter Kraft-Momenten-Sensor, der dem Roboterarm eine höhere Präzision und Feinfühligkeit verleiht. Damit sind die Modelle UR 3e, UR 5e, UR 10e oder UR 16e wesentlich einfacher an unterschiedliche Aufgaben und MRK-Anwendungen anpassbar. Zertifiziert vom TÜV Nord, entsprechen sie den geforderten Sicherheitsfunktionen der Maschinensicherheitsnormen EN ISO 13849-1 und EN ISO 10218-1 (Kat. 3 PL d).

Als zentrale Alleinstellungsmerkmale der UR-Systeme werden häufig ihre schnelle Inbetriebnahme und die Einfachheit ihrer Bedienung genannt. Aufgrund des geringen Beschaffungspreises eröffnen die Roboter eine sehr attraktive Amortisationszeit.

Neue Wege beschreitet Universal Robots auch im Vertrieb. Lange Zeit erfolgte nur eine Gerätebereitstellung über zertifizierte Systemintegratoren. Das hat sich mit Macht geändert. Universal Robots steht für eine der ersten Nutzerplattformen, die wegweisend für die weiteren Roboteranbieter und einen frühen Einstieg in die Plattformökonomie von Cobots steht.

Auf der UR+ Plattform sind vorgetestete Soft- und Hardware-Kits für die gefragtesten Cobot-Anwendungen verfügbar. Die auf der Plattform von Partnern angebotenen Produkte sind für die nahtlose Integration mit UR-Cobots als Plug & Produce Produkte zertifiziert. Anwender müssen Cobot-Peripheriegeräte nicht mehr stückweise auswählen und anpassen, sie erhalten stattdessen ein Set mit den wichtigsten Komponenten für ihre gewünschte Anwendung. Ein wegweisender Paradigmenwechsel hin zu mehr Anwendungsbezug in der Cobot-Sparte.

Das Ergebnis sind eine schnellere Bereitstellung und Amortisierung. Das erweiterte UR+ Öko System umfasst zwei Kategorien: Komponenten und Anwendungs-Kits. Die Kits werden von UR+ Partnern entwickelt, die über fundierte Fachkenntnisse verfügen. So wird bei der Implementierung gängiger Anwendungen technischer Mehraufwand vermieden. Die neue Applikationen-Kategorie umfasst 20 Kits und soll stetig erweitert werden.

Eine weitere Produktionslösung für die Mensch-Roboter-Kollaboration ist das Assistenzsystem Apas der Robert Bosch GmbH. Der Roboter verfügt über eine Haut aus kapazitiven Sensoren. Er kann Menschen in seinem Umfeld berührungslos detektieren und vor einer möglichen Kollision stoppen. Darüber hinaus verfügt das Gerät über eine Funktion zum automatischen Wiederanlauf, damit er Arbeitsprozesse bei freiem

Bewegungsraum selbstständig wieder fortführen kann. Zudem besitzt das Assistenzsystem einen drucksensitiven Dreifingergreifer sowie eine Kamera zur Überwachung.

Der japanische Omron-Konzern arbeitet in der kollaborativen Robotik mit dem taiwanesischen Leichtbauroboterhersteller Techman Robot zusammen. Im Zuge dieser Kooperation vermarktet Omron die Cobots der TM-Serie von Techman unter einem Co-Branding-Logo über sein weltweites Vertriebsnetz.

Die Roboter bieten ein integriertes intelligentes Bildverarbeitungssystem zur Mustererkennung, Objektpositionierung und Barcode-Identifikation. Erhältlich sind sie in zwei Serien: als TM 5 mit bis zu 6 kg Nutzlast und als TM 12/TM 14 mit bis zu 14 kg Nutzlast. Alle TM-Roboter haben sechs Freiheitsgrade und eine Reichweite von 700 mm bis 1300 mm.

Ein ähnliches, kamerabasiertes Produktkonzept verfolgt der Roboter COBOTTA von Denso. Mit seiner auf 4 kg begrenzten Traglast ist das System vor allem auf Anwendungen in der Elektronikproduktion und in der Kleinteilemontage ausgerichtet.

Mit den Motoman Robotern HC10 und HC 20 (vgl. Abb. 7.3) hat Yaskawa sein Portfolio an Robotern um zwei MRK-fähige Cobots erweitert, die für Traglasten bis 10 kg bzw. 20 kg ausgelegt sind und einen maximalen Arbeitsbereich von 1700 mm abdecken. Helfen kann er zum Beispiel beim Palettieren größerer Kartons, Kisten oder anderer stapelbarer Güter.

Auch in rauen Umgebungen, wie etwa der Werkzeugmaschinenbeladung, wo der Roboter häufig mit Kühlemulsionen in Kontakt kommt, eignet sich der Cobot durch seine staub- und wasserdichte IP67-Schutzklasse. Die hohe Traglast ermöglicht

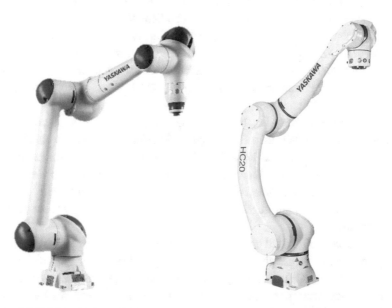

Abb. 7.3 MRK-fähige Roboter HC 10 und HC 20 von Yaskawa (Quelle Yaskawa)

außerdem das gleichzeitige Handhaben mehrerer schwerer Werkstücke mit einem Doppelgreifer.

Früh startete auch Fanuc sein Angebot der klassischen Industrierobotik um MRK-fähige Cobots zu ergänzen. So schafft der industrietaugliche kollaborative Roboter CR-35iA von Fanuc eine Traglast von 35 kg und zählt damit zu den Kraftprotzen der MRK-Welt. Unter seiner grünen Außenhaut (eine Art Schaumstoff, keine sensorische Haut) steckt ein Standardroboter M-20JA, dessen Verfahrgeschwindigkeit gegenüber dem Standardroboter limitiert ist. Er ist deutlich größer als der LBR iiwa. Auch der Roboter-Arm von Fanuc stoppt sofort bei einer Kollision und ist an den Seiten noch sanft gepolstert.

Nachgelegt hat Fanuc mit der CRXi-Baureihe. Deren Traglastbereich erstreckt sich über fünf Baugrößen von 4 bis 15 kg. Die neuen Cobots sind sehr gut vor häufig in Industrieumgebungen auftretendem Staub und Lecköl geschützt. Sie entsprechen den Sicherheitsstandards nach EN ISO 10218–1. Wegen ihres geringen Gewichts können sie auch auf einfache Weise bei zahlreichen Anwendungen wie fahrerlosen Transportfahrzeugen (AGV) installiert werden.

ABB begann mit dem Roboter YuMi, einem zweiarmigen MRK-fähigen Roboter im unteren Traglastbereich bis zu maximal 500 g, Anwendungen in der Elektronikindustrie und der Kleinteilemontage zu erschließen (vgl. Abb. 7.4). Das Kunstwort YuMi steht für „you and me" und soll die gemeinsame Zukunft von Menschen und Robotern in der Fertigung verdeutlichen.

YuMi besteht aus einem festen und zugleich leichten Magnesiumkorpus mit einem Kunststoffgehäuse und einer weichen Trägerpolsterung, um Stöße zu absorbieren. Das Roboterdesign weist keine Quetschpunkte auf, sodass beim Schließen und Öffnen der Achsen keine berührungsempfindlichen Stellen zu Schaden kommen können.

YuMi ist immer im kollaborativen Modus und ermöglicht ein Arbeiten in unmittelbarer Nähe zum menschlichen Mitarbeiter. Registriert der Roboter über die Messung der Motorströme einen unerwarteten Kontakt, kann er umgehend seine Bewegung unterbrechen. Die Wiederaufnahme der Bewegung ist so leicht wie das Drücken der Play-Taste auf einer Fernbedienung.

Das Besondere an YuMi ist, dass er nicht nur über einen, sondern gleich zwei Roboter-Arme mit jeweils sieben Freiheitsgraden verfügt, die sich mit bis zu 1,5 m pro Sekunde sehr schnell bewegen können. Mit seinen flexiblen Greifhänden kann YuMi selbstständig Bauteile zusammenstecken, verschrauben oder sie für den Menschen bereitstellen und sortieren. Kameras, die den Arbeitsplatz beobachten, an dem der Mensch den Roboter-Armen gegenübersitzt, helfen YuMi, die Objekte zu lokalisieren, die er greifen soll.

YuMi wiegt 38 kg und wird auf einem Tisch montiert. Dies macht ihn zu einem sehr wendigen, ortsflexibel einsetzbaren und zugleich präzisen Helfer an Arbeitsplätzen in der Elektronik- oder Kleinteilmontage, der sich über eine Programmiersprache oder das Führen seiner Arme programmieren bzw. anleiten lässt. Letzteres binnen weniger Minuten.

Abb. 7.4 MRK-fähiger Doppelarm-Roboter YuMi. (Quelle ABB)

Erst kürzlich hat ABB sein Portfolio an kollaborativen Robotern um die Produkte GoFa und SWIFTI erweitert, die bei Schnelligkeit und Traglast in ihrem Bereich neue Maßstäbe setzen. Mit der Erweiterung des Cobot Portfolios will ABB nicht nur bestehende, sondern auch neue Anwender von Robotik dabei unterstützen, Automatisierung zu beschleunigen. Im Fokus stehen dabei vier große Megatrends, die Geschäftsabläufe verändern und die Automatisierung auch in neuen Wirtschaftssektoren vorantreiben: die Individualisierung von Kundenbedürfnissen, der Fachkräftemangel, die Digitalisierung und die zunehmende Unsicherheit durch unvorhersehbare Ereignisse, wie die Corona-Pandemie.

Dass man bei Stäubli auch die direkte Interaktion von Menschen und Roboter beherrscht, beweist der Hersteller mit dem kollaborativen Robotersystem TX2touch. Der Cobot basiert auf dem TX2-Sechsachser, wird aber so modifiziert, dass er den geltenden Sicherheitsbestimmungen für die höchste MRK-Stufe gerecht wird. Augenscheinlichste Änderung ist seine drucksensitive Airskin-Hülle, die den Roboter im Falle einer Berührung sofort stoppt. Die berührungsempfindliche Haut entspricht der höchsten Sicherheitskategorie 3, PL e. Die konstruktive Auslegung mit Luftpolstern unter der Haut sorgt dafür, dass der Roboter nicht überhitzt und mit hoher Geschwindigkeit ohne

Abb. 7.5 Intuitive Roboterbedienung: Demonstrieren statt Programmieren. (Quelle Wandelbots)

Einschränkungen der Lebensdauer betrieben werden kann. Die Reaktionszeit der Skin liegt bei 10 ms.

Furore machte das Münchener Robotik Startup Franka Emika in den letzten Jahren. Dabei standen vor allem Neuerungen im Software- und Bedienumfeld der Cobots sowie die Einbindung von Methodenansätzen der Künstlichen Intelligenz (KI) auf der Agenda der Entwickler. Ebenfalls neu ist der Ansatz, über Apps auf einem iPad einen Roboter offline und dennoch intuitiv zu programmieren und vor allem auf ein Nutzertraining zu setzen. Nach anfänglichen Erfolgen blieb das Unternehmen bisher aber den Nachweis eines technologischen Durchbruchs auf dem Gebiet der Mensch-Roboter-Kollaboration schuldig.

Viel beachtet, aber ebenfalls noch nicht in der vollen Anwendungsbreite am Markt angekommen, sind die Applikationen mit dem Roboter Sawyer von Rethink Robotics. Auf ein Produktkonzept, das auf eine intensive Bewegungskoordination der Cobots über Kameras baut, setzt das Startup Yuanda in Hannover.

Fruitcore Robotics in Konstanz dagegen erweitert mit Horst 600 und Horst 1400 die eigene Produktfamilie um zwei Cobots. Diese bauen auf der Horst-Technologie des Herstellers auf und werden als Komplettpaket geliefert. Mit der Software Horst FX und der Bedieneinheit Horst Panel sind sie intuitiv programmierbar. Die Anbindung an andere Maschinen erfolgt über die Sicherheitssteuerung Horst Control. Horst 600 eignet sich auch für Anwendungen auf geringem Raum und lässt sich auch an der Wand oder

Decke montieren. Horst 1400 ist für Aufgaben in der Logistik sowie der Metall oder Kunststoff verarbeitenden Industrie konzipiert, die große Traglasten und Reichweiten erfordern sowie kurze Taktzeiten fordern.

Für die meisten Anwender es wichtig, dass ein Cobot schnell in Betrieb genommen werden kann und auch Mitarbeiter mit ihm arbeiten können, die über keine tiefergehenden Robotikkenntnisse verfügen. Das Unternehmen Wandelbots aus Dresden, das sich 2017 aus der TU Dresden ausgründete, geht hierbei neue Wege, um das Programmieren von Robotern zu vereinfachen.

Mit einem Trace Pen und einer App ist es möglich, gängigen Cobots ihre Aufgaben ohne Programmierkenntnisse mit einem Zeigeinstrument zuzuweisen, um diesen einen neuen oder veränderten Prozessschritt ausführen zu lassen (vgl. Abb. 7.5). Mit dem Stift können angeblich selbst Laien Roboter für eine Tätigkeit anlernen. Dazu führt der Bediener mit dem drahtlosen Pen den zu erlernenden Weg dem Roboter direkt am Werkstück vor.

Diese Bewegung wird durch die Software nahezu zeitgleich in der zugehörigen App visualisiert. Der Nutzer kann den Pfad dann am iPad intuitiv und im Submillimeterbereich weiter verfeinern. Die Software funktioniert herstellerunabhängig. Das Ganze soll sich sehr schnell lohnen, denn nach Herstellerangaben entfielen bisher fast 75 % der Kosten im Roboterbetrieb auf die Anpassung oder Neuprogrammierung ihrer Betriebssoftware.

Vermehrt ergreifen auch Robotikanwender in die Entwicklung von Robotern und Roboterapplikationen selbst ein oder integrieren Startups unter ihrem Firmendach.

Tesla-Chef Elon Musk gilt als Pionier der Elektromobilität und der kommerziellen Raumfahrt. Mit der Ankündigung, einen humanoiden Roboter zu bauen, hat er einmal mehr für Aufsehen gesorgt. Vorreiter ist er dabei nicht. Der Automobilhersteller Hyundai Motor Group hat im Juni 2021 die Übernahme des Roboteranbieters Boston Dynamics abgeschlossen. Die Südkoreaner haben damit schon konkrete Produkte in ihr Portfolio übernommen und wollen sich damit im Markt für Roboter- und Logistiklösungen etablieren.

Die BMW Group hat 2020 ebenfalls ein eigenes Tochterunternehmen gegründet, das autonome Logistikfahrzeuge für Fabriken entwickelt und vertreibt, die Idealworks GmbH. Einige Zulieferer der Automobilhersteller wie Bosch und SEW-Eurodrive sind ebenso längst in der Robotik aktiv. Und auch der Google Mutterkonzern Alphabet greift aktiv ins Geschehen ein. Im Juli 2021 wurde die neue Robotiktochter Intrinsic vorgestellt.

Generell gilt für alle Cobots, dass den vielen blumigen Versprechen der Roboteranbieter hinsichtlich ihrer schnellen Integrierbarkeit, ihrer schnellen Inbetriebnahme, ihrer intuitiven Bedienung und ihrer normenkonformen Auslieferung als für die Mensch-Roboter-Kollaboration unmittelbar geeigneter Roboter oder Lösungspakete durchaus ein gewissen Misstrauen entgegengebracht werden muss. Nichts hilft mehr, als ein Pilottest beim Anbieter oder im eigenen Haus, am besten gleich mit den eigenen Werkstücken und Anwenderszenarien.

Abschließend und der Vollständigkeit halber sei auch darauf hingewiesen, dass große Roboter und schwere Teile nicht unbedingt ein unüberwindbares Hindernis für MRK-Anwendungen darstellen. Mit sicherer Sensorik ausgestattet, können auch die klassischen Industrieroboter bei langsamer Geschwindigkeit gemeinsam mit Menschen arbeiten. Weil die Energie bei einem Stoß im Quadrat zur Geschwindigkeit zunimmt, reicht eine geringe, sicher begrenzte Robotergeschwindigkeit aus, um die Stoßenergie bei einem ungewollten Kontakt auf das zulässige Maß zu beschränken. Gleichzeitig hängt die Energie beim Aufprall des Roboters von dessen effektiver Masse und vom getroffenen Körperteil ab. Ist keine hohe Nutzlast gefordert, erweist es sich deshalb als sinnvoll, auch die Masse des Roboters zu verringern.

Literaturhinweise und Quellen

Ciupek, M., *Cobot-Markt in Bewegung*, VDI Nachrichten Nr. 44/2018, S. 14, 2.11.2018

Glück, M., *MRK im Unternehmen einführen – Erfahrungsbericht und Greiferinnovationen für die Smart Factory*, Vortrag beim MRK-Fachkongress an der Georg-Simon-Ohm-Hochschule in Nürnberg, 24.1.2019

Goldberg, K.: *Robots and the return to collaborative intelligence*. Nature Machine Intelligence, Vol.1, S. 2-4 (2019)

Hahn, W., *Das Cobot-Zeitalter hat begonnen*, etz, Heft S5/20019, S. 86–88

Knoll, A., *Mehr Wettbewerbsfähigkeit durch Cobots*, Markt & Technik, Heft 4/2020, S. 30–31

Produktinformationen und Schulungsunterlagen der Firmen SIEMENS, KUKA, PILZ, ABB, Universal Robots und Fachinformationen der Nutzerorganisation EUnited Robotics und der International Federation of Robotics (IFR) sowie des Fachverbands Robotik und Automation im VDMA e.V.

Rechtsrahmen der MRK

8

Unabhängig von der Art der Kooperation besitzt der Schutz der Menschen in der Robotertechnik und die Rechtssicherheit für die Betreiber einen hohen Stellenwert. Sicherheit ist ein wesentliches Grundbedürfnis des Menschen, ob im beruflichen oder im privaten Bereich.

Doch von Maschinen, Anlagen, Robotern und vielen anderen technischen Einrichtungen gehen erhebliche Gefahren für Mensch und Umwelt aus. Brauchen wir deshalb ein eigenes Roboter- oder MRK-Recht? Die beruhigende Antwort an dieser Stelle ist: Nein (vgl. Abb. 8.1).

Es behalten alle gesetzlichen Bestimmungen wie beispielsweise in Europa die am 17. Mai 2006 erlassene Maschinenrichtlinie 2006/42/EG, weiterhin ihre Gültigkeit. Mit der 9. Verordnung zum Produktsicherheitsgesetz (9. ProdSV) wurde diese Richtlinie in verbindlich anzuwendendes, deutsches Recht umgesetzt. Das Gesetz regelt die Sicherheitsanforderungen von technischen Arbeitsmitteln und Verbraucherprodukten.

Verantwortlich für die Einhaltung dieser Richtlinie sind Hersteller und Inverkehrbringer von Produkten, die unter der Maschinenrichtlinie gefasst sind. Als „Inverkehrbringen" versteht sich die erstmalige Bereitstellung eines Produkts auf dem Markt.

Grundsätzlich ist das Produkthaftungsgesetz auch auf Roboter anwendbar. Selbstverständlich einzuhalten sind die Bestimmungen des Produkthaftungsgesetzes (ProdHaftG), des Geräte- und Produktsicherheitsgesetzes (GPSG) für Verbraucherprodukte. Hinzu kommt die zivilrechtliche (z. B. § 823 BGB, Gewährleistungsansprüche) und evtl. die strafrechtliche Rechtsverfolgung (z. B. § 222 und § 229 StGB). Somit haftet jeder Hersteller für sein Produkt. Weil jedoch die Gesetze zur Produkthaftung nicht explizit für die speziellen Eigenheiten der Mensch-Roboter-Kooperation geschaffen wurden, stellt der Übergang zur MRK Unternehmen vor neue juristische Herausforderungen, die bisweilen noch nicht zufriedenstellend gelöst und zeitnah zu klären sind.

M. Glück, *Mensch-Roboter-Kooperation erfolgreich einführen*,
https://doi.org/10.1007/978-3-658-37612-3_8

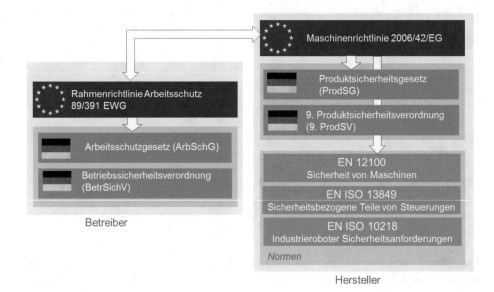

Abb. 8.1 Rechtsrahmen und relevante Normen für die Mensch-Roboter-Kooperation. (Quelle Infoschrift des Bundesministeriums für Arbeit und Soziales)

Die ernüchternde Realität ist, dass wir es heute mit einem wahren Flickenteppich an verschiedenen Gesetzgebungen und Normen zu tun haben, deren Handhabung international auf völlig unterschiedliche Weise erfolgt.

Mehrere Arbeitskreise haben sich daher schon vor Jahren an die Arbeit gemacht, ein gemeinsames Verständnis zur Mensch-Roboter-Kooperation zu entwickeln, den erforderlichen Normierungsbedarf zu identifizieren und Lösungsansätze für die Anwendung der MRK in der betrieblichen Praxis zu entwickeln.

Eine Herausforderung hierbei ist die Vielzahl an Beteiligten. Für Juristen ist es meist nicht mehr nachvollziehbar, wer einen Fehler begangen hat, der beispielsweise zu einem Unfall führte. Gibt es für Betreiber eines MRK-Arbeitsplatzes dann überhaupt Rechtssicherheit im Produktionsbetrieb? Und wie steht es um die Frage der Haftung? Wer trägt die Verantwortung für eine rechtssichere Produktion? Zuallererst der Arbeitgeber!

§ 3 ArbSchG – Grundpflichten des Arbeitgebers
(1) Der Arbeitgeber ist verpflichtet, die erforderlichen Maßnahmen des Arbeitsschutzes unter Berücksichtigung der Umstände zu treffen, die Sicherheit und Gesundheit der Beschäftigten bei der Arbeit beeinflussen. Er hat die Maßnahmen auf ihre Wirksamkeit zu überprüfen und erforderlichenfalls sich ändernden Gegebenheiten anzupassen. Dabei hat er eine Verbesserung von Sicherheit und Gesundheitsschutz der Beschäftigten anzustreben.

Wer ist aber zur Haftung verpflichtet, wenn ein (teil-)autonomer Prozess einen Schaden anrichtet? Für die Herstellung und das Betreiben von Robotersystemen gibt es derzeit keine speziellen Haftungsregelungen. Es stimmt allerdings nicht, dass damit ein

Rechtsrahmen für deren Entwicklung fehlt. Sie findet nur im traditionellen Rechtsrahmen statt. Und dieser gibt für die neu entstehenden Fragen eine ganze Menge her!

Das derzeitige Haftungsregime besteht aus einer Reihe von Gesetzen, die zu verschiedenen Zeitpunkten unterschiedlichen Akteuren Pflichten und Risiken zuschreiben und diese im Schadenfall durch einen Ersatzanspruch des oder der Geschädigten kompensieren.

Heute gilt:

§ 823 BGB – Schadensersatzpflicht
(1) Wer vorsätzlich oder fahrlässig das Leben, den Körper, die Gesundheit, die Freiheit, das Eigentum oder ein sonstiges Recht eines anderen widerrechtlich verletzt, ist dem anderen zum Ersatz des daraus entstehenden Schadens verpflichtet.
(2) Die gleiche Verpflichtung trifft denjenigen, welcher gegen ein den Schutz eines anderen bezweckendes Gesetz verstößt. Ist nach dem Inhalt des Gesetzes ein Verstoß gegen dieses auch ohne Verschulden möglich, so tritt die Ersatzpflicht nur im Falle des Verschuldens ein.
§ 1 ProdHaftG – Haftung
(1) Wird durch den Fehler eines Produkts jemand getötet, sein Körper oder seine Gesundheit verletzt oder eine Sache beschädigt, so ist der Hersteller des Produkts verpflichtet, dem Geschädigten den daraus entstehenden Schaden zu ersetzen. Im Falle der Sachbeschädigung gilt dies nur, wenn eine andere Sache als das fehlerhafte Produkt beschädigt wird und diese andere Sache ihrer Art nach gewöhnlich für den privaten Ge- oder Verbrauch bestimmt und hierzu von dem Geschädigten hauptsächlich verwendet worden ist. (…)
§ 4 ProdHaftG – Hersteller
(1) Hersteller im Sinne dieses Gesetzes ist, wer das Endprodukt, einen Grundstoff oder ein Teilprodukt hergestellt hat. Als Hersteller gilt auch jeder, der sich durch das Anbringen seines Namens, seiner Marke oder eines anderen unterscheidungskräftigen Kennzeichens als Hersteller ausgibt.

Präventiv, also schadensvorbeugend, wirken allgemeine und sektorspezifische Schutzgesetze wie die Produktsicherheitsrichtlinie oder die Medizinprodukteverordnung. Sie beschreiben, welche Voraussetzungen gegeben sein müssen, damit ein entsprechendes Produkt als sicher gilt und in Verkehr gebracht werden darf.

Das auf der europäischen Produkthaftungsrichtlinie basierende Produkthaftungsgesetz knüpft am Produkt an und schreibt vor, dass der Hersteller haftet, wenn das Produkt durch einen Fehler einen physischen Schaden verursacht. Die Produzentenhaftung wiederum lässt den Hersteller haften, wenn er durch fehlerhaftes Verhalten nach Inverkehrbringen seines Produkts einen Schaden verursacht hat.

Hersteller können außerdem nachträglich nach § 823 des Bürgerlichen Gesetzbuchs (BGB) auch für Vermögensschäden haften, wenn sie gegen die präventiven Schutzgesetze verstoßen haben. Darüber hinaus kann der Hersteller aus vertragsrechtlichen Ansprüchen für Schäden haften, die sein mangelhaftes Produkt verursacht hat.

Von zentraler Bedeutung ist die Unterscheidung von Gefährdungshaftung und Strafhaftung:

Zusätzlich zu den Pflichten und Schadensersatzansprüchen, die dem Hersteller auferlegt sind, verpflichtet die Gefährdungshaftung Betreiber oder Hersteller einer

Gefahrenquelle, für mögliche Schäden einzustehen. Die Gefährdungshaftung stellt klar, wer einen Schaden wiedergutzumachen hat, und ist dazu da, dass der Geschädigte nicht auf seinem Schaden sitzen bleibt.

Ein anderes Thema ist die Strafhaftung. Dabei geht es um die Frage, wer schuld daran ist, dass ein Schaden eingetreten ist. Um nach deutschem Recht zur Verantwortung gezogen zu werden, ist eine Rechtsfähigkeit zwingend erforderlich. Doch Gesetze gelten nur für natürliche und juristische Personen. Nur sie sind rechtsfähig und können Träger von Rechten und Pflichten sein. Roboter und Maschinen sind bislang nicht rechts- und auch nicht schuldfähig.

Formell gilt damit nach aktueller Rechtslage, dass die Maschine nicht haften kann. Wer aber ist verantwortlich im Sinne der Strafhaftung? Das kann jeder sein, der eine Ursache für einen Schaden geschaffen hat, also alle diejenigen, die etwa daran mitgewirkt haben (vgl. Abb. 8.2).

Da an der Realisierung einer Roboterzelle sehr viele Menschen beteiligt sein können, ist es schwer zu sagen, auf wen welche Schadenswirkung zurückgeht. Damit stehen bei dennoch eintretenden Schadensfällen drei potentielle Haftungsträger im Raum: Der Entwickler der Roboterzelle und der genutzten Software, der Hersteller der Maschine und der Nutzer.

Der Entwickler kennt und kontrolliert die Abläufe des Geräts und ist für eine sorgfältige ingenieurmäßige Lösung verantwortlich. Programmierfehler führen zur Haftung. Gleiches gilt, wenn die Dokumentations- und Instruktionspflichten verletzt werden. Voraussetzung ist, das System ist in seinem Verhalten determiniert und seine Entscheidungen sind vorhersehbar.

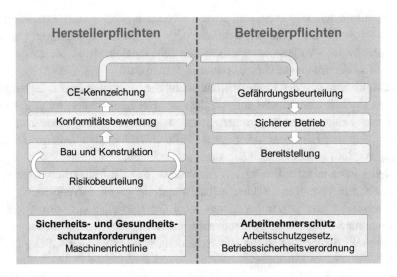

Abb. 8.2 Betreiber- und Herstellerpflichten. (Quelle Infoschrift des Bundesministeriums für Arbeit und Soziales)

Allerdings werden die Roboter in einem häufig sehr komplexen Einsatzumfeld betrieben. Nicht alle Eventualitäten sind vorhersehbar oder programmierbar. In einigen Fällen findet eher ein Training durch den Bediener der Anlage als eine konkrete Programmierung der Abläufe statt. Und zunehmend übernehmen lernfähige smarte Systeme selbsttätig Verhaltensanpassungen vor, die kaum vorhersehbar sind. Die Beweisbarkeit eines Verschuldens des Programmierers ist daher in der Praxis kaum möglich.

Ähnlich verhält es sich mit dem Hersteller. Er muss dort haften, wo Signale der Steuerung nicht korrekt verarbeitet und umgesetzt werden. Oder in Fällen, in denen Sensoren falsche Daten aufnehmen bzw. fehlerhaft weitergeben. Auch in diesem Bereich ist ein Verschuldensnachweis in der Praxis nur schwierig zu führen.

Damit seht in der Rechtsprechung vor allem der Betreiber einer Anlage im Fokus von Haftungsthemen. Er steht dem System am Nächsten und zieht auch den größten Nutzen aus dessen Verwendung. Auch wenn ihm keine vollständige Herrschaft (anders als beispielsweise beim Auto) zugeordnet werden kann, da die Programmierung die Entscheidungen trifft und er in der Regel keinen Einblick in die vollständige Programmierung eines Systems hat, wird ihm juristisch am ehesten eine Pflichtverletzung im Schadensfall nachzuweisen sein.

Die Juristen stützen sich in diesem Fall auf die Wissenszurechnung gem. § 166 BGB, die Zurechnung entsprechend § 31 BGB und die Zurechnung gem. § 278 BGB (analog) sowie auf eine Zurechnung unter Rückgriff auf allgemeine Grundsätze beziehungsweise nach sonstigen deliktsrechtlichen Vorbildern. Kurzum, es besteht erstaunlich große Uneinigkeit in der bisherigen Rechtsprechung. Grundsatzurteile und Präzedenzfälle gibt es auch wenig. Bislang sind solche Fälle eben nur sehr selten verhandelt worden.

Beruhigend zum Schluss: Für Unfälle, die nicht fahrlässig hervorgerufen wurden, haftet im strafrechtlichen Sinne in der Regel niemand. Damit wird ein für MRK-Anwender möglicher Lösungsweg hinreichend klar beschrieben: Als Betreiber eines MRK-Arbeitsplatzes gilt es, Vorsorge durch ein umfassendes Risikomanagement zu treffen und sich auf die vorhandene Rechts- und Normenlage mit besonderer Sorgfalt abzustützen, Dokumentationspflichten sorgsam zu beachten sowie jederzeit gewissenhaft und gefahrenbewusst zu handeln.

Wie lässt sich diese Verantwortung nun für den Arbeitgeber lösen? Welche sicherheitsrechtlichen Vorkehrungen müssen nun ganz konkret beim Einsatz von MRK getroffen werden?

Zuerst einmal gilt für Roboter, was für alle Arten von Maschinen, Geräten und Gegenständen gilt, die in den Verkehr und auf den Markt gebracht werden: Sie müssen den Sicherheitsanforderungen gerecht werden, die in der europäischen Maschinenrichtlinie (2006/42/EG) und spezifischeren nationalen und europäischen Normen und technischen Regeln (z. B. ISO 10218-1:2011, Sicherheitsanforderungen für Industrieroboter) festgelegt sind.

Allerdings sind auch die Normenlage und die arbeitsrechtlichen Umsetzungsleitlinien für einen MRK-Betrieb im industriellen Produktionsalltag sehr komplex. Und noch immer sind die Rechtswissenschaft, der Gesetzgeber und die Rechtsprechung gefordert, die bestehenden allgemeingültigen gesetzlichen Regelungen auch auf den Einsatz der Roboter anzuwenden und den Status des Roboters im Recht zu definieren. Eine weitere große Herausforderung ist die internationale Harmonisierung.

Vor allem von den führenden Branchenverbänden der Automatisierungstechnik VDMA, ZVEI und Bitkom sowie von den Berufsgenossenschaften und einigen auf Sicherheitstechnik spezialisierten Dienstleistern werden Einführungshilfen angeboten und die Normungsaktivitäten aktiv begleitet. Heute sind es internationale, weltweit gültige Normen, welche die Sicherheitsstandards von Maschinen und Robotern festlegen.

Doch bevor wir in die Details der Normung und die für einen MRK-Betrieb zentralen Bestimmungen tiefer einsteigen, sei noch ein weiterer rechtlicher Aspekt an dieser Stelle angesprochen: Ist die Einführung von Arbeitsplätzen der Mensch-Roboter-Kooperation ein im Rahmen der betrieblichen Mitbestimmung zustimmungspflichtiges Thema?

§ 91 BetrVerfG – Mitbestimmungsrecht
„Werden die Arbeitnehmer durch Änderungen der Arbeitsplätze, des Arbeitsablaufs oder der Arbeitsumgebung, die den gesicherten arbeitswissenschaftlichen Erkenntnissen über die menschengerechte Gestaltung der Arbeit offensichtlich widersprechen, in besonderer Weise belastet, so kann der Betriebsrat angemessene Maßnahmen zur Abwendung, Milderung oder zum Ausgleich der Belastung verlangen. Kommt eine Einigung nicht zustande, so entscheidet die Einigungsstelle. Der Spruch der Einigungsstelle ersetzt die Einigung zwischen Arbeitgeber und Betriebsrat."

Die Rechtslage zur Mitbestimmung im Zusammenhang mit der sicheren Mensch-Roboter-Kooperation ist nicht abschließend geklärt. An diesem Punkt sind Arbeitnehmervertreter und Arbeitgeber sicher gut beraten, im Vorfeld einer MRK-Einführung ein gemeinsames Verständnis für den Einsatz dieser neuen Technologie in der Fertigungspraxis zu entwickeln und die konkreten Auswirkungen offen im Rahmen eines Zukunftsdialogs zu diskutieren.

Auch die Betriebsräte haben erkannt, dass die positive Begleitung einer MRK-Einführung in den Fertigungsbetrieben für die Arbeitnehmer und die Sicherheit ihrer Arbeitsplätze sehr bedeutsam ist, da auch das soziale Miteinander im Betrieb leidet, wenn die fehlgeleitete Einführung von Robotern als neue Kollegen zu einer kalten Welt im Betrieb führen.

Vorsicht: Vor allem MRK-Komponentenlieferanten, Forschungseinrichtungen und Unternehmensberater als externe Mitglieder eines Projektteams sind sich oft nicht bewusst, wo sie mit ihren Überlegungen zur Steigerung des Automatisierungsgrads und der Maschineneffizienz Grenzlinien des Betriebsverfassungsgesetzes übertreten. Sie wundern sich dann, wenn Widerstände in den Belegschaften oder bei den Arbeitnehmervertretern aufkommen. Das lässt sich durch eine pro-aktive Informationspolitik, die bewusste frühzeitige Einbeziehung der Arbeitnehmervertretungen und der unmittelbar betroffenen Mitarbeiter verhindern. Es lohnt sich, denn die Betriebsräte sind meistens keine Verweigerer von neuen Ideen und Innovationen.

Leider kennt ein Teil der aktuellen Managergeneration noch immer die Chancen einer respektvollen und intensiven Zusammenarbeit mit Gewerkschaften und Betriebsräten nicht ausreichend und lehnt sie teilweise ab. Dies wird aber ganz besonders bei der Einführung von MRK-Arbeitsplätzen sehr schnell zu unnötigen Konflikten mit der Mitbestimmung führen. Suchen Sie also dringend die Kooperation und vermeiden Sie jegliche unnötige Konfrontation!

Literaturhinweise und Quellen

Bräutigam, P., *Rechtssicherheit bei der Mensch-Roboter-Interaktion*, Vortrag beim 5. Forum Mensch-Roboter, Online Fachkongress 7./8.10.2020

Bräutigam, P., *Roboter: IT-Security und Haftung*, Vortrag beim 2. Forum Mensch-Roboter, Stuttgart, 23./24.10.2017

DIN Mitteilung Jg. 1984 Nr. 5 – *Zur Bedeutung Technischer Regeln in der Rechtssprechungspraxis der Richter*

EU, *Richtlinie 2006/42/EG des Europäischen Parlaments und des Rates vom 17. Mai 2006 über Maschinen und zur Änderung der Richtlinie 95/16/EG* (Neufassung), Amtsblatt der Europäischen Union L 157/24, Erläuterungen zur Maschinenrichtlinie 98/37/EG, Rn 167, S. 47

Hertel, L., Oberbichler, B., Wilrich, T., *Technisches Recht. Grundlagen, Systematik, Recherche*, Beuth (2015)

Niewerth, C., *Mitbestimmen und mitgestalten – Akzeptanzförderung durch Beteiligung des Betriebsrats bei der Einführung von MRK-Systemen*, Vortrag beim 5. Forum Mensch-Roboter, Online Fachkongress 7./8.10.2020

Onnasch, L., Maier, X., Jürgensohn, T., *Mensch-Roboter-Interaktion – Eine Taxonomie für alle Anwendungsfälle*, baua: Fokus, Bundesanstalt für Arbeitsschutz und Arbeitsmedizin, 30.10.2016

Wilrich, T., *Verantwortung und Haftung für Roboter: Produktsicherheitspflichten des Herstellers und Arbeits- und Verkehrssicherungspflichten des Betreibers*, Vortrag beim 4. Forum Mensch-Roboter, Stuttgart, 23./24.10.2019

Zentrale Normen der MRK als Basis für das Sicherheitskonzept

9

Kollaborierende Robotersysteme fallen unter den Geltungsbereich der Maschinenrichtlinie 2006/42/EG. Sie müssen als Gesamtapplikation zum Bereitstellen auf dem Markt mit einer Konformitätserklärung und einem CE-Zeichen ausgestattet sein, auch wenn ein einzelner Roboter für sich als unvollständige Maschine gilt, die anstelle einer Konformitätserklärung nur mit einer Einbauerklärung versehen sein muss.

Für die Mensch-Roboter-Kooperation ohne trennenden Schutzzaun in gemeinsam genutzten Arbeitsräumen schreibt die Maschinenrichtlinie in Anhang 1 grundsätzlich vor, dass alle eventuell möglichen schadhaften Kollisionen, auch ein Einklemmen von Gliedmaßen, Arbeitshandschuhen oder ein Stolpern des Werkers wirkungsvoll abzusichern sind.

Die produktspezifischen europäischen Richtlinien hierzu durchlaufen einen sehr langwierigen Prozess vor der Freigabe und können mit dem schnellen Voranschreiten der Technik meist nicht Schritt halten. Deshalb wird in den Richtlinien und Gesetzen oft auf eine detaillierte Anforderungsbeschreibung verzichtet.

Eine Konkretisierung erfolgt in den Roboternormen EN ISO 10218-1 und EN ISO 10218-2. Insbesondere wird darin die Beschreibung von vier Kooperationsarten für die Mensch-Roboter-Kollaboration verfeinert. Und auch der VDMA hat in seinem Positionspapier „Sicherheit bei der Mensch-Roboter-Kollaboration" eine Klärung der Begrifflichkeiten inklusive der vier verschiedenen grundsätzlichen Schutzprinzipien der MRK vorgenommen.

Keinem MRK-Anwender und schon gar nicht einem MRK-Verantwortlichen bleibt es erspart, sich mit den für die Mensch-Roboter-Kooperation unerlässlichen Normgrundlagen intensiv auseinanderzusetzen. Dazu zählen auch die Regelungen für den Arbeitsschutz, für deren Einhaltung der Betreiber einer Anlage verantwortlich ist. Starten wir daher mit einem grundsätzlichen Überblick.

© Der/die Autor(en), exklusiv lizenziert an Springer Fachmedien Wiesbaden GmbH, ein Teil von Springer Nature 2022
M. Glück, *Mensch-Roboter-Kooperation erfolgreich einführen*,
https://doi.org/10.1007/978-3-658-37612-3_9

9.1 Grundlagen der Normung

In Europa gliedern sich die Normen in die drei hierarchische Ebenen (A-, B- und C-Normen), wobei der Typ A die Sicherheitsgrundnormen, der Typ B die Sicherheitsfachgruppennormen und der Typ C die Maschinensicherheitsnormen beschreibt (vgl. Abb. 9.1).

Die erste Kategorie der Typ A-Normen behandelt grundlegende Aspekte der Maschinensicherheit. Die EN ISO 12100 „Sicherheit von Maschinen – Allgemeine Gestaltungsleitsätze – Risikobeurteilung und Risikominderung" beinhaltet eine Darstellung der Prozesse zur Risikobeurteilung und Risikominderung sowie beispielhafte Aufzählungen zu Aspekten, die in den einzelnen Prozessphasen einer MRK-Entwicklung zu berücksichtigen sind.

Weiter sind die allgemeinen Sicherheitsnormen EN ISO 13855, EN 349 und EN 953 für die Risikobeurteilung und die Konzeption einer MRK-Anwendung relevant. Ebenso sind die international gültigen Standards für funktionale Sicherheit IEC 61508 und IEC 62061 an dieser Stelle zu nennen.

Die zweite Kategorie der Typ B-Normen bilden die Sicherheitsfachgruppennormen. Zu diesen gehören unter anderem die EN ISO 13857 „Sicherheit von Maschinen – Sicherheitsabstände gegen das Erreichen von Gefährdungsbereichen mit den oberen und unteren Gliedmaßen" und die EN ISO 13849-1 und -2 „Sicherheit von Maschinen". Letztere geht auf die mechanischen Gefährdungen ein und diskutiert typische Gefahren-

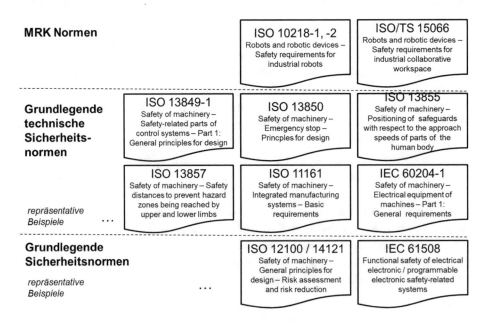

Abb. 9.1 Überblick für die Mensch-Roboter-Kooperation relevanter A-, B- und C-Normen

stellen wie Einzugsstellen, Fangstellen, Quetschstellen, Scherstellen, Schneidstellen, Stichstellen sowie Stoßstellen.

Die dritte und für die Mensch-Roboter-Kooperation sowie für den allgemeinen Robotereinsatz wichtigste Kategorie bilden die Typ C-Normen. Hierbei handelt es sich um maschinenspezifische Normen, die alle sicherheitsspezifischen Aspekte eines MRK-Robotereinsatzes abdecken, auf die im Folgenden noch näher eingegangen wird.

Bei allen Betrachtungen umfasst das kollaborierende Robotersystem grundsätzlich den oder die kollaborierenden Roboter sowie die genutzten Werkzeuge und Vorrichtungen und die Werkstücke, die im Funktionsverbund eine Maschine nach der Maschinenrichtlinie bilden.

Die Roboternormen EN ISO 10218-1 und -2 konkretisieren die Maschinenrichtlinie. Insbesondere werden darin vier Kollaborationsarten für die Mensch-Roboter-Kollaboration verfeinert. Das kollaborierende Robotersystem umfasst dabei den oder die kollaborierenden Roboter, Werkzeuge, Werkstücke und Vorrichtungen, die zusammen eine Maschine nach der Maschinenrichtlinie bilden. Sie setzt die Rahmenbedingungen für die direkte und kontaktbehaftete Zusammenarbeit von Menschen und Maschine in speziellen Kollaborationsräumen. Ihre Anwendung löst die sogenannte Vermutungswirkung aus. Dadurch kann davon ausgegangen werden, dass die Anforderungen der Maschinenrichtlinie eingehalten wurden.

Die Mensch-Roboter-Kollaboration ist noch vergleichsweise jung, so dass auch die Internationale Organisation für Normung sie bei der letzten Überarbeitung der europäischen Norm EN ISO 10218-1 und -2 „Sicherheitsanforderungen von Industrierobotern" bisher aufgrund der Neuheit dieser Technologie nur bedingt berücksichtigt hat. So geben die Teile 1 und 2 der Norm keine Grenzwerte für den Kontakt von Menschen und Robotern vor. Für einen kollaborativen Betrieb wird lediglich auf die durchzuführende Risikobeurteilung verwiesen.

In der Konsequenz sind die speziellen Anforderungen an kollaborierende Robotersysteme sind in der EN ISO 10218-1 und EN ISO 10218-2 nicht umfassend beschrieben. Gleiches gilt für die DGUV-Information 209-074 „Industrieroboter".

Aus diesem Grund erweitert die seit Anfang 2016 auch in Deutsch verfügbare Technische Spezifikation (kurz: TS) ISO/TS 15066 „Robots and robotic devices – Collaborative robots" die geltende Norm. Gezielt wurden im Rahmen der Normungsaktivitäten die Anforderungen an einen kollaborativen Robotereinsatz weiterentwickelt. Ergänzt wurden die speziell für Roboter im Kollaborationsbetrieb wesentlichen Einsatzanforderungen. Damit soll der wachsende Bedarf an technischen Regeln für eine sichere Mensch-Roboter-Kollaboration gedeckt werden.

Die ISO/TS 15066 wurde als Anleitung für Roboterintegratoren geschrieben, um diesen mehr Sicherheit bei der Risikobewertung zu geben. Sie enthält unter anderem detaillierte Angaben über einzuhaltende Schmerzschwellen für die jeweiligen Körperregionen, die aus aktuellen arbeitsmedizinischen Forschungsarbeiten abgeleitet sind (vgl. Anhang 11). Nach Fertigstellung der ISO/TS 15066 ist mit deren Inhalten eine Überarbeitung der Normen EN ISO 10218-1 und EN ISO 10218-2 geplant.

Alle diese Normen genauer zu untersuchen, würde den Rahmen dieses Büchleins sprengen, daher wird im Folgenden nur auf die für MRK relevanten Normen tiefer eingegangen. Darüber hinaus sind in der betrieblichen Einsatzpraxis die Bestimmungen des Arbeitsschutzgesetzes (ArbSchG) der Betriebssicherheitsverordnung (BetrSichVer) selbstverständlich einzuhalten.

9.2   Anwendung der Roboternormen

Die häufig als „Roboternormen" bezeichneten, in der EN ISO 10218 „Industrieroboter–Sicherheitsanforderungen" dokumentierten Normgrundlagen für einen industriellen Robotereinsatz sind, auch wenn Sie aus dem Jahr 2008 stammen, für die Mensch-Roboter-Kooperation ebenso von zentraler Bedeutung. Ihre Kenntnis ist für Roboterentwickler und für Produktionsverantwortliche, die im Fertigungsalltag auf Industrieroboter setzen, ein Muss.

Die C-Norm ist in zwei Teile aufgeteilt und beinhaltet Schutzmaßnahmen für die Roboterintegration einschließlich der Risiken, die aus Applikation, Werkzeug und Werkstück resultieren:

- Die EN ISO 10218-1 gilt für Industrieroboter, d. h. automatisch gesteuerte, frei programmierbare Mehrzweck-Manipulatoren, die in drei oder mehr Achsen programmierbar sind und zur Verwendung in der Automatisierungstechnik entweder an einem festen Ort oder beweglich angeordnet sein können.
  Sie beschreibt Anforderungen an ein Robotersystem und gibt Anleitung für die inhärent sichere Konstruktion, die Gestaltung von Schutzmaßnahmen und der Benutzerinformationen. Sie beschreibt grundlegende Gefährdungen durch Roboter und die Beseitigung oder hinreichende Verringerung der damit verbundenen Risiken. Sie gilt nicht für Roboter außerhalb des industriellen Bereichs, kann aber darauf angewendet werden.
- Die EN ISO 10218-2 widmet sich der Integration von Robotern sowie der Konzeption von Roboterzellen und Roboterarbeitsplätzen. Sie gibt eine Anleitung, wie die Sicherheit bei der Integration und dem Einbau von Robotern sichergestellt werden kann.
  Dieser Normteil versteht sich ergänzend zur EN ISO 1028-1. Er leitet dazu an, die besonderen Gefährdungen, die mit der Integration, dem Einbau und den Anforderungen an die Verwendung von Industrierobotern einhergehen, zu identifizieren und auf diese einzugehen. Enthalten sind Schutzmaßnahmen für die Roboterintegration einschließlich Hinweisen auf Risiken, die aus Applikation, Werkzeug und Werkstück resultieren.

Auch an dieser Stelle gilt, dass eine detaillierte Diskussion der Normen den Rahmen dieses Büchleins sprengen. Deshalb wird im Folgenden auf ein paar der grundlegenden und zentralen Aspekte für Nutzer der Mensch-Roboter-Kooperation eingegangen.

Die zum Einsatz vorgesehenen Roboter sollten insbesondere hinsichtlich der in der Anwendung benötigten Sicherheitsfunktionen gestaltet bzw. ausgewählt werden (vgl. Kap. 7). Die Sicherheitsfunktionen müssen der Norm EN ISO 13849-1, Kategorie 3 PL d entsprechen. Stehen keine geeigneten steuerungstechnischen Sicherheitsfunktionen zur Verfügung, sind diese nachzurüsten. Gegebenenfalls ist ein alternatives Robotermodell auszuwählen.

Die EN ISO 10218-1 beschreibt im Abschn. 5.10 vier Arten von kollaborierenden Anwendungen, die für die Realisierung von Mensch-Roboter-Kooperationen von zentraler Bedeutung sind (vgl. Abb. 9.2):

1. Sicherheitsgerichteter, überwachter Stillstand, geregelt in Abschn. 5.10.2: Beim Zutritt eines Menschen in den Arbeitsbereich des Roboters muss dieser umgehend sicher anhalten. Dieser Stillstand, bei dem es keine Roboterbewegung geben darf, muss solange anhalten, bis der Mitarbeiter den gemeinsamen Arbeitsraum wieder verlassen hat. Anschließend ist eine Rückkehr in den Automatikbetrieb erlaubt, sobald die Person den Raum sicher verlassen hat.
2. Handführung als Ausrüstungsmöglichkeit, geregelt in Abschn. 5.10.3: Die Bewegungen und Kräfte, die der Mensch auf den Roboter ausübt, werden mittels Sensoren in eine Roboterbewegung umgewandelt. Der Roboter wird komplett vom Mitarbeiter gesteuert, meist unterstützt durch eine Zustimmungseinrichtung wie einen Dreipunktschalter. Sofern die Ausstattung eine Möglichkeit der Handführung zulässt, muss diese inklusive einer Zustimmeinrichtung und der Möglichkeit zum Stillsetzen im Notfall aufgebaut werden. Die Robotergeschwindigkeit muss <250 mm/s betragen. Es darf keine Roboterbewegung ohne direkte Eingabe des Werkers am Roboter erfolgen.

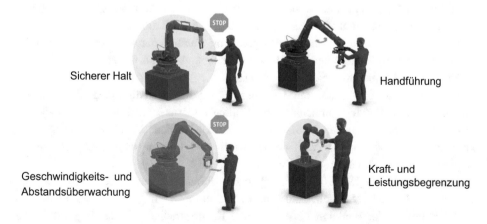

Abb. 9.2 Vier Arten und Schutzkonzepte zur Absicherung kollaborierender Anwendungen in der MRK. (Quelle Schunk)

3. Externe Positions-, Geschwindigkeits- und Abstandsüberwachung, geregelt in Abschn. 5.10.4: Bei dieser Form der Mensch-Roboter-Kooperation muss die Roboterbewegung mit reduzierter Geschwindigkeit (<250 mm/s) erfolgen und darf nur bei Einhaltung des minimalen Sicherheitsabstands erfolgen. Der Abstand zwischen den Menschen und dem Roboter wird kontinuierlich durch externe Sicherheitskomponenten überwacht. Bei einer Unterschreitung der vorgeschriebenen Distanz reduziert sich die Geschwindigkeit des Roboters bis auf einen Sicherheitshalt. Eine Überwachung durch externe Sicherheitskomponenten wie „Safety Eye", „Trittmatten", „Lichtvorhänge" oder ähnliches ist hierbei für nicht sensitive Roboter zwingend erforderlich.

4. Leistungs- und Kraftbegrenzung durch inhärente Konstruktion oder aktive Steuerung, geregelt in den Abschn. 5.10.5 und Kap. 6: Das Gefährdungspotenzial des Roboters wird durch die Beschränkung dynamischer Parameter minimiert. So lassen sich die Kontaktkräfte zwischen Mitarbeiter und Roboter technisch auf ein ungefährliches Maß begrenzen. Im Kontaktfall darf der Roboter nur begrenzte Kräfte ausüben, sodass Stöße und Quetschungen zu keinem Schaden führen. Hierbei wird die max. dynamische Leistung auf 72 W (früher: 80 W) sowie die max. Kraft am Flansch auf 135 N (früher: 150 N) begrenzt.

An dieser Stelle sei noch einmal darauf verwiesen, dass vor allem mit der Abkürzung „MRK", aber auch im allgemeinen Sprachgebrauch eine unscharfe Begrifflichkeit für das unterschiedlich ausgeprägte Miteinander von Robotern und Menschen genutzt wird.

Eine normenkonform geführte Fachdiskussion unterscheidet mit dem Begriff der „Kooperation" die Einsatzvarianten und Rahmenbedingungen der Interaktion in den Einsatzszenarien 1-3 vom Szenario 4 der „Kollaboration". Letztere beschreibt die unmittelbare, dauerhafte und gewünschte Zusammenarbeit zwischen einem Roboter und einer Person in einem gemeinsam genutzten Arbeitsraum. In den anderen Fällen ist der Begriff einer Koexistenz angebracht, da sich Mensch und Roboter zwar im gleichen Arbeitsbereich aufhalten, aber nur einer der beiden Akteure wirklich arbeitet.

Im Falle der Leistungs- und Kraftbegrenzung durch inhärente Konstruktion oder Steuerung arbeiten Mensch und Maschine im Fertigungsprozess direkt neben- oder miteinander, zum Beispiel an derselben Werkbank.

Da nur mittels der Kraft- und Leistungsbegrenzung ein Mitarbeiter den Roboter flexibel wie ein Werkzeug in seinen Arbeitsalltag integrieren und an sich verändernde Produktionslayouts anpassen kann, wird in der Diskussion der Normgrundlagen im Folgenden nur noch auf die Variante der Kraft- und Leistungsbegrenzung in diesem Kapitel vertieft eingegangen.

Neben den in EN ISO 10218-1 festgelegten obligatorischen Sicherheitsfunktionen, wie zum Beispiel Not-Halt, müssen Industrieroboter für die Mensch-Roboter-Kollaboration in der Funktion Leistungs- und Kraftbegrenzung in der Regel über die folgenden Sicherheitsfunktionen verfügen:

- Sichere Überwachung und Begrenzung des Drehmoments bzw. der Kraft: Unter Berücksichtigung der Kantengeometrie der am Arbeitsprozess beteiligten Oberflächen des Robotersystems resultiert aus der roboterseitigen Überwachung der Kraft bzw. des Drehmoments auch die Überwachung des Drucks an den Kontaktflächen.
- Sichere Überwachung der Geschwindigkeit: Um sicherzustellen, dass zum Beispiel bei Kraft- beziehungsweise der Drehmomentüberwachungen eine Stoppreaktion unter Berücksichtigung der systembedingten Reaktionszeit erfolgen kann, ist eine sichere Überwachung der Geschwindigkeit erforderlich.
- Sichere Überwachung der Position: Um Arbeitsbereiche entsprechend der den Körperregionen zugeordneten Belastungsgrenzen definieren und abgrenzen zu können (z. B. Ausschluss von Hals und Kopf), ist eine sicher überwachte Position (sichere Raumgrenzen) erforderlich. Je nach Gefährdungsexposition muss zusätzlich zur Überwachung am Werkzeug auch eine Überwachung einzelner Achsen erfolgen.
- Betriebsartenwahl und Zustimmschalter: Ein abschließbarer Betriebsartenwahlschalter oder gleichwertige Zugangssicherungen (z. B. Zugangscode) sowie Zustimmschalter zählen nach EN ISO 10218-1 zu den obligatorischen Sicherheitsfunktionen von Industrierobotern.

Bei kollaborierenden Robotersystemen kann nach ISO TS 15066 auf einen Zustimmschalter verzichtet werden, wenn durch Sicherheitslimits (z. B. Geschwindigkeit, Kraft, Bewegungsbereich) sämtliche Tätigkeiten wie Wartung, Instandhaltung, Reparatur, Einrichten, Programmieren genauso sicher ausgeführt werden können wie unter Verwendung eines Zustimmschalters.

Die Sicherheitslimits dürfen nicht abwählbar oder so veränderbar sein, dass eine gefährliche Situation entsteht. Da die Sicherheitslimits – abgesehen von Robotersystemen mit inhärent sicherer Konstruktion – in der Regel parametrierbar sind, ist ein Verzicht auf Betriebsartenwahl- und Zustimmschalter in der Regel nicht möglich.

Bei Erstinbetriebnahmen oder auch späterer Veränderungen beim Betreiber (z. B. Einführung neuer Programme) müssen Sicherheitslimits verändert und überprüft werden. Dies unter Verwendung eines Zustimmschalters.

In der EN ISO 10218-2 werden die Gestaltung, die Herstellung, der Einbau, der Betrieb, die Instandhaltung und die Außerbetriebnahme des Robotersystems oder der -zelle behandelt. Sie beschreibt die grundlegenden Gefährdungen und Gefährdungssituationen, die bei solchen Systemen ermittelt wurden und enthält Anforderungen, um die mit diesen Gefährdungen verbundenen Risiken zu beseitigen bzw. zu verringern.

MRK-Roboter müssen außerdem die ISO/TS 15066 erfüllen, die unter anderem die Anforderungen der Leistungs- und Kraftbegrenzung präzisiert. Entwickelt und akzeptiert wurde die ISO/TS 15066 vom zuständigen Gremium ISO/TC 299. Diesem Komitee gehörten neben Herstellern wie Universal Robots, ABB, Rethink Robotics, Kuka, Yaskawa und Fanuc auch Unternehmen wie Pilz, verschiedene Berufsgenossenschaften sowie das Institut für Arbeitsschutz der Deutschen Gesetzlichen Unfallversicherung an.

Die Technische Spezifikation wurde geschrieben, um Anwendern und Integratoren mehr Sicherheit bei der Risikobeurteilung einer kollaborierenden Roboteranwendung zu geben. Dabei liegt ein besonderer Fokus auf Anwendungen, bei denen Mensch und Maschine direkt neben- oder miteinander arbeiten und die Sicherheit durch eine Leistungs- und Kraftbegrenzung der Roboter gewährleistet ist.

Da die ISO/TS 15066 durch eine Mehrheit repräsentativer Fachleute akzeptiert wurde, spiegelt sie den Stand der Technik und damit die anerkannten Regeln der Technik zum Zeitpunkt ihrer Veröffentlichung wider. Nicht klar ist bislang, ob sich die Richtlinien ergänzen, nebeneinander existieren oder sich eventuell gegenseitig aufheben. Ein Beispiel: In der Vergangenheit definierte die ISO EN 10218 für die Risikobeurteilung pauschal eine maximal zulässige Kontaktkraft von 150 N bei einer Kollision zwischen Menschen und Robotern beziehungsweise Endeffektoren. Die aktuelle Norm spezifiziert sie heute mit einem Verweis auf die ISO TS 15066 und ein in deren Anhang A enthaltenes Körperzonenmodell genauer.

Der gesamte Anhang A trägt die Bezeichnung „informativ". Dadurch wird festgelegt, dass die darin enthaltenen Inhalte kein verbindlich einzuhaltendes Regelwerk, sondern vielmehr als optionale Richtlinien zu verstehen sind. Leider sind Firmeninhaber, Fertigungsleiter, Bediener und Sicherheitsbeauftragte beim Thema MRK daher noch immer mehr oder weniger auf sich gestellt. Die Undurchsichtigkeit der Sicherheitsvorgaben und Zertifizierungen bleiben für sie leider eine Herausforderung. Aber eine lösbare!

Welche Neuerungen ergeben sich durch die ISO/TS 15066?

Die ISO/TS 15066 ist eine technische Spezifikation, die ergänzende und unterstützende Informationen zu den Sicherheitsstandards für Industrieroboter aus der EN ISO 10218-1 und EN-ISO 10218-2 bietet. Die Spezifikation ist im Sinne der Maschinenrichtlinie nicht harmonisiert, spiegelt aber den Stand der Technik wider. Sie greift die verschiedenen Kollaborationskonzepte auf und beschreibt die Voraussetzungen, die gegeben sein müssen, um diese zu erfüllen. Sie führt explizit Grenzwerte für Stoß und Quetschung auf (vgl. Anhang 11).

Darüber hinaus sind weitere notwendige Kriterien hinsichtlich der Unterweisung von Personen, Notfallmaßnahmen oder Zugangsbeschränkungen enthalten. Ein allgemein als Personendetektionssystem bezeichnetes Programm, soll beispielsweise die „Geschwindigkeits- und Abstandsüberwachung" unterstützen. Vor einer ungewollten Kollision soll ein „Sicherheitsgerichteter Stopp" ohne automatischen Wiederanlauf im Detektionsbereich ausgelöst werden. Für den Fall, dass es zu einem Kontakt mit einer Person kommt, wird bei MRK-Anwendungen eine „Leistungs- und Kraftbegrenzung" verlangt.

Neu ist, dass die bisher allgemeinen Regelungen für den sicheren Kollaborationsbetrieb bei Leistungs- und Kraftbegrenzung durch inhärente Konstruktion oder aktive Steuerung durch biomechanische Grenzwerte ersetzt wurden, denen ein

Mensch aus arbeitsmedizinischer Sicht beim kollaborierenden Betrieb von Robotern in gemeinsamen Arbeitsräumen ausgesetzt werden darf. Hierzu beinhaltet die ISO/TS 15066 neben den Anforderungen an das Design und die Risikobewertung für Roboter eine Forschungsstudie zum Thema Schmerzgrenze versus Roboter-Geschwindigkeit, Belastung und Auswirkungen für definierte Körperpartien. Bisher gab es hierfür keine am Menschen verifizierten Grenzwerte für eine sichere MRK-Anwendung. Dieses Körperzonenmodell im Normenanhang A wurde im Rahmen der begleitenden Forschung zur Bestimmung der biomechanischen Belastungsgrenzen in einer Probandenstudie des arbeitsmedizinischen Instituts der Johannes-Gutenberg-Universität in Mainz und des Fraunhofer-Instituts für Fabrikbetrieb und -automatisierung (IFF) in Magdeburg im Auftrag der Berufsgenossenschaft Holz und Metall (BGHM) in Kollisionsversuchen an Unterarm, Oberarm, Handrücken, Schultergürtel und Schulter ermittelt und veröffentlicht. Dabei gingen die Forscher der Frage nach, welche Berührungen unproblematisch sind. Wie schnell und mit welcher Kraft dürfen maschinelle Gehilfen agieren, ohne den Menschen zu gefährden?

Weltweit zum ersten Mal wurden systematisch Schmerz- und Verletzungseintritt untersucht. Hierzu wurde ein mechanisches Parallelpendel aufgebaut, wodurch die propriozeptive Wahrnehmung der Muskulatur durch eine sukzessive Erhöhung der Stoßenergie bis hin zur Schmerzwahrnehmung angeregt wurde. Beim Erreichen der Verletzungseintrittsschwelle oder eines mittelstarken Schmerzes wurde der Versuch sofort abgebrochen.

Bei den Versuchen ging es nicht darum, die menschlichen Schmerzgrenzen auszutesten, die im Übrigen sehr individuell sind, sondern eher darum, medizinische Daten darüber zu gewinnen, wie menschliches Körpergewebe auf Belastung reagiert. Auch Bagatellverletzungen, die bisher nicht erforscht waren, konnten somit in neue Kategorien aufgenommen werden.

Das Körperzonenmodell definiert 29 unterschiedliche Körperstellen sowie „Schmerzgrenzen", also maximal zulässige Kraft- und Druckverhältnisse je nach Region. Heute stehen mit den in der ISO/TS 15066 in Tabelle A.2 zusammengefassten Grenzwerten nach neuesten Forschungen zur Bestimmung von Schmerzeintrittsschwellen erfasste Kenndaten für die verschiedenen Körperregionen zur Verfügung, wie auch in Kap. 11 und Anhang 11 gezeigt wird.

Bei der Erstellung der Studie zur Ermittlung von Schmerzgrenzen im Körperzonenmodell blieben einige Faktoren unbeachtet. Da die Durchführung der Studie mit freiwilligen Probanden stattfand, denen kein echter Schmerz zugefügt werden durfte, sind die Angaben darüber, welche Kraft- und Druckverhältnisse als unangenehm empfunden werden, subjektiv.

Außerdem berücksichtigt das Modell nicht, wie hoch das Risiko einer Kollision ist, obwohl die Eintrittswahrscheinlichkeit einer Kollision in jede Risikobeurteilung miteinfließt.

- Fall 1: Ein Arbeiter arbeitet ganztägig an der Seite des Roboters und führt mit diesem Montagetätigkeiten aus. Kontaktmöglichkeiten sind häufig gegeben.
- Fall 2: Ein Roboter palettiert verpackte Produkte. Wenn die Palette mit 50 Produkten fertig palettiert ist, wechselt ein Arbeiter die Palette aus. Auch beim Wechseln der Palette muss der Werker nicht in den Arbeitsbereich des Roboters eintreten. Dazu besteht nur bei einer Störung Notwendigkeit, etwa wenn ein Produkt nicht richtig abgesetzt wurde.

Aufgrund der unterschiedlichen Rahmenbedingungen ist es daher denkbar, dass Anwendungen, bei denen eine Eintrittswahrscheinlichkeit kaum gegeben ist, auch mit höheren Maximalwerten sicher arbeiten.

Literaturhinweise und Quellen

Behrens, R., *Biomechanische Grenzwerte für die sichere Mensch-Roboter-Kooperation*, Springer Vieweg Research (2018)

BG/IFA-Empfehlungen für die Gefährdungsbeurteilung nach Maschinenrichtlinie – Gestaltung von Arbeitsplätzen mit kollaborierenden Robotern. U 001/2009 (2009)

Elkmann, N., *Sichere MRK: Normenlage und aktuelle Entwicklungen am Fraunhofer IFF*, Key Note Vortrag beim 1. Forum Mensch-Roboter, Stuttgart, 17./18.10.2016

Glück, M., *Greif-Intelligenz und Greif-Innovationen für den Einsatz in der smarten Produktion*, Vortrag beim Fachkongress „Robotereinsatz in der industriellen Praxis" (22./23.1.2020, Georg-Simon-Ohm-Hochschule, Nürnberg)

Heiligensetzer, P., *MRK einführen – Arbeitsschutzrechtliche Vorgaben und Erfahrungswerte*, Vortrag beim 5. Forum Mensch-Roboter, Online Fachkongress 7./8.10.2020

International Organization for Standardization (Hrsg.): ISO 10218–1:2011. Robots and robotic devices – Safety requirements for industrial robots – Part 1: Robots. Hrsg. v. ISO/TC 299 Robotics (Committee), 2011.

International Organization for Standardization (Hrsg.): Robots and robotic devices – Safety requirements for industrial robots – Part 2: Robot systems and integration. Hrsg. v. ISO/TC 299 Robotics (Committee), 2011.

International Organization for Standardization (Hrsg.): ISO/TS 15066:2016. Robots and robotic devices – Collaborative robots. Hrsg. v. ISO/TC 299 Robotics (Committee), 2016.

Krey, V., Kapoor, A., *Praxisleitfaden Produktsicherheitsrecht. CE-Kennzeichnung, Gefahrenanalyse, Betriebsanleitung, Konformitätserklärung, Produkthaftung, Fallbeispiele*, Carl Hanser (2014)

Mewes, D., Mauser, F., *Safeguarding Crushing Points by limitation of Forces*, International Journal of Occupational Safety and Ergonomics (Jose). Vol. 9, No. 2., S. 177–191 (2018)

Pilz, T., *MRK – Vom Hype zum nachhaltigen Erfolg*, Key Note Vortrag beim 2. Forum Mensch-Roboter, Stuttgart, 23./24.10.2017

Schunkert, A., Whitepaper *Kollaborative Robotik*, Universal Robots (2019)

VDMA Robotik und Automation, *Positionspapier „Sicherheit bei der Mensch-Roboter-Kollaboration"* (2014)

Vetter, J., *Mensch-Roboter-Kollaboration (MRK) normenkonform und erfolgreich umsetzen*, Vortrag beim 3. Forum Mensch-Roboter, Stuttgart, 17./18.10.2018

Wischmann, S., *Arbeitssystemgestaltung im Spannungsfeld zwischen Organisation und Mensch–Technik-Interaktion – das Beispiel Robotik* in A. Botthof, E. A. Hartmann (Hrsg.), Zukunft der Arbeit in Industrie 4.0., Springer Vieweg, S. 149–160 (2015)

Risikoanalyse, Integrations- und Sicherheitskonzept

Bevor die speziell im Bereich der Mensch-Roboter-Kooperation auftretenden Risiken und die von Robotern ausgehenden Gefahren im Rahmen der Risikoanalyse betrachtet werden, sollen zunächst einige allgemeine Gesichtspunkte der Sicherheitstechnik kurz vorgestellt werden.

Beim industriellen Robotereinsatz und der Mensch-Roboter-Kooperation beziehungsweise der Mensch-Roboter-Kollaboration verfolgt man das Ziel einer vorbeugenden Sicherheitstechnik. Angestrebt wird hierbei, das Risiko einer Gefährdung von Menschen, Anlagen und der Umgebung sowie der Zerstörung von Sachwerten so gering wie möglich zu halten und dadurch die Gesundheit der Menschen zu schützen sowie für bestmögliche Sicherheit und einen angemessenen Gesundheitsschutz der Beschäftigten bei der Arbeit zu sorgen.

Hierzu geben die jeweiligen Richtlinien zunächst nur allgemeine Sicherheitsziele vor und legen prinzipielle Sicherheitsanforderungen fest. Details werden dann, wie zuvor in den Kap. 8 und 9 dargelegt in harmonisierten Normen, Vorschriften und Verordnungen, wie Arbeitsschutzgesetzen, Maschinenrichtlinien etc. näher spezifiziert.

Jede technische Anlage und deren Steuerung ist grundsätzlich mit dem Risiko einer Gefahrdung behaftet. Dabei ist auch ein mögliches Fehlverhalten von Betreibern und Bedienenden einzukalkulieren. Das größte Risiko jedoch, einen körperlichen Schaden zu erleiden, besteht erfahrungsgemäß nicht während des eigentlichen Produktionsprozesses, denn die meisten Unfälle ereignen sich während des Rüstens und Einrichtens, der Anlagenwartung sowie bei der Beseitigung von Fehlern oder Störungen.

Diese Risiken lassen sich auch durch keine noch so strengen Regeln und Vorschriften vollständig ausschließen. Man kann jedoch die Wahrscheinlichkeit ihres Auftretens und insbesondere das damit einhergehende Gefahrenpotential durch besondere Maßnahmen

gezielt verringern. Dies ist das grundsätzliche Ziel der Risikoanalyse und der Aus-
arbeitung eines für die jeweilige MRK-Anwendung optimal ausgelegten Integrations-
und Sicherheitskonzepts.

10.1   Risikoanalyse

Die Risikoanalyse erfolgt grundsätzlich auf der Basis der Maschinenrichtlinie (2006/42/
EG) beziehungsweise der entsprechenden Rechtsgrundlage in Deutschland, der 9. Verordnung zum Produktsicherheitsgesetz (ProdSG): 9. ProdSV. Zusätzlich ist, wenn es um
die Risikobeurteilung und Risikominderung geht, die EN ISO 12100, die die Sicherheit
von Maschinen beschreibt, eine wichtige Grundlage. Ebenso die EN ISO 13849-1 für die
Risikoeinschätzung bei sicherheitsbezogenen Teilen von Steuerungen.

Wichtig ist, dass eine MRK-Anwendung vom Projektstart an immer wieder
umfassend geprüft und hierbei mit besonderer Sorgfalt auf das Instrument der Risikoanalyse zurückgegriffen wird, um systematisch zu beurteilen, welche Gefährdungen vom
Roboter ausgehen, ob diese akzeptabel sind oder wie sie sich reduzieren lassen.

Die Risikoanalyse dient der Erfüllung der Sicherheits- und Gesundheitsschutzanforderungen. Sie ist ein iterativer Prozess, dessen Ziel die Festlegung der zur Risiko-
vermeidung bzw. Risikominimierung nötigen Schutzmaßnahmen nach dem Stand der
Technik ist (vgl. Abb. 10.1).

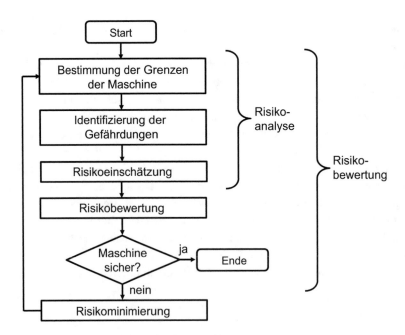

Abb. 10.1 Durchführung einer Risikobeurteilung gemäß EN ISO 12100

Die Erstellung einer Risikobeurteilung ist gesetzlich vorgeschrieben und keine freiwillige Leistung. Ohne eine Risikobeurteilung darf keine MRK-Applikation in Betrieb
genommen werden. Hierbei ist immer die gesamte Applikation, bestehend aus Prozess-
steuerung, Applikation und Robotereinsatz zu betrachten. Es genügt nicht, allein den
Einsatz des Roboters zu beurteilen.

Dieser Prozess begleitet die Planung, die Entwicklung und die Konstruktion. Er ist so
lange zu wiederholen, bis das gewünschte Ziel der Risikominderung erreicht ist und dies
durch entsprechende Validierung nachgewiesen wurde. Außerdem muss vor Inbetriebnahme eines MRK-Arbeitsplatzes gegenüber der Berufsgenossenschaft nachgewiesen
werden, dass vom Roboter für den Menschen und die anderen Maschinen kein Risiko
ausgeht.

Die Risikobeurteilung lässt sich in fünf Prozessschritte unterteilen:

- Der erste Schritt ist die Festlegung der Grenzen der Maschine. Hierbei müssen die
  „räumlichen Grenzen", die Bewegungs- und Verfahrbereiche der Roboter inkl. der
  nötigen Sicherheitsabstände, der Platzbedarf für Installation und Instandhaltung,
  die Materialbereitstellung und -abfuhr sowie die Arbeitsplätze und -flächen zuerst
  betrachtet werden.

  Bei den „energetischen Grenzen" und „stofflichen Grenzen" werden zum einen
  die Energiearten sowie die Schnittstellen von Zufuhr und Abfuhr als auch die Aus-
  gangsstoffe, Hilfs- und Betriebsstoffe beachtet. „Zeitliche Grenzen" bilden z. B. die
  Grenzen der Lebensdauer der Maschine oder von Bauteilen sowie die empfohlenen
  Prüffristen, Wartungs- und Instandsetzungsintervalle.

  Der Bereich der „Verwendungsgrenzen" beinhaltet den Einsatzbereich (Industrie,
  Gewerbe, privat, öffentlicher Bereich), die bestimmungsgemäße Verwendung, die vorhersehbare Fehlanwendung, die Betriebsarten (Normalbetrieb, Montage/Installation,
  Einstellen, Fehlerbeseitigung, Reinigung, Wartung, Instandhaltung, ...), die
  umgebungsfaktorenbezogenen Grenzen, wie z. B. die Einschränkung der Anwendung
  in bestimmten Temperaturbereichen, die nötige Qualifikation und Erfahrung der
  Benutzer (Bediener, Instandhaltungspersonal) und die Hinweise für die besonders
  schutzbedürftigen Personengruppen (z. B. Auszubildende, Schwangere, Leistungs-
  gewandelte).

- Im zweiten Prozessschritt wird ermittelt, welche Gefährdungen und damit verbundene
  Gefährdungssituationen von der Maschine ausgehen können. Dabei sind für die ange-
  dachten Aufgaben in allen Stationen des Produktlebenszyklus der Maschine, wie
  zum Beispiel Montage, Installation, Bedienung, Wartung, Entsorgung und für alle
  Betriebsarten zu erfassen, um damit zusammenhängende Gefährdungssituationen
  festzustellen.

  Bei der Ermittlung von Gefährdungen ist eine möglichst ganzheitliche Betrachtung
  vorzunehmen. Erfahrungswissen ist beim Auffinden der einzelnen Gefahrstellen
  an der Maschine unabdingbar. Ferner ist es wichtig die Material-, Stoff-, Energie-,
  Kraft- und Informationsflüsse der Maschine zu analysieren, denn über die Verbindung

mit den Wirkelementen der Wirkstruktur lassen sich so mögliche Gefahrenstellen ermitteln.

Hilfreich sind hierbei Checklisten zu Gefährdungen, Gefährdungssituationen und den eintretenden Ereignissen aus Normen wie der EN ISO 12100, die im Anhang B derartige Listen beispielhaft enthält.

- Der dritte Schritt legt die Abschätzung der Risiken unter Berücksichtigung der Schwere möglicher Verletzungen oder Gesundheitsschäden und der Wahrscheinlichkeit ihres Eintretens fest. Hier wird ein Zusammenhang zwischen der Eintrittswahrscheinlichkeit eines Schadens und des möglichen Schadensausmaß als Basis zugrunde gelegt.

Das Schadensausmaß gibt die Schwere der Verletzungen bzw. der Gesundheitsschäden bei Personen bezogen auf die Anzahl der betroffenen Personen an sowie die Auswirkungen auf die Umwelt und die Höhe möglicher Sachschäden. Die Eintrittswahrscheinlichkeit wird aus der Häufigkeit und Dauer des Aufenthalts im Gefahrenbereich sowie aus statistischen Daten und bekannten Unfallereignissen bestimmt.

Bei der Risikoeinschätzung sind qualitative, quantitative und kombinierte Verfahren möglich. Da quantitative Verfahren die Anwendung einer analytischen Methode erfordern, sind sie wesentlich aufwändiger durchzuführen und werden primär bei Maschinen und Anlagen mit größerem Risikopotential angewandt. Bei qualitativen Verfahren wird meistens die Risikographenmethode (EN ISO 13849, Performance Level) eingesetzt (vgl. Abb. 10.2).

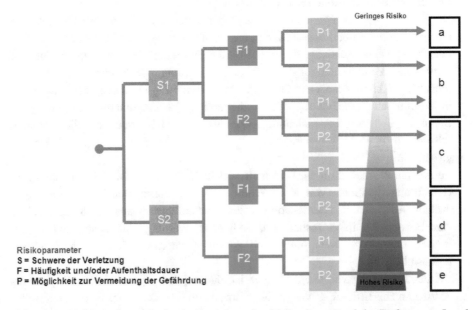

Abb. 10.2 Risikographenmethode zur Ermittlung des Risikoniveaus und der Performance Level nach EN ISO 13849

Die Risikoparameter S stehen für die Schwere der Verletzung: S1 steht für eine leichte, aber üblicherweise reversible Verletzung. S2 steht für ernste, üblicherweise irreversible Verletzung einschließlich Tod.

Die Risikoparameter F stehen für die Häufigkeit und Dauer der Gefährdungsexposition: F1 kennzeichnet eine selten bis weniger häufig eintretende Gefährdungsexposition oder die Zeit ihrer Einwirkung ist kurz. F2 steht für eine häufig bis dauernd eintretende Gefährdungsexposition oder eine über einen langen Zeitraum wirkende Exposition.

Die Parameter P kategorisieren die Möglichkeit zur Vermeidung oder Begrenzung des Schadens: P1 kennzeichnet Minimierungsmöglichkeiten unter bestimmten Bedingungen, P2 steht für kaum mögliche Schadensbegrenzungen.

Die Performance Level (PL) a … e berücksichtigen die durchschnittliche Wahrscheinlichkeit eines gefährlichen Ausfalls je Stunde. Es gilt nach EN ISO 13849-1:

Performance Level (PL)	Durchschnittliche Ausfallwahrscheinlichkeit [h−1]
a	$\geq 10^{-5} \dots < 10^{-4}$
b	$\geq 3 \cdot 10^{-6} \dots < 10^{-5}$
c	$\geq 10^{-6} \dots < 3 \cdot 10^{-6}$
d	$\geq 10^{-7} \dots < 10^{-6}$
e	$\geq 10^{-8} \dots < 10^{-7}$

- Im vierten Prozessschritt werden die Risiken bewertet, um zu ermitteln, ob eine Risikominderung erforderlich ist. Diese Risikobewertung stellt eine Entscheidungsbasis für evtl. erforderliche Maßnahmen zur Risikominderung dar. Man spricht vom „Grenzrisiko", demnach man so lange Risikominimierung betreiben muss, bis der als „verbleibendes Restrisiko" bezeichnete Zustand als sicher angenommen werden darf (vgl. Abb. 10.3).
  Bei der Risikominderung wird gezielt auf eine inhärent sichere Konstruktion hingearbeitet, dann werden technische Schutzmaßnahmen ergänzt und schließlich erfolgt eine umfassende Benutzerinformation. Diese aufeinander folgenden Schritte stellen eine Rangfolge dar, die auch so zu durchlaufen ist.
- Zum Schluss werden etwaige Gefährdungen in einem fünften Schritt beseitigt oder die mit diesen Gefährdungen verbundenen Risiken gemindert. Die Wirksamkeit der Schutzmaßnahmen muss bei der Mensch-Roboter-Kooperation einer Überprüfung unterzogen werden. Diese Validierung gilt es umfangreich zu dokumentieren.

Wie geht man nun aber ganz konkret bei einer Mensch-Roboter-Kooperation vor und wie entwickelt man daraus ein Integrations- und Sicherheitskonzept für einen MRK-Arbeitsplatz?

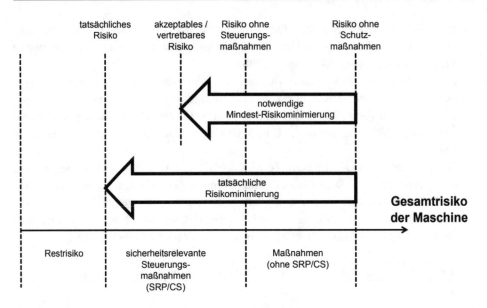

Abb. 10.3 Risikominimierung

10.2   Ableitung des Integrations- und Sicherheitskonzepts

Auf Basis der Risikoanalyse und den dabei gewonnenen Ergebnissen werden die aus-gewählten Sicherheitsmaßnahmen in der Risikobeurteilung dokumentiert und die Integration der Sicherungseinrichtungen beim Arbeitsplatzaufbau berücksichtigt.

In einem ersten Schritt gilt es, die Grenzen und Arbeitsbereiche der Roboter und der Menschen zu identifizieren und daraus die Kontaktpotentiale abzuleiten. Hierbei sind mehrere Kontaktszenarien denkbar und wahrscheinlich. Die Palette reicht von vorher-gesehenen und gewollten Berührungen bis hin zu unerwarteten, ungewollten Kontakt-situationen.

Beim klassischen Robotereinsatz in der Vollautomation müssen die Arbeitsbereiche der Menschen und der Roboter, die mit hoher Geschwindigkeit unabhängig von den Menschen arbeiten, vollständig durch trennende Schutzeinrichtungen wie beispielsweise engmaschige Gitterzäune oder kollisionsbeständige Plexiglasschutzscheiben abgesichert werden (vgl. Abb. 10.4).

Die gesamte Roboteranwendung wird innerhalb eines Schutzkäfigs realisiert, dessen Abmaße unter Berücksichtigung der erforderlichen Nachlaufzeiten und -wege des Roboters bei einem Not-Halt jegliche Interaktion mit dem Bedienungspersonal ausschließen.

Der Zugang ist mit einer Verriegelungseinrichtung auszustatten und darf nur zutritts-berechtigtem Personal nach einer vollständigen Stilllegung des eingesetzten Roboters ermöglicht werden. In nicht durch mechanische Schutzvorrichtungen abgesicherten

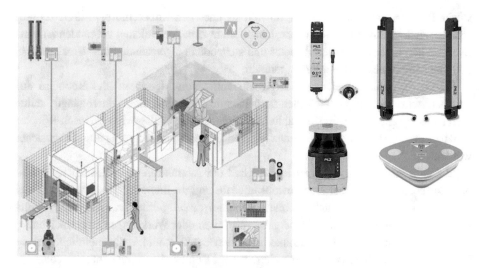

Abb. 10.4 Absicherung einer klassischen Roboterzelle durch trennende Schutzeinrichtungen. (Quelle Pilz)

Zugangs- und Zufuhrbereichen sind Lichtvorhänge in funktional sicherer Ausführung vorgeschrieben.

Betritt eine Person den Schutzraum, so muss unverzüglich ein sicher überwachter Stillstand des Roboters herbeigeführt werden, der sich erst wieder auflösen lässt, wenn die Person den Schutzbereich wieder verlassen hat. Dann darf der Roboter wieder mit maximal zulässiger Bahngeschwindigkeit im Automatikbetrieb arbeiten.

Bei den Sicherheitsbetrachtungen sind auch die Abmaße, die Störkonturen und die Sicherheit der genutzten Endeffektoren zu berücksichtigen. Häufig geizt man bei Roboteranwendungen um jeden Quadratmeter Aufstellfläche. Dies führt fast immer dazu, dass der Schutzzaun im Bewegungsbereich der Anlage steht und umgestoßen oder durchschlagen werden kann.

Das manuelle Steuern von Robotern und das Einrichten des Roboters bei geöffneter oder ausgeschalteter Schutzeinrichtung sind nur zulässig, wenn in der Roboterzelle ausreichend Platz zum Ausweichen vorhanden ist und dazu eine sichere Betriebsart zur Verfügung steht.

Dieser spezielle Betriebsmodus ist meist Teil der Robotersteuerung und verlangt die gleichzeitige Erfüllung von vier Sicherheitsbedingungen: kein automatischer Programmablauf, sondern nur Einzelbewegungen, dauernde Zustimmung zur Gefährdung durch den eingewiesenen Nutzer über einen mehrstufigen Zustimmtaster, Bahnfahrten nur bei reduzierter Geschwindigkeit (<250 mm/s), Vorhandensein eines Not-Halts in unmittelbarer Nähe.

Problematisch wird es, wenn eine Override-Funktion vorhanden ist, mittels der ein manueller Betrieb mit der programmierten Prozessgeschwindigkeit möglich ist. Eine solche Betriebsweise ist gefährlich, obwohl sie nach den Roboternormen ISO10218-1/2 grundsätzlich zulässig ist, wenn ausreichend Platz zum Ausweichen vorhanden ist. Ausreichend heißt, dass zwischen Roboter und stehenden Gegenständen und Umzäunungen 500 mm Mindestabstand verbleiben müssen.

Sobald die strikte Trennung der Arbeitsräume von Menschen und Robotern aufgehoben wird und diese sich den Arbeitsraum zeitweise oder durchgängig teilen, kommt es zwangsläufig zu Interaktionen. Eine solche Anlage mit Mensch-Roboter-Kollaboration (MRK) muss unter ganz anderen Gesichtspunkten geplant und abgesichert werden.

In einem ersten Analyseschritt ist der Grad der Interaktion an einem MRK-Arbeitsplatz zu bestimmen. Dabei sind sowohl unbeabsichtigte Interaktionen, etwa wenn sich die Wege von Menschen und mobilen Robotern zufällig kreuzen, als auch gewollte physische Interaktionen wie die Übergabe von Teilen oder Werkzeugen zu betrachten.

Grundsätzlich sind mehrere Kontaktszenarien denkbar und wahrscheinlich. Bei der Einrichtung einer MRK-Anwendung werden zwei Kontaktsituationen unterschieden:

- Der gewollte und applikationsbedingt notwendige sichere Kontakt:
  Diese erste Kategorie beschreibt Anwendungen, wie die Auf- oder Abnahme eines Werkstücks oder das Führen und Anlernen eines Roboterarms. Auch das Berühren des Roboters als Interaktionsmöglichkeit, beispielsweise um ihn bewusst anzuhalten oder ihm unmittelbare Bewegungsbefehle zu geben, fällt in diese Kategorie der gewollten sicheren Berührungen.
  Bei der Handführung eines Roboters sind nur reduzierte maximale Bahngeschwindigkeiten von 250 mm/s zulässig. Verlangt werden beispielsweise für die Handführung eine „Sichere Geschwindigkeit" mit Nothalt und Performance-Level d (PL d) mit Strukturkategorie 3 (Kat.3). Keine Roboterbewegung darf ohne direkte Eingabe des Werkers am Roboter erfolgen, hierbei ist ein dreistufiger Zustimmtaster und die Möglichkeit zum Stillsetzen der Anlage im unmittelbaren Arbeits- und Kollaborationsumfeld vorzusehen.
- Der ungewollte und sicherheitsrelevante Kontakt:
  Diese zweite Art von Kontaktsituationen sind die unbeabsichtigten und unerwarteten Kontakte, die meistens aus Unachtsamkeit des Mitarbeiters oder aufgrund einer reflexartigen Bewegung erfolgen, beziehungsweise auch durch Fehlfunktionen und unerwartete Roboterbewegungen eintreten.
  Im Kollisionsfall sind ausschließlich solche Beanspruchungen der Haut und des darunterliegenden Binde- oder Muskelgewebes erlaubt, bei denen es nicht zu einem tieferen Durchdringen der Haut und des Gewebes mit blutenden Wunden sowie zu Frakturen oder anderweitigen bleibenden Schäden des Skelettsystems kommt.
  Zur Schadensvermeidung bzw. -reduzierung muss daher eine Begrenzung der auftretenden Kräfte vorgenommen werden. Die Einhaltung der Grenzwerte für Geschwindigkeit und Kraft muss in sicherer Technik überwacht werden. Je nach Kontaktart treten hierbei Kräfte mit unterschiedlichen Charakteristiken auf.

Kontaktsituationen zwischen Menschen und Robotersystemen sind grundsätzlich auf ein Minimum zu begrenzen. Dies gilt für Kontakt durch Anstoßen und auch für eventuelle Klemmsituationen. Kommt es zu einer Kollision und einer damit verbundenen Krafteinwirkung auf einen Gegenstand oder einen menschlichen Körper, sind außerdem zwei prinzipiell mögliche Situationen zu unterscheiden:

- Der quasi-statische Kontakt: Ein Gegenstand oder ein Körperteil erfährt eine Klemmung, beispielsweise wenn eine auf dem Tisch liegende Hand zwischen Tisch und Roboter eingeklemmt wird. Da kein Zurückweichen der betroffenen Körperstelle möglich ist, nimmt das Gewebe des Körperteiles die gesamte kinetische Energie des Roboters auf.
- Der transiente Kontakt: Ein freier Einschlag, bei welchem der Roboter auf einen Gegenstand oder ein Körperteil trifft, das aufgrund des freien Einschlagimpulses zurückweichen kann. Zum Beispiel trifft der Roboter eine frei bewegliche Hand. Nur ein Teil der potentiellen Energie wir hierbei vom Gewebe aufgenommen und bis zur Entlastung in diesem gespeichert. Der Rest beschleunigt die Körperstelle als kinetische Energie in Richtung der Einschlagrichtung des Roboters.

Trotz dieser prinzipiellen Unterteilung gestaltet sich die Krafteinwirkung auf einen Gegenstand oder Körper in einer realen Klemmsituation etwas komplexer. So wirkt im ersten Moment der Klemmung, etwa den ersten 0,5 s, eine hohe transiente Kraft auf den Körper, da die Masse in dieser kurzen Zeit aufgrund der Haut und des Muskelaufbaus noch ein wenig zurückweichen kann. Erst danach pendeln sich quasi statische Kraft- und Druckverhältnisse ein.

Für eine sinnvolle Risikobeurteilung müssen daher die über die Zeit hinweg gemessenen Werte Beachtung finden. Eine gute Risikobeurteilung für Klemmsituationen erfolgt, indem man maximale Kraft- und Druckverhältnisse für den Zeitpunkt 0,5 s nach dem Kontakt misst und mit den Richtwerten für statischen Kontakt der ISO/TS 15066 vergleicht.

Generell dürfen die Arme MRK-fähiger Roboter nur sanften Druck ausüben und sich mit mäßiger Geschwindigkeit bewegen. Im Kontakt mit Menschen muss der Roboter seine Geschwindigkeit schnell und sicher reduzieren, um die im System gespeicherte kinetische Energie zu begrenzen und gleichzeitig das Verletzungsrisiko im Kollisionsfall verringern.

Viele Roboter überwachen daher fortlaufend die Ströme in den meist mittels Gleichstromservomotoren angetriebenen Gelenken. Aus den bei Berührung ansteigenden Strömen und der Auswertung weiterer Sensorsignale (zum Beispiel der Drehwinkelgeber) kann die Robotersteuerung die auf den Roboterarm einwirkenden Kräfte bestimmen. Diese vergleicht die Sicherheitssteuerung in Echtzeit mit den aufgrund der Physik zu erwartenden statischen und dynamischen Kräften. Stimmen diese Werte durch den erhöhten mechanischen Widerstand im Kollisionsfall nicht mehr miteinander überein, stoppt der Roboter sofort.

Der Kuka LBR iiwa greift zusätzlich auf die in seinen Gelenken eingebauten Kraft-Momenten-Sensoren zurück, welche die in jeder Achse auftretenden Kräfte sehr präzise messen können und so dem Roboterarm einen mechanischen Tastsinn verleihen. Die auftretende Differenz zwischen erwarteten und tatsächlich gemessenen Gelenkmomenten wird als zusätzlich wirkendes externes Moment interpretiert. Eine Schwellwertüberschreitung im Kollisionsfall führt zum sicheren Halt.

Bei der sicherheitstechnischen Bewertung eines MRK-Arbeitsplatzes müssen die Bahngeschwindigkeiten der Roboter, die zentralen Konturradien im Kollisionsbereich, dessen Lage und die dort mit hoher Wahrscheinlichkeit anzutreffenden Körperteile sowie die Masse des Robotersystems eingehen. Konturradien an den Kanten und relevanten Konturen sind möglichst groß zu wählen (Kantenradius mindestens 5 mm).

Vorteilhaft ist in punkto Sicherheit auch die Verwendung einer möglichst niedrigen Geschwindigkeit zum Erhöhen der relativen Reaktionszeit bei der Arbeitsraumüberwachung und zur Minderung der kinetischen Energie im Kollaborationsbetrieb. Je schneller sich der Roboterarm bewegt, desto stärker ist der mögliche Verletzungsgrad. Zusätzlich gilt: Je weniger ein Roboter wiegt, desto geringer ist das Verletzungsrisiko. Desto leichter fällt es, die kinetische Energie bei einem Stoß möglichst gering zu halten. Der Zielkonflikt ist greifbar: Je weniger Kraft der Roboter in den Prozess einbringen darf und desto langsamer er sich bewegt, desto geringere Schäden kann er anrichten, desto geringer ist aber auch seine Performance.

Für die Auswahl der bei Kontakt anzunehmenden Roboterbewegungen mit korrespondierenden Körperregionen sollten typischerweise folgende vorhersehbare Situationen angenommen und im Rahmen der Risikobeurteilung bewertet werden:

- Manuelles Eingreifen in den Arbeitsbereich, bewusst und unbewusst, z. B. reflexartig
- Beobachten des Arbeitsprozesses, z. B. durch Hineinbeugen oder Herüberbeugen
- Auffinden und Eingreifen bei Störungen
- Aufheben herabfallender Teile
- Anstoßen der Roboterarme an den Körper
- Anstoßen des Werkzeugs und des Werkstücks an den Körper

Generell sollten Klemmsituationen – wenn nicht vollständig vermeidbar – nur im Bereich der oberen Extremitäten auftreten können. Dies kann im Zug der Risikominimierung durch entsprechende konstruktive Maßnahmen und eine sichere Begrenzung des Bewegungsbereiches des Roboters einschließlich Werkzeug und Werkstück erreicht werden. Eine Kollision mit sensiblen Körperteilen wie Kopf und Hals ist im Rahmen der bestimmungsgemäßen Verwendung und der Arbeitsbereichsgestaltung auszuschließen.

Falls weiterhin Kollisionsrisiken bestehen, müssen diese Bereiche zum Beispiel durch zusätzliche trennende (auch transparente) Schutzeinrichtungen vom Zugang ausgeschlossen sowie mit ergänzenden Anweisungen an die Benutzer versehen werden.

Zudem gelten für das Robotersystem die Sicherheitsanforderungen nach EN ISO 10218-2. Insbesondere ist darauf zu achten, dass Not-Halt Einrichtungen leicht erreichbar und in ausreichender Anzahl vorgesehen werden.

Resultierend aus dem möglichen direkten Kontakt zwischen Person und Robotersystem, ist auch eine jederzeit verfügbare Möglichkeit des selbstständigen Befreiens aus Klemmsituationen sicherzustellen, z. B. eine Schalteinrichtung zum Lösen der mechanischen Haltebremsen.

10.3 Umsetzungsmöglichkeiten für Sicherheitskonzepte

Sichere MRK-Applikationen lassen sich heute auf unterschiedliche Weise realisieren. Dazu gehören sichere Steuerungssysteme, taktile, kapazitive oder optische Sensorsysteme, auch sichere Kamera- und Bildverarbeitungssysteme, welche die Arbeitsbereiche, in denen Mensch und Maschine zusammenarbeiten, überwachen.

Bei Anwendungen, in denen eine direkte Interaktion zwischen Mensch und Roboter möglich ist, sind taktile Sensorsysteme eine wichtige und häufig eingesetzte Schlüsseltechnologie, zum Beispiel als Trittmatten am Boden (vgl. Abb. 10.5).

Ein weiterer Ansatz ist das Ummanteln des Roboters mit einer künstlichen sensorischen Haut aus einer weichen Oberfläche, mithilfe derer Berührungen gefühlt werden können. Die eingesetzten Sensoren messen den elektrischen Widerstand oder die Kapazität, die sich bei einem Kontakt in Folge der eingetretenen Verformung verändert. So können Ort und Stärke selbst kleinster Berührungen sicher erkannt werden. Bemerkt der Roboter einen sich nähernden Werker oder einen ungeplanten Kontakt, wird seine Bewegung unmittelbar gestoppt oder verlangsamt. Damit lassen sich unterschiedlichste

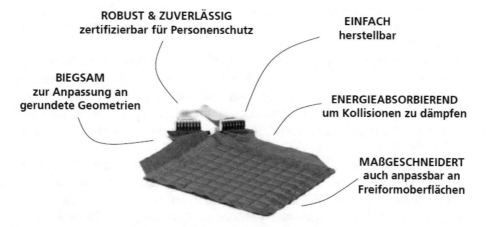

Abb. 10.5 Schutzummantelung eines Roboters durch auf Betreten, Berührung oder Annäherung reagierende Matten und Stoffe. (Quelle Fraunhofer IFF)

Roboter-Typen ausstatten. Sogar komplex geformten Bauteilen und Anbauwerkzeugen kann man die fühlende Oberfläche anlegen.

Noch immer gehen die meisten integrierten Schutzkonzepte der Roboter von einer Berührung mit dem Werker aus. Entwickelt werden aktuell aber mehrere Sensor- und Arbeitsraumüberwachungssysteme, die eine potentielle Kollision bereits im Vorfeld eines Kontakts erkennen. Hierzu werten die Systeme Signale von angeschlossenen visuellen, akustischen, taktilen oder Radar unterstützten Überwachungssystemen in Echtzeit aus und stoppen die Maschinen noch bevor es zu einer Kollision kommt, wenn ein festgelegter Mindestabstand zwischen dem Menschen und dem Roboter unterschritten wird.

Optische Sensorsysteme – vom Lichtvorhang über Laserscanner und Kameras mit 3D Bildverarbeitung bis hin zu Projektoren – eignen sich in besonderer Weise zur Absicherung von Gefahrenstellen, Verfahrwegen in den Arbeitsräumen sowie zur Kollisionsvermeidung und Zutrittsabsicherung. Für die Anwendung reife, von der Berufsgenossenschaft zugelassene Systeme zur sicheren externen Positions-, Geschwindigkeits- und Abstandsüberwachung stellen Lösungen wie der Einsatz sicherer Laserscanner oder Lichtvorhänge oder die Kamera basierte Safety Eye-Technologie von Pilz dar, auf die im Folgenden noch näher eingegangen wird.

Lichtvorhänge werden vor allem zur Verfahrwegs- und Zutrittsabsicherung in Roboterzellen und Beladebereichen eingesetzt. Die Scanner werden hierzu entweder in Bodennähe oder oberhalb der Produktionssysteme und der zu überwachenden Schutzräume installiert.

Laserscanner projizieren eine oder mehrere Laserlinien auf ein zumessendes Objekt oder in einen zu überwachenden Schutzraum. Das von den Störkonturen reflektierte Licht mit Detektoren wird aufgenommen. Der Sensorcontroller berechnet aus der Messung der Lichtlaufzeit die Abstände der einzelnen Messpunkte und die Distanz zum Störkörper. Nachdem die Lichtgeschwindigkeit sehr hoch ist, ist eine hochdynamische Messung auch über größere Entfernungsbereiche hinweg möglich. Eine Auflösungsverbesserung ist durch eine zusätzliche Phasenmodulation des ausgesendeten Laserlichtsignals möglich.

Interessante Ansätze werden aktuell auch in der Forschung weiterverfolgt, bei denen Warn- und Schutzräume dynamisch mit Hilfe von Lichtprojektoren angezeigt und mit Kameras deren Einhaltung überwacht wird. Die Idee dabei ist, dass einerseits Kollisionen zwischen Menschen und Robotern vermieden werden müssen, andererseits aber aus Platzgründen eine räumliche Nähe zwischen Mensch und Roboter für die optimale Arbeitsplatzgestaltung wichtig ist.

Die geschützte Zone, markiert durch das Lichtband, wandert während der Roboterbewegung auf dem Boden mit. Wird der Schutzraum verletzt, steht die Maschine bei Kollisionsgefahr sofort. Bei großen Arbeitsbereichen lassen sich auch am Boden Bewegungs- (grün), Warn- (gelb) und Verbotszonen (rot) markieren, die entsprechend der Roboterbewegungen über den Hallenboden huschen (vgl. Abb. 10.6).

Abb. 10.6 Dynamische optische Arbeitsraumüberwachung, die sich den Roboterbewegungen anpasst. Die Schutzzone wird lichtoptisch auf die zu überwachende Arbeitsfläche projiziert. (Quelle Fraunhofer IFF)

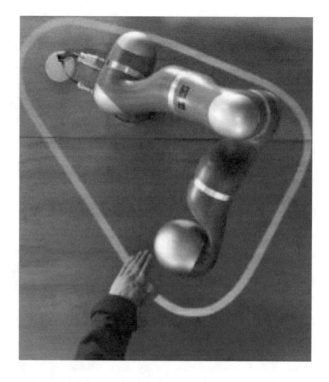

Das kamerabasierte Safety Eye-System der Firma Pilz – häufig zur Schutzraumüberwachung in Robotik und MRK eingesetzt – besteht aus drei Komponenten: der Sensoreinheit, einer Auswerteeinheit und einem programmierbaren Steuerungssystem (PSS).

Die aus drei hochdynamischen Kameras bestehende Sensoreinheit liefert die Bilddaten des zu überwachenden Raumes. Herzstück bilden drei HDRC (High Dynamic Range) CMOS Kamerasensoren, die sich durch eine außergewöhnlich hohe Helligkeitsdynamik auszeichnen. Sie passen sich sehr schnell an extreme Lichtbedingungen an, um so nicht ge- oder überblendet zu werden.

Die Sensoreinheit wird oberhalb des zu überwachenden Arbeitsbereichs angebracht. Die Auswerteeinheit empfängt über Lichtwellenleiter die Bilddaten der Kameras und berechnet daraus ein räumliches Bild. Diese Informationen werden mit den im System konfigurierten virtuellen Schutzräumen überlagert, um festzustellen, ob eine Verletzung des Schutzraums vorliegt.

Das Safety Eye erkennt den Werker, wenn er sich dem Gefahrenbereich des Roboters oder einer Maschine nähert. Kommt es zu einer Annäherung an einen Gefahrenbereich (gelb), macht die vorgelagerte Warnzone den Werker akustisch und visuell über Lichtampelsignale auf die Gefahrensituation aufmerksam (vgl. Abb. 10.7).

Bei einer weiteren Annäherung verlangsamen sich die Arbeitsprozesse, der Roboter reduziert seine Geschwindigkeit und zieht sich zurück. Tritt der Mitarbeiter, alarmiert

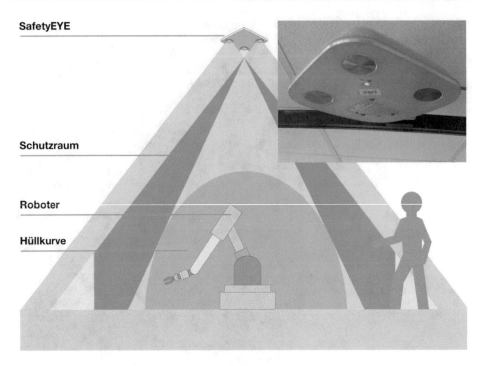

SafetyEYE

Schutzraum

Roboter

Hüllkurve

Abb. 10.7 Kamerabasiertes Safety Eye Sensorsystem zur Arbeitsraumüberwachung. Oben rechts: Einbau des Sensorsystems in einer Roboterzelle. (Quelle PILZ)

durch das Warnsignal, wieder zurück, arbeitet der Roboter mit normaler Geschwindigkeit weiter. Dieses Anfahren bedeutet keinen signifikanten Zeitverlust. Wird allerdings der engste, um den Arbeits- und Gefahrenbereich des Roboters oder einer Maschine gelegte virtuelle Schutzraum (rot) verletzt, erfolgt ein sicherer Not-Halt (vgl. Abb. 10.8).

Bei der Planung der Roboterzellen und bei der Berechnung der Schutzabstände müssen sowohl die Robotergeschwindigkeit als auch die Nachlaufwege und Mindestabstände, die sich aufgrund der Reaktionszeiten ergeben, berücksichtigt werden.

Bei mobilen Robotern setzt man optische, akustische und taktile Sensoren ein, um Gegenstände, Bezugspersonen und Gefahrensituationen zu erkennen. Trotz großer Fortschritte, vor allem in der Mustererkennung, reichen sensorgestützte Verfahren heute noch nicht aus, um Gefährdungen des Menschen mit hinreichender Wahrscheinlichkeit auszuschließen. Daher werden die maximale Masse und Geschwindigkeit mobiler Roboter so auslegt, dass auch im Kollisionsfall kein Mensch zu Schaden kommen kann.

Die geforderte Sicherheit steht häufig im Widerspruch zur unerlässlichen Produktivität. Wenn eine hohe Stückzahl in der Fertigung angestrebt ist, bei einer MRK-Lösung jedoch die Geschwindigkeit des Roboters aus Sicherheitsgründen begrenzt werden muss oder der Roboter bei einer Annäherung gar stoppt, sollten Mensch und Roboter vielleicht doch getrennt arbeiten.

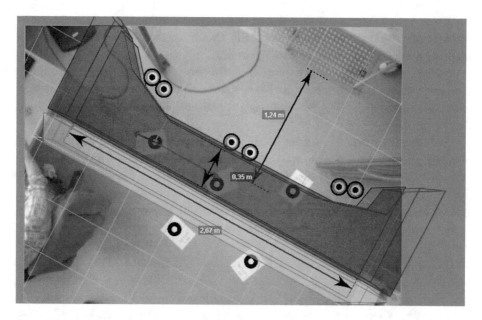

Abb. 10.8 Einrichtung von Schutz- und Warnräumen bei der Safety Eye Absicherung einer Roboterzelle.

10.4   Sicherheit der Endeffektoren

Die Mensch-Roboter-Kooperation und vor allem kollaborative Einsatzszenarien erfordern eine ganzheitliche Betrachtung des Einsatzumfelds, bei dem auch die Endeffektoren in ihrer Form und Funktion zu berücksichtigen sind. Zudem gilt es, Roboterzubehörkomponenten, wie Drehdurchführungen, Kollisionsschutze oder Schnellwechselsysteme zu berücksichtigen.

Genau hier beginnt die Herausforderung: Ist der Greiffinger eines Greifwerkzeugs am Roboter als scharfkantiges Werkzeug ausgeführt oder evtl. mit einem scharfkantigen Werkstück oder einer scharfen Klinge bestückt, sind selbst bei einer geringen Greif- oder Kollisionskraft Verletzungen zu erwarten.

Um es klar und deutlich zu sagen: Es genügt nicht, einen MRK-fähigen sicheren Roboter auszuwählen, um die mit MRK verknüpften Arbeitssicherheitsanforderungen zu erfüllen. Am Beispiel eines Greifwerkzeugs lässt sich dies trefflich und anschaulich deutlich machen.

Die meist mechatronisch ausgeführten Greifwerkzeuge, die an einem MRK-fähigen Roboter angebaut werden, müssen in sicherer Technik ausgeführt sein und eine kontrollierte Krafteinwirkung im Kollisionsfall sicherstellen, ohne dabei ihre eigentliche Aufgabe zu vernachlässigen, eben sanft und zugleich sicher ein Werkstück aufnehmen zu können.

Dieses Anforderungsprofil lässt sich in drei prägnante Leitanforderungen fassen: Ein MRK-Greifer verletzt nie beim Greifen. Ein Greifer erkennt immer den Kontakt des Menschen. Ein Greifer verliert nie das Werkstück.

Kommt es zu einer Gefahrensituation, wird eine Greifkraftbegrenzung aktiviert. Ansonsten kann der Greifer mit beliebigen Kräften betrieben werden. Die Verletzungs-gefahr wird durch ein MRK-gerechtes Design der Schutzhülle minimiert. Abb. 10.9 zeigt dies beispielhaft.

Ein inhärent sicherer Greifer für kollaborative Anwendungen ist so konstruiert, dass alle möglichen Gefahrenquellen wie scharfe Kanten, Klemmstellen, Hinterschneidungen oder das Wirken zu hoher Greifkräfte durch bündige Schutzhüllen ohne scharfe Ecken konstruktiv eliminiert wurden. Die Ansteuerung des Greifvorgangs ist redundant aus-geführt. Die eingesetzten Komponenten überwachen sich gegenseitig.

Bei einem sachgemäßen Einsatz geht auf diese Weise keine Gefahr vom Greif-werkzeug aus. Überschreitet die Greifkraft das gesundheitsunschädliche Limit von 140 N pro Finger, sind zusätzliche Maßnahmen und Betrachtungen erforderlich.

Unabhängig vom Grad der Mensch-Roboter-Interaktion erfolgt die Ansteuerung des Greifers über digitale I/O, IO-Link oder über industrielle Ethernet- und Bus-Schnittstellen. Greifer mit digitalen I/O gelten als Einstiegssegment in die Welt der mechatronischen Handhabung, da da das Prinzip der Ansteuerung durch reines Schalten beibehalten wird und keine Programmierkenntnisse bei der Inbetriebnahme oder beim Werkzeugwechsel erforderlich sind.

Bei Greifern mit lO-Link-Schnittstelle können über die digitale Punkt-zu-Punkt-Ver-bindung auch Parametrier- und Diagnosedaten übertragen werden. Zudem lässt sich der Verdrahtungsaufwand sowie die Zahl der Schnittstellen- und Steckverbindervarianten in der Anlage verringern. Greifer mit Feldbusschnittstelle (PROFINET, EtherCAT, Ether-net/IP) ermöglichen einen größeren Funktionsumfang: So lässt sich beispielsweise die Referenzierart wahlweise auf Block, auf Geschwindigkeit, Stromfahrt oder Werkstück einstellen. Hinzu kommen weitere Funktionalitäten, wie Messen, Positionieren, die Integration eines Webserver zur Inbetriebnahme oder die Anbindung an ein Gateway zur Datenauswertung über Cloud-Lösungen.

Abb. 10.9 Inhärent sichere Konstruktion eines MRK-fähigen Greifwerkzeugs am Beispiel des Greifers Co-act EGP-c. (Quelle Schunk)

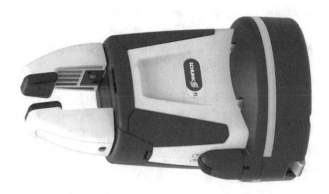

Über integrierte Sensoren wird zusätzlich das Arbeitsumfeld des Greifers überwacht und der Mensch vor einer Kollision erkannt. Die eingebaute Sensorik registriert Annäherungen von Menschen und ermöglicht eine situationsabhängige Reaktion, ohne dass Mensch und Roboter sich berühren. Über eine Sensorfusion, also die Zusammenführung der einzelnen Informationen aus der sensorischen Aura, ist es möglich, Situationen zu bewerten und adäquate Reaktionen einzuleiten.

10.5   IT/OT Sicherheit

Die bisherigen Diskussionen fokussierten sich auf Abhandlungen zur funktionellen Sicherheit der Cobot-Technologie mit unmittelbarem Bezug auf den Schutz von Menschen und Robotern in gemeinsamen Arbeitsräumen (*„Functional Safety"*). Sie bezogen sich vor allem auf das Engineering von Maschinen und Anlagen für die Automatisierung.

Zusehends kommt auch bei der Mensch-Roboter-Kooperation der Aspekt der Daten- und Manipulationssicherheit zum Tragen (*„Security"*), denn Mensch und Roboter sind im Arbeitsalltag nicht immer gleich die besten Freunde, auch wenn sie sich bei der MRK räumlich sehr nahekommen. So ist bei allen Konzeptplanungen die Berücksichtigung der Themen Manipulation der Roboter und Schutz vor Sabotage geboten. Ebenfalls sind Fragen des IT-Schutzes und der Datensicherheit bei einer MRK-Einführung zu beantworten.

Produktionseinrichtungen werden heute weltweit an verschiedenen Standorten genutzt, über Ferndiagnose und -wartung im Betrieb beobachtet und gesteuert. Dabei geraten sie zunehmend ins Fadenkreuz von Wirtschaftsspionage, Manipulationen, Sabotage und krimineller Handlungen. Vor allem die gezielte Fehlsteuerung von Produktionsprozessen durch Manipulation, Missbrauch und unberechtigte Zugriffe durch Dritte stellen große Bedrohungen dar, die im Betriebsalltag heute häufig noch auf eine zu geringe Beachtung stoßen.

In der Konsequenz besteht Handlungsbedarf, wirkungsvolle Schutz- und Monitoring-Maßnahmen zur Abwehr von Cyberattacken, Datendiebstahl, unberechtigter Infrastruktur- und Prozessmanipulation für das MRK-Umfeld zu entwickeln. Wer den Diebstahl oder Verlust von geistigem Eigentum oder allgemeine Fehlfunktionen durch Viren oder andere Verursacher verhindern und Cyber-Sicherheit herstellen will, kommt bei einer MRK-Einführung nicht um den Einsatz entsprechender Hard- und Software in Steuer- und Regelungsnetzwerken herum.

Aktuelle Erhebungen zur IT-Sicherheit in der Produktion zeigen eine sehr unbefriedigende Lage der IT- oder besser der OT-Sicherheit (Sicherheit der „Operational Technology") auf. Trotz eines ungebrochenen Trends zur Automatisierung ist der Stand der Technik in der Nutzung wirksamer Abwehrmittel gegen Cyberangriffe, Datenmanipulation und Sabotage eher ernüchternd.

Firewalls, Identitäts-Management und Angriffserkennung bieten einen Basis-Schutz gegen externe Eindringlinge, sind aber vielfach nicht zeitgemäß ausgeführt. Filter und Berechtigungen können manipuliert, Identitäten gefälscht werden. Vor allem Produktionsmaschinen und Maschinensteuerungen sind in zahlreichen Fertigungsunternehmen nur unzureichend abgesichert. Sie greifen auf Steuerungsrechner unterschiedlichsten Aktualisierungsgrads zurück und sind häufig aufgrund der Nutzung veralteter Software nicht selten ein leichtes Ziel für Schadsoftware. Ein aktualisierter Virenschutz ist oft nicht vorhanden.

Obwohl das Thema *„IT Security"* in aller Munde ist, sind sich viele Ingenieure und Produktionsverantwortliche im betrieblichen Alltag der Wichtigkeit von Netzwerk- und Anlagensicherheit im Fertigungsumfeld kaum bewusst. Dabei ist der klassische Schadensfall in der Fabrikautomation nicht unbedingt ein bösartiger Angreifer, sondern alltägliche Aufgaben wie das Aufspielen neuer Software, die ein Netzwerk lahmlegen können, oder ein simples Software-Update, das sich bis auf Geräteebene ausbreitet und Konfigurationen überschreibt.

Fremdsoftware wird gedankenlos auf Rechner gespielt, ohne dabei die Konsequenzen zu durchdenken. In vielen Fällen wird einfach davon ausgegangen, dass die Fertigungsnetze gar nicht oder nur in sehr geringer Form mit externen Netzen gekoppelt werden. In der Praxis zeigt sich, dass viele Fabriknetze bereits heute mit dem Internet gekoppelt sind. Dabei spielen Fernwartungs- und Logistikanwendungen eine Rolle. Teils geschieht dies geplant und kontrolliert, in vielen Fällen aber ist den Verantwortlichen die Vernetzung nicht bewusst.

Und aufgrund gewachsener und teilweise veralteter Netzwerk Topologien werden in Industrieanlagen häufig Server eingesetzt, die nur jährlich oder halbjährlich sicherheitstechnisch überprüft und aktualisiert werden. Der Schutz dieser Fertigungsnetzwerke wird zudem dadurch erschwert, dass bei den meisten Industrieanlagen statische, hardwarebasierte Lösungen eingesetzt werden, die mit den sich ständig ändernden Bedrohungsmustern nicht Schritt halten können, da Aktualisierungen äußerst schwierig, häufig sehr zeit- und kostenintensiv sind.

Für sicherheitskritische Anwendungen sind derartige, häufig in Produktionsbereichen anzutreffende Missstände geradezu fatal, da vor allem bei der Interaktion von Menschen und Maschinen eine besondere Risikolage vorliegt.

MRK-Komponenten und Steuerungen müssen manipulationssicher aufgebaut sein. Von zentraler Bedeutung sind die Regelung von Zugriffsrechten und der Parameterschutz (Schutz vor unerwünschten Änderungen von Geräteeinstellungen). Zusätzlich muss das Bewusstsein zur Erkennung von Cyber-Attacken und Gerätemanipulationen geweckt, die Aufmerksamkeit dafür geschult und immer wieder trainiert werden.

Ebenso wichtig sind die Sicherung und das Back-Up von Einstellungen und Daten, die Erstellung und Durchführung von Softwareaktualisierungen und Sicherheits-Updates sowie die Nutzung sicherer Funkverbindungen. Weitere Anforderungen an Überwachungssysteme und Feldgeräte sind die sichere Fernwartung, die Überwachung ihrer Kommunikation sowie die Datensicherheit bei der Speicherung.

Literaturhinweise und Quellen

Behrens, R., *Risikobewertung leicht(er) gemacht – Der Weg zur effizienten Auslegung von sicheren MRK-Applikationen*, Vortrag beim 4. Forum Mensch-Roboter, Stuttgart, 23./24.10.2019

Blankemeyer, S., Recker, T., Raatz, A., *Hardwareseitige MRK-Systemgestaltung* in R. Müller, J. Franke, D. Henrich, B. Kuhlenkötter, A. Raatz, A. Verl (Hrsg.), Handbuch Mensch-Roboter-Kollaboration, Carl Hanser, S. 37–70 (2019)

Bräutigam, P., *Roboter: IT-Security und Haftung*, Vortrag beim 2. Forum Mensch-Roboter, Stuttgart, 23./24.10.2017

Burke, T. J., *OPC Unified Architecture – Wegbereiter der 4. Industriellen (R)Evolution*, Fach-informationsbroschüre der OPC Foundation e. V. (2015)

Elkmann, N., *Sichere MRK: Normenlage und aktuelle Entwicklungen am Fraunhofer IFF*, Key Note Vortrag beim 1. Forum Mensch-Roboter, Stuttgart, 17./18.10.2016

Glück, M., *Flexibles Greifen in Produktion und Logistik*, Vortrag beim Fachforum „Roboter im Warenlager" am Fraunhofer IPA in Stuttgart, 6.2.2020

Glück, M., *Flexibles Greifen in Produktion und Logistik*, Vortrag beim Fachforum „Roboter im Warenlager" am Fraunhofer IPA in Stuttgart, 6.2.2020

Glück, M., *Greif-Intelligenz und Greif-Innovationen für den Einsatz in der smarten Produktion*, Vortrag beim Fachkongress „Robotereinsatz in der industriellen Praxis" (22./23.1.2020, Georg-Simon-Ohm-Hochschule, Nürnberg)

Glück, M., *Der Greifer als Bauteilprüfer – Trends bei Greifern für die Industrierobotik*, Markt & Technik, Heft 4/2020, S. 24–28

Glück, M., *Greif-Intelligenz und sicheres Greifen für den MRK-Einsatz in der Produktion*, Vortrag beim 4. Forum Mensch-Roboter, Stuttgart, 23./24.10.2019

Glück, M., Kraus, W., *Intelligentes sicheres Greifen und MRK in der smarten Produktion*, Key Note Vortrag beim 3. Forum Mensch-Roboter, Stuttgart, 17./18.10.2018

Hesse, S., *Grundlagen der Handhabungstechnik*, Carl Hanser (2010)

Hesse, S., *Greifertechnik – Effektoren für Roboter und Automaten"*, Carl Hanser (2010)

International Organization for Standardization (Hrsg.): ISO 10218–1:2011. Robots and robotic devices – Safety requirements for industrial robots – Part 1: Robots. Hrsg. v. ISO/TC 299 Robotics (Committee), 2011.

International Organization for Standardization (Hrsg.): Robots and robotic devices – Safety requirements for industrial robots – Part 2: Robot systems and integration. Hrsg. v. ISO/TC 299 Robotics (Committee), 2011.

International Organization for Standardization (Hrsg.): ISO/TS 15066:2016. Robots and robotic devices – Collaborative robots. Hrsg. v. ISO/TC 299 Robotics (Committee), 2016.

Umbreit, M., *Aktueller Stand Mensch-Roboter-Kollaboration aus Sicht der BG*, Key Note Vortrag beim 2. Forum Mensch-Roboter, Stuttgart, 23./24.10.2017

Universität Mainz, Institut für Arbeits-, Sozial- und Umweltmedizin, *Wissenschaftlicher Schluss-bericht zum Vorhaben FP-0317: „Kollaborierende Roboter – Ermittlung der Schmerzempfindlichkeit an der Mensch-Maschine-Schnittstelle"* (2018)

Vetter, J., *Mensch-Roboter-Kollaboration (MRK) normenkonform und erfolgreich umsetzen*, Vortrag beim 3. Forum Mensch-Roboter, Stuttgart, 17./18.10.2018

CE-Konformitätsbewertung und Validierung

11

Alle Hersteller von Maschinen, die unter die Maschinenrichtlinie fallen, sind verpflichtet, diese dem CE-Konformitätsbewertungsverfahren zu unterziehen, also alle Kriterien zu erfüllen, die die Richtlinie für eine Maschine fordert. Zum Ausdruck der Konformität wird die Maschine dann mit dem CE-Kennzeichen versehen. Mit dieser Kennzeichnung zeigt der Hersteller oder Inverkehrbringer an, dass er alle für sein Produkt relevanten EU-Richtlinien und gesetzlichen Vorgaben einhält.

In der Konsequenz muss auch jede MRK-Applikation einer Konformitätsbewertung unterzogen werden. Zusätzlich muss im Zuge der Validierung die Wirksamkeit der auf Basis der Risikobeurteilung definierten Schutzmaßnahmen mit geeigneten Mitteln nachgewiesen werden. Hierbei müssen für alle identifizierten Kollisionspotentiale Kraft- und Druckwerte bestimmt und die Einhaltung der je nach Körperregion unterschiedlichen biometrischen Grenzwerte entsprechend den Angaben der IS/TS 15066 mittels einer Messung sichergestellt und dokumentiert werden.

Starten wir aber zunächst mit der CE-Konformitätserklärung. Mit ihrer Ausstellung bestätigt der Integrator oder Anwender, dass die Roboter-Applikation mit ihren zugesicherten Eigenschaften bei bestimmungsgemäßer Nutzung allen Anforderungen der Maschinenrichtlinie 2006/42/EG entspricht, dass der Inverkehrbringer des Produkts alle relevanten CE-Richtlinien in Bezug auf die gesamte Applikation einhält und er hierüber eine normenkonforme Dokumentation inklusive Betriebsanleitung mit Sicherheitshinweisen und Beschreibung aller Restrisiken angefertigt hat.

Eine wesentliche Grundlage der Prüfung zur Vergabe des CE-Kennzeichens bildet die Maschinenrichtlinie. Sie enthält allgemeine Grundsätze sowie grundlegende Sicherheits- und Gesundheitsschutzanforderungen, die für den sicheren Betrieb einer Maschine notwendig sind, und verpflichtet den Betreiber dazu, die Betriebssicherheit zu garantieren.

Dabei unterscheidet die Maschinenrichtlinie in „vollständige" und „unvollständige" Maschinen, für die jeweils unterschiedliche Anforderungen gelten. Ein Produkt wie

M. Glück, *Mensch-Roboter-Kooperation erfolgreich einführen*, https://doi.org/10.1007/978-3-658-37612-3_11

beispielsweise ein flexibel einsetzbarer Roboterarm, der nicht nur für eine einzige, spezifische Aufgabe entwickelt wurde, zählt dabei als „unvollständige Maschine". Eine konkrete Anwendung mit einem installierten Roboterarm, der mit einem Werkzeug, elektrischer Verbindung und Programmierung ausgestattet ist, wertet das Gesetz hingegen als „vollständige Maschine".

Da laut Maschinenrichtlinie ausschließlich „vollständige Maschinen" die CE-Kennzeichnung tragen können, ergibt sich aus dieser Definition die Verpflichtung von Systemintegratoren und Vertriebspartnern der Roboterarme, die Verantwortung für das CE-Konformitätsbewertungsverfahren zu übernehmen und das Kennzeichen anzubringen.

Derjenige, der eine Roboteranwendung oder Gesamtanlage installiert und parametriert oder den Roboter mit der eigenen Marke versieht, gilt als Hersteller der vollständigen Maschine und damit des Produkts im Sinne des Gesetzes. Er ist für die Konformitätsprüfung und die Ausstellung der CE- Konformitätserklärung verantwortlich. Darum muss immer die gesamte Applikation mit allen Bestandteilen einer Risikobeurteilung unterzogen werden.

Neben der Maschinenrichtlinie existiert noch eine Vielzahl weiterer produktspezifischer EU-Richtlinien, die je nach Branche im Rahmen des CE-Konformitätsbewertungsverfahrens zur Geltung kommen (vgl. Anhang 7). Für Roboteranwendungen sind dies beispielsweise neben der Maschinenrichtlinie noch die Niederspannungsrichtlinie für elektrische Betriebsmittel sowie die sogenannten RoHS-Richtlinien, die sich um die Beschränkung der Verwendung bestimmter gefährlicher Stoffe drehen.

Diese produktspezifischen Richtlinien durchlaufen einen sehr langwierigen Prozess vor der Zeichnung und können mit dem schnellen Voranschreiten der Technik meist nicht Schritt halten. Deshalb wird in den Richtlinien und Gesetzen oft auf eine detaillierte Anforderungsbeschreibung verzichtet. Stattdessen konkretisieren die harmonisierten Normen der EU die grundlegenden Anforderungen an die Produkte. Eine Norm ist ein etablierter, einheitlicher Weg etwas zu tun.

Normen tragen die Vermutung in sich, dass sie den Stand der allgemein anerkannten Regeln der Technik wiedergeben, der von der Mehrheit der Fachleute zum Zeitpunkt der Veröffentlichung als zutreffend erachtet wurde. Der deutsche Gesetzgeber stützt sich hierauf ebenso ab. Er versteht unter dem Stand der Technik den „Entwicklungsstand fortschrittlicher Verfahren, Einrichtungen oder Betriebsweisen, der die praktische Eignung einer Maßnahme zum Schutz der Gesundheit und zur Sicherheit der Beschäftigten gesichert erscheinen lässt.

Es wird also angenommen, dass ein Produkt dem Stand der Technik entspricht, wenn alle Anforderungen der zu Grunde liegenden harmonisierten Normen für das jeweilige Produkt eingehalten werden.

Der Umkehrschluss gilt jedoch nicht. Da der Stand der Technik den etablierten Normen voraus sein kann, kann auch ein Produkt, das nicht allen geltenden Normen in allen Punkten entspricht, dennoch dem Stand der Technik entsprechen und damit größtmögliche Sicherheit bieten. Derartige, den Geltungsbereich gültiger Normen über-treffende Entwicklungen abzudecken, ist die Aufgabe Technischer Spezifikationen. So aktualisiert die ISO/TS 15066 die gültige Norm für Industrieroboter um den aktuellen Stand der Technik und gibt Hilfestellungen für den Arbeitsschutz bei kollaborierenden Roboteranwendungen. Anhang A der ISO/TS 15066 listet nach Körperregionen unterteilt maximal zulässige Kontaktkräfte und maximal anwendbaren Druck für eine Kollision zwischen Mensch und Roboter.

Es ist die Pflicht des Herstellers oder Inverkehrbringers und damit Ihre erste Aufgabe, zu Beginn eines jeden Konformitätsbewertungsverfahrens zu prüfen, unter welche Richt-linien das konkrete Produkt – in unserem Fall die Roboter- und MRK-Applikation – fällt und ob eine staatlich benannte Prüfstelle wie zum Beispiel der TÜV eingebunden werden muss. Für die meisten Roboteranwendungen ist in Bezug auf die Maschinenrichtlinie ein vereinfachtes CE-Konformitätsverfahren möglich.

Anhang 7 zeigt eine Übersicht aller Richtlinien, die im Rahmen der CE-Konformitäts-bewertung zum Tragen kommen können. Teilweise sind sie ebenfalls als Verordnungen im Produktsicherheitsgesetz integriert. Wählen Sie aus, welche Richtlinien für Ihre Produkte und Anwendungen gelten. In Anhang 8 sind eine Auflistung aller gültigen Rechtsvorschriften, welche die CE-Kennzeichnung betreffen, sowie eine Aufzählung der acht möglichen Konformitätsbewertungsmodule enthalten.

Ist bekannt, welche EU-Richtlinien für die CE-Kennzeichnung eines Produkts zu beachten sind, ist den jeweiligen Richtlinien zu entnehmen, wie die Konformitätsprüfung durchzuführen ist. Insgesamt stehen dazu acht verschiedene Bewertungsverfahren zur Verfügung, die sogenannten Konformitätsbewertungsmodule.

Den jeweiligen Richtlinien ist zu entnehmen, welche dieser Module für das behandelte Produkt anzuwenden sind und welche konkreten Maßnahmen diese Module enthalten. Dabei kann es in jeder Richtlinie mehrere Kombinationsmöglichkeiten unter-schiedlicher Module geben, je nachdem, wie das konkrete Produkt spezifiziert ist.

Im Fall der Maschinenrichtlinie, die generell für alle Roboteranwendungen gilt, sind dies:

1. Aus dem Modul A: Bewertungsverfahren der internen Fertigungskontrolle nach Anhang VIII der Maschinenrichtlinie.
2. Aus den Modulen A und B: Bewertungsverfahren der internen Fertigungskontrolle nach Anhang VIII Nr. 3 der Maschinenrichtlinie sowie eine Baumusterprüfung durch eine benannte Prüfstelle nach Anhang IX der Maschinenrichtlinie.
3. Aus dem Modul H: Bewertungsverfahren der umfassenden Qualitätssicherung unter Einbindung einer benannten Prüfstelle nach Anhang X der Maschinenrichtlinie.

Je nach Applikation wird eines dieser drei gelisteten Bewertungsverfahren durchgeführt, um Konformität mit der Maschinenrichtlinie zu erklären. Welches Verfahren ausreichend ist, ist kann vorab durch zwei Fragen geklärt werden:

- Handelt es sich bei der Applikation um eine „gefährliche Maschine" im Sinne von Anhang IV der Maschinenrichtlinie?
- Entspricht die Applikation nicht nur allen relevanten Richtlinien, sondern auch allen geltenden Industrienormen?

Basierend auf den Antworten, ergeben sich die folgenden Möglichkeiten:

- Die meisten Roboter zählen nicht zu den gefährlichen Maschinen nach Anhang IV der Maschinenrichtlinie. Und auch die meisten fertigen Roboterapplikationen sind nicht den Kategorien dieses Anhangs zuzuordnen. Dadurch ist für die CE-Konformitätserklärung das verhältnismäßig einfache Bewertungsverfahren nach Anhang VIII möglich, also die interne Fertigungskontrolle ohne Einbeziehung einer benannten Prüfstelle.
  Dieses vereinfachte Verfahren besteht darin, für jedes repräsentative Baumuster des Produkts eine Reihe von technischen Unterlagen zu erstellen und die darin enthaltenen Angaben sowie die generellen Anforderungen der Maschinenrichtlinie einzuhalten. Diese Unterlagen müssen mindestens zehn Jahre lang aufbewahrt werden.
  Anhang 9 listet alle Unterlagen auf, die gemäß Anhang VII der Maschinenrichtlinie für das vereinfachte Verfahren zu erstellen sind.
- Wird eine Roboterapplikation gemäß Anhang IV der Maschinenrichtlinie als gefährlich eingestuft, lässt sich das vereinfachte Konformitätsbewertungsverfahren ohne benannte Prüfstelle durchführen, wenn die Maschine die Anforderungen aller relevanter Industrienormen erfüllt. Obwohl die strikte Einhaltung aller Normen nicht zwingend notwendig ist, kann sie die Erklärung der CE-Konformität nach der Maschinenrichtlinie sehr vereinfachen.

Damit sich der Mensch mit dem Roboter einen Arbeitsraum teilen kann, müssen hohe Sicherheitsanforderungen erfüllt werden. Eine Verletzung des Menschen muss in jedem Fall ausgeschlossen werden. Hierzu sind vier grundsätzliche Schutzprinzipien der MRK in den Normen EN ISO 10218 „Industrieroboter–Sicherheitsanforderungen" Teil 1 und 2 sowie in der ISO/TS 15066 „Robots and robotic devices – Collaborative robots" detailliert beschrieben. Zu diesen gehören, wie in Kap. 9.2 beschrieben, der sicherheitsgerichtete überwachte Stillstand (der Roboter hält an, wenn der Mensch den Arbeitsraum betritt und fährt fort, sobald dieser sich wieder entfernt hat), die Handführung (Roboterbewegung wird vom Mitarbeiter aktiv mit geeigneter Ausrüstung gesteuert), die Geschwindigkeits- und Abstandsüberwachung (Kontakt zwischen Mitarbeiter und in Bewegung befindlichem Roboter wird vom Roboter verhindert) sowie die Leistungs- und Kraftbegrenzung (Kontaktkräfte zwischen Mitarbeiter und Roboter werden technisch auf ein ungefährliches Maß begrenzt).

Es folgt die Validierung, über die ein Nachweis zu führen ist: Sind die Schutzmaßnahmen korrekt umgesetzt? Wurde das Sicherheitskonzept im Zusammenhang mit der Maschinensteuerung richtig konzipiert und nach den Sicherheitsbestimmungen umgesetzt?

Wird ein schutzzaunloser Betrieb angestrebt, müssen die Robotersysteme und die Endeffektoren so gestaltet sein, dass bei einem Kontakt zwischen Personen und Roboterwerkzeug, Teilen des Roboters oder des Werkstücks biomechanische Grenzwerte nicht überschritten werden (Kraft, Druck).

Zur Begrenzung der Kraft- oder Druckeinwirkung sind die folgenden Schutzmaßnahmen zulässig und in ihrer Wirksamkeit zu überprüfen:

- Passive Schutzmaßnahmen, zum Beispiel eine inhärent sichere Konstruktion, die Nutzung federnder Schutzelemente, eine Polsterung oder besondere Formgebung des Roboters, des Werkzeugs, des Werkstücks und aller sonstigen am Arbeitsprozess beteiligten Vorrichtungen.
- Aktive technische Schutzmaßnahmen im Roboter oder Endeffektor, zum Beispiel taktile Schutzeinrichtungen, Drehmomentsensoren, Kraftsensoren, kapazitive Näherungssensoren, auf Ultraschall, Laser- oder Radartechnik sich abstützende Distanzsensoren sowie die sichere Einhaltung von Geschwindigkeits- und Bereichsgrenzen.

Der Nachweis passiver Schutzmaßnahmen beginnt mit einer Erfassung der zur Risikominderung getroffenen Maßnahmen und deren Auswirkung auf die Risikobeurteilung. Eine Möglichkeit ist zum Beispiel die Entschärfung von Gefahrenstellen durch gestalterische Maßnahmen wie zum Beispiel ein Gehäusedesign, das großflächige Freiformen aufweist und sich durch besondere Rundungen sowie evtl. eine impulsdämmende Polsterung auszeichnet, um das Unfallrisiko für den Menschen zu minimieren.

Es dürfen keine Klemmmöglichkeiten bestehen. Hierbei helfen großflächige und stromlinienförmig gehaltene Schutzabdeckungen sowie das Vermeiden von Hinterschneidungen. Sie bieten kaum Angriffsflächen. Verbleibende Spaltmaße dürfen nicht mehr als 3 mm betragen. Vor allem die Armgelenke der Roboter müssen so ausgeführt sein, dass ein Einklemmen der Finger des Bedieners in allen denkbaren Stellungen unmöglich ist.

Zum Einsatz kommen Drehmomentbegrenzer der Antriebe, dezentrale Drehmomentsensoren, nachgiebige Gehäuse, Näherungssensoren und Kamera-Überwachungssysteme, Drucküberwachung und pneumatische Sensoren oder eine drucksensitive Schutzhaut, die bei einer entsprechenden Kollision reagiert. All das mit dem Ziel, bei einem Crash oder einer Einklemmung das Not-Aus in Millisekunden herbeizuführen.

Die Formgebung des Werkstücks wirkt sich ebenfalls darauf aus, ob sich die Grenzwerte erfüllen lassen oder nicht. Sie ist allerdings meist vorgegeben, sodass die Möglichkeit einer Einflussnahme eher gering ist.

Hilfreich bei der Risikominderung ist auch eine defensive Bahnplanung, die über eine Absenkung der Verfahrgeschwindigkeit und die Nutzung eines Leichtbaukonzepts beim

Cobot hinausgeht und auf ebenfalls leichte Endeffektoren setzt. In der Regel kann dies bereits bei der Anlagenkonzeption und mit einer Begrenzung des Bewegungsbereiches des Roboters einschließlich Werkzeug und Werkstück auf sichere Raumgrenzen und Verfahrwege erreicht werden. Kantige Konturen sollten während der Fahrt gezielt vom Bediener abgewendet werden.

Der Sicherheitsnachweis vereinfacht sich auch durch eine gezielte Verlagerung großer Relativbewegungen möglichst weit weg von sensiblen Körberbereichen, bei Tisch-applikationen beispielsweise nach unten.

Erste Überlegungen, an welcher Stelle ein Kontakt zwischen dem Körper des Bedieners und dem Roboter wahrscheinlich auftritt, bilden die Grundlage für die Anwendung der Grenzwerte. Diese Erwägungen sind entscheidend, weil verschiedene Körperteile unterschiedliche Belastungsgrenzen für Druck und Stoß haben.

Eine Einschränkung der Roboterbewegungsräume (TCP und Gelenke) auf das nötige Arbeitsumfeld ist nachzuweisen. Grundsätzlich ist ein Kontakt mit besonders sensiblen Körperteilen wie Kopf und Hals sowohl im Rahmen der bestimmungsgemäßen Ver-wendung als auch im Rahmen einer vorhersehbaren Fehlanwendung durch das Anlagen-konzept auszuschließen. Und wenn dies nicht vollständig gewährleistet werden kann, sind diese Kontaktsituationen auf ein Minimum zu reduzieren.

Für jede denkbare Kontaktsituationen im Rahmen der bestimmungsgemäßen Ver-wendung und im Rahmen einer vorhersehbaren Fehlanwendung ist eine Risiko-bewertung vorzunehmen. Soweit keine Erfahrungen über eintretende Kontaktkräfte und Drücke vorliegen (z. B. aus Simulationstools oder aufgrund systemtechnischer Eingrenzungen bei der genutzten Aktorik) sind Messungen der biomechanischen Grenzwerte durchzuführen und das hierbei genützte Messverfahren sowie die dabei gewonnenen Messergebnisse zu dokumentieren, um den Nachweis der Einhaltung der biomechanischen Grenzwerte zu führen.

Hierbei wird grundsätzlich unterschieden zwischen transienten Kontakten aus einer Bewegung heraus und quasistatischen Kontakten, die zwar auch aus einer Bewegungs-situation heraus entstehen, jedoch nur bei geringen Bahngeschwindigkeiten.

- Transiente Kontakte kommen durch einen freien, nicht klemmenden Kontakt bei durchaus höheren Geschwindigkeiten zustande. Selbst bei begrenzter Geschwindig-keit kann man von einem transienten Kontakt sprechen, da dieser auch von der Körperregion sowie der Masse und Form von Roboter, Werkzeug und Werkstück abhängt. Hierbei ist ein Zurückweichen noch möglich. Die Dauer des Kontaktes ist sehr kurz.
- Von einem quasi-statischen Kontakt spricht man, wenn es um kleine Geschwindig-keiten in Bereichen geht, in denen Klemmung möglich ist, aber nur eine begrenzte Kontaktkraft abhängig von Körperregion und Form vorliegt. Es entsteht eine Klemm- bzw. Quetschsituation, bei der zum Beispiel ein Körperteil von einem beweglichen Roboterteil und einem anderen Zellenteil eingeklemmt wird. Hierbei darf der Grenz-wert für die Kraft im MRK-Betrieb auf keinen Fall überschritten werden.

Zudem kommt es darauf an, ob es sich um einen unbeabsichtigten, zufälligen Kontakt handelt, der selten vorkommt, oder um eine regelmäßige Berührung. Ein Stoß, der nicht zu einer Verletzung führt, aber die Schmerzschwelle erreicht, ist dem Bedienpersonal im Dauereinsatz nicht zumutbar.

Wenn es um die Grenzwerte der Anwendung geht, erweist sich die jeweilige Situation daher als ebenso wichtig. Nicht nur die Einhaltung der Grenzwerte ist ausschlaggebend, sondern auch die Ergebnisse der Risikobeurteilung.

Die aktuell gültigen Grenzwerte (siehe Tabelle in Anhang 11 bzw. ISO/TS 15066 Anhang A) entstammen neuesten Forschungen zur Bestimmung von Schmerzeintrittsschwellen. Sie setzten sich zusammen aus einem Grenzwert für den Druck und einem Grenzwert für die Kraft. Dabei wird zwischen dem Eintreten der Schmerzschwelle (pain level) und der Verletzungsgrenze (injury level) unterschieden.

In der überwiegenden Zahl der Fälle sind Klemmsituationen für die Körperregionen Hände und Unterarme ausschlaggebend für die konstruktive Gestaltung der Anlage, der Werkzeuge und Werkstücke sowie für die sicherheitstechnische Parametrierung. Klemmt sich ein Mitarbeiter beispielsweise die Hand, erlaubt ein Blick auf das Körperzonenmodell in der ISO TS 15066 eine Einschätzung sicherer Kraft- und Druckverhältnisse.

Der Grenzwert für den Druck berücksichtigt den Einfluss der Geometrie aller am Arbeitsprozess beteiligten Maschinenteile (Kanten, Ecken, Spitzen). Dabei gilt: Je kleiner die Flächen, d. h. je scharfkantiger zum Beispiel Werkzeuge, desto höher der Druck.

Neben dem Druck muss auch immer die Kraft berücksichtigt werden. Dies ist für großflächige oder gepolsterte Teile des Robotersystems besonders relevant, da bei einem Kontakt mit Körperteilen der gemessene Druckwert zwar minimal wird, in diesem Fall aber die Krafteinwirkung begrenzt werden muss, damit trotz einem weichen Auftreffen auf den Körper keine zu hohen Belastungen auf tieferliegendes Körpergewebe erfolgen oder es gar zu einem Umstoßen des Bedieners kommt.

Zur Kraftmessung wird ein spezialisiertes Messgerät für MRK-Applikationen verwendet, mit dem der dynamische Kraft- und Druckverlauf über die Zeit aufgenommen und ausgewertet wird (vgl. Abb. 11.1). Hierbei darf der von der jeweils getroffenen Körperregion abhängende Spitzenwert der Kraft in den ersten 0,5 s nicht überschritten werden (vgl. Abb. 11.2).

Die Erfassung der Druck-Spitzenwerte geschieht mittels Messfolien, die sich je nach Druckwert unterschiedlich stark verfärben. Ist der maximal gemessene Druck kleiner als das Produkt aus maximal zulässigem quasi-statischem Druckwert der Schmerzschwellentabelle und dem dazugehörigen transienten Faktor der entsprechenden Körperregion, bewegt sich der Wert in einem sicheren Bereich.

Da die Untersuchung zum Körperzonenmodell der Universität Mainz Grenzwerte für quasi statische Kraft- und Druckverhältnisse ermittelt, lassen sich ihre Ergebnisse erfolgreich auf die Risikobeurteilung von Klemmsituationen anwenden. Begünstigend kommt hinzu, dass kollaborierende Roboter bei einer Kollision vor einem vollständigen Sicherheitsstopp in der Regel kurz entspannen. In der Konsequenz liegen der statisch wirkende Druck und die statisch wirkende Kraft meist unterhalb der Grenzwerte.

Abb. 11.1 Kraftmessung als Nachweis zur Einhaltung der biomechanischen Grenzwerte entsprechend ISO/TS 15066 – Anhang A und Dokumentation. (Quelle: Pilz)

Viel schwieriger ist es, zuverlässige Werte für eine freie Kollision zu ermitteln, bei der es nicht zur Klemmung kommt und damit ausschließlich transiente Kontaktkräfte wirken, also ein Teil der Kraft vom Körper in Form von kinetischer Energie abgegeben wird.

Für die Umsetzung im Betrieb ist dies jedoch entscheidend, da an Kollisionsstellen, an welchen keine Klemmung möglich ist, dadurch eine weit geringere Kraft auftritt als an Kollisionsstellen mit Klemmmöglichkeit. Dadurch könnten manche Anwendungen jetzt schon mit höherer Kraft und Leistung betrieben werden.

Die bei einer freien Kollision gemessene Kurve bei einer Kraftmessung wird von einer Reihe physikalischer Faktoren beeinflusst:

- Das Dämpfungsverhalten der getroffenen Körperstelle und des Kollisionspunkts am Roboter (je weicher, desto geringer die Kraft).
- Das Federelement der getroffenen Körperstelle und des Kollisionspunkts am Roboter (je kleiner die Federkonstante, desto größer die Schwingungen).
- Die Einschlaggeschwindigkeit (je höher die Geschwindigkeit, desto höher die Kraft).
- Die bewegte Robotermasse (je mehr Masse, desto größer ist die Kraft).
- Die Masse des getroffenen Körperteils und dem damit verbundenen Massenträgheitsmoment (je größer die Masse der getroffenen Körperstelle, desto größer die Kraft). Im Falle einer Klemmung geht der Wert der Gegenmasse gegen unendlich. Die Kollisionskraft ist also stark abhängig von der Gegenmasse. Deshalb ist es unabdingbar, diesen Umstand in die messtechnische Betrachtung mit einzubeziehen.

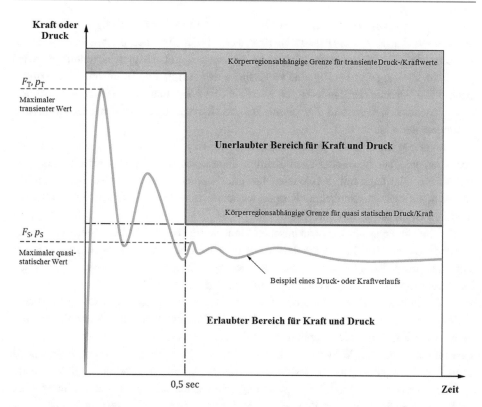

Abb. 11.2 Beispielhafter Kraftverlauf bei der Ermittlung der Klemmkräfte und Grenzwerte, entsprechend ISO/TS 15066

Problematisch ist, dass sich die Situation einer freien Kollision nur sehr schwer messtechnisch in einer Applikation ermitteln lässt. Um sie zu simulieren und zu messen, müsste die genutzte Messeinrichtung frei beweglich befestigt werden, zum Beispiel an einem Pendel an der Decke. Ein solches Verfahren wird dynamische Messung genannt und ist eines von drei möglichen Szenarien, um Richtwerte für freie Kollisionen zu ermitteln.

1. Dynamische Messung: Das Kraftmessgerät ist frei gelagert und kann bei Kollision in Richtung der Kollisionskraft ausweichen. Hierbei beträgt die Pendelmasse die anzunehmende Körpermasse des menschlichen Kontaktbereichs (z. B. 40 kg für die Schulterpartie).
2. Statische Messung mit Ausgleichsrechnung: Die Messung wird mit einem fest montierten Kraftmessgerät ausgeführt und über eine Ausgleichsrechnung auf einen dynamischen Wert überführt.
3. Theoretische Mechanik: Es werden keine Messungen durchgeführt, sondern es werden Berechnungen auf Grundlage dynamischer Bewegungsgleichungen und reduzierten Massenmodellen durchgeführt.

Zum gegenwärtigen Zeitpunkt ist die dynamische Messung die einzige in der Praxis anwendbare Variante, um realistische Kraftwerte für Kollisionen ohne Klemmpotential zu ermitteln. Zur Methode der statischen Messungen mit Ausgleichsrechnungen wird geforscht. Ziel ist es, zukünftig eine verlässliche und zutreffende Umrechnung zu ermöglichen. Die Variante der theoretischen Mechanik ist noch nicht realisierbar und erfordert weitreichendes Wissen und Forschung im Bereich der theoretischen Mechanik, insbesondere der Kinetik.

Kommen keine eigenen, dynamischen Messungen infrage, sollte das statische Messverfahren wie bei quasi-statischen Kräften angewandt werden. Das erzielte Ergebnis muss dann allerdings mit dem Wissen bewertet werden, dass die im Kollisionsfall tatsächlich auf den menschlichen Körper wirkende transiente Kraft um ein Vielfaches niedriger ist als die gemessene Kraft.

Für die Messung der biomechanischen Grenzwerte sollte ein Messsystem verwendet werden, wie es Abb. 11.1 zeigt. Das Messgerät ist während der Messung zu fixieren. Für die zur Messung ausgewählten Körperregionen können die jeweils passenden Dämpfungsmaterialien und Federkonstanten angewendet werden.

In der Praxis zeigt sich, dass die Kraftmessergebnisse beim Austausch der diversen Federn wenig voneinander abweichen. Unter der Voraussetzung des Ausschlusses von Kopf und Hals vom Arbeitsbereich des Robotersystems kann es daher im Rahmen der bestimmungsgemäßen Verwendung sowie vorhersehbaren Fehlanwendung ausreichend sein, nur die ungünstigste, härteste Feder von 75 N/mm zu verwenden. Sollte es im Rahmen der vorhersehbaren Fehlanwendung erforderlich sein, auch einen Kontakt z. B. im Bereich der Stirn zu beurteilen, ist eine Feder von 150 N/mm zu verwenden.

Die aus dem Kontakt heraus resultierenden Messsignale – auch von sehr schnellen Kontaktsituationen – enthalten in der Regel Frequenzanteile bis etwa 100 Hz. Die Messfrequenz muss daher mindestens 1 kHz betragen. Die Messsignale sind mit einem Butterworth-Tiefpassfilter mit einer Grenzfrequenz von 100 Hz (bei 3dB) und einer Steilheit von 24 dB/Oktave zu filtern.

Abschließend sind die Ergebnisse der Messungen als Nachweis gemäß der Norm EN ISO 13849–2 zu dokumentieren. Sobald einer der Grenzwerte für Kraft oder Druck überschritten wird, sind die Anforderungen als nicht erfüllt zu bewerten. In der Regel müssen dann die am Roboter eingestellten Sicherheitslimits für die Kraft in Verbindung mit der sicher überwachten Geschwindigkeit reduziert werden.

Falls danach z. B. die Druckwerte weiterhin überschritten sind, muss Formgebung des Roboters oder des Endeffektors geändert werden, z. B. durch größere Flächen, Polsterung, federnd gelagerte Gehäuse und Funktionsoberflächen.

Wenn erkennbar ist, dass den Grenzwerten aus der Risikobeurteilung unter keinen Umständen entsprochen werden kann, lässt sich keine echte Kollaboration umsetzen. In diesem Fall muss der Roboter sicher stillgesetzt werden, bevor ein Kontakt eintritt.

Literaturhinweise und Quellen

Behrens, R., *Biomechanische Grenzwerte für die sichere Mensch-Roboter-Kooperation*, Springer Vieweg Research (2018)

BG/IFA-Empfehlungen für die Gefährdungsbeurteilung nach Maschinenrichtlinie – Gestaltung von Arbeitsplätzen mit kollaborierenden Robotern. U 001/2009 (2009)

Heiligensetzer, P., *MRK einführen – Arbeitsschutzrechtliche Vorgaben und Erfahrungswerte*, Vortrag beim 5. Forum Mensch-Roboter, Online Fachkongress 7./8.10.2020

International Organization for Standardization (Hrsg.): ISO 10218–1:2011. Robots and robotic devices – Safety requirements for industrial robots – Part 1: Robots. Hrsg. v. ISO/TC 299 Robotics (Committee), 2011.

International Organization for Standardization (Hrsg.): Robots and robotic devices – Safety requirements for industrial robots – Part 2: Robot systems and integration. Hrsg. v. ISO/TC 299 Robotics (Committee), 2011.

International Organization for Standardization (Hrsg.): ISO/TS 15066:2016. Robots and robotic devices – Collaborative robots. Hrsg. v. ISO/TC 299 Robotics (Committee), 2016.

Keller, S., *Assistenzsystem zur Konfiguration robotergestützter Montagesysteme unter Berücksichtigung sicherheitsrelevanter Anforderungen*, Vortrag beim 4. Forum Mensch-Roboter, Stuttgart, 23./24.10.2019

Krey, V., Kapoor, A., *Praxisleitfaden Produktsicherheitsrecht. CE-Kennzeichnung, Gefahrenanalyse, Betriebsanleitung, Konformitätserklärung, Produkthaftung, Fallbeispiele*, Carl Hanser (2014)

Kurth, J., *MRK-Applikationen sicher auslegen und erfolgreich einführen*, Vortrag beim 3. Forum Mensch-Roboter, Stuttgart, 17./18.10.2018

Universität Mainz, Institut für Arbeits-, Sozial- und Umweltmedizin, *Wissenschaftlicher Schlussbericht zum Vorhaben FP-0317: „Kollaborierende Roboter – Ermittlung der Schmerzempfindlichkeit an der Mensch-Maschine-Schnittstelle"* (2018)

Yamada, Suita, Ikeda, Sugimoto, Miura, Nakamura: *Evaluation of Pain tolerance based on a biomechanical method for Hurnan-Robot Coexistence*, Transactions of the Japan Society of Mechanical Engineers, S. 1814–1819 (1997)

Umsetzungsbeispiele und Lessons Learned

12

Viele Cobots haben die Versuchsabteilungen zwischenzeitlich verlassen. Mehr und mehr sind sie in der Produktion zu finden, einige sogar in ganz anderen Anwendungen, als ursprünglich geplant. Es gibt aber auch Anwendungsgebiete, bei denen man feststellen musste, dass die Mensch-Roboter-Kooperation aktuell ungeeignet ist und die klassische Industrierobotik ihren Platz einnehmen muss (vgl. Abb. 12.1). Daneben wird sich die kollaborierende Robotik neue Anwendungsgebiete erschließen und ebenfalls wachsen.

Die Rahmenbedingungen einer betrieblichen Umsetzung sind hart und vorgegeben. Produktionsunternehmen stehen in einem sich verschärfenden Wettbewerb. Fertigungs-verlagerungen in Länder mit geringeren Lohnniveaus, die Fertigungsautomatisierung sowie modernste Maschinentechnik haben zur Erschließung von Wettbewerbsvorteilen beigetragen, deren isolierte Optimierungspotentiale heute nahezu ausgeschöpft sind.

Die Spirale der Forderungen nach immer mehr Effizienz dreht sich aber weiter. Die bislang vorherrschende Massenproduktion weicht immer mehr einem Produktmix mit geringen Stückzahlen. Vor allem die wachsende Variantenvielfalt erfordert die Über-windung von Limitierungen bisheriger Steuerungs-, Automatisierungs- und Qualitäts-sicherungskonzepte in der Serienproduktion. Dementsprechend flexibel muss die Fabrik der Zukunft gestaltet sein.

Gleichzeitig verlangt die wachsende Volatilität der Märkte nach anpassungsfähigen und schnell einsetzbaren Produktionssystemen. Der Standort Deutschland muss weiter Innovationsvorreiter im Robotereinsatz sein, um auch in Zukunft als verlässlicher Quali-tätslieferant bestehen zu können. Dabei sind besonders integrierte Automatisierungs-lösungen gefragt, die Kunden eine hohe Flexibilität, Produktivität, Qualität und ein einfaches Handling bieten.

Nur ein kluger kombinierter Einsatz von Menschen und Maschinen über die gesamte Wertschöpfungskette hinweg sowie die dadurch erzielte hohe Flexibilität bei ebenfalls hoher Produktivität stärkt die Wettbewerbsfähigkeit der deutschen Industrie langfristig,

© Der/die Autor(en), exklusiv lizenziert an Springer Fachmedien Wiesbaden GmbH, ein Teil von Springer Nature 2022
M. Glück, *Mensch-Roboter-Kooperation erfolgreich einführen*,
https://doi.org/10.1007/978-3-658-37612-3_12

sichert Arbeitsplätze, denn viel wichtiger ist es künftig, nahe beim Kunden zu sein und für ihn möglichst schnell und flexibel individuelle Produkte fertigen zu können.

Damit bestehen sogar Chancen, dass Arbeitsplätze, die früher in Niedriglohnländer verlagert wurden, wieder zurückkommen, denn die höheren Löhne spielen bei einem effizienten Zusammenwirken von Menschen und Maschinen eine geringere Rolle.

Generell gilt: Großserien, große Stückzahlen und Produktionsprozesse mit extremen Taktanforderungen werden weiter mit klassischen Industrierobotern in hierfür geeignet konzipierten Roboterzellen ausgeführt werden. Strikt vom Werker getrennt oder mit zeitlich begrenzten Phasen der Interaktion, beispielsweise beim Be- und Entladen. Hierbei zählt vor allem die Produktivität der Anlage. Bei geringer Variantenvielfalt und eher größeren Losgrößen zählt nach wie vor das Arbeitstempo der Prozessautomatisierung. Vor allem die hohen Verfahrgeschwindigkeiten der eingesetzten Industrieroboter im Einsatzumfeld punkten, ebenso die Robustheit der vorhandenen Geräteeinheiten und das nutzbare Beschleunigungsvermögen.

Bei großer Variantenvielfalt, kleinen resultierenden Losgrößen und Arbeitsprozessen, die sich durch hohe Anforderungen an die Fingerfertigkeit, das feinmotorische Geschick und die Adaptionsfähigkeit der bisher eingesetzten Werker auszeichnen, gilt, dass sich weder eine Vollautomatisierung, noch eine Teilautomatisierung und damit auch ein Robotereinsatz lohnen wird. Diese Arbeitsplätze werden auch weiterhin den Menschen vorbehalten bleiben. Somit wird auch die Arbeit für an- und ungelernte Werker nicht wegfallen.

Und es wird weiterhin – vielleicht in reduzierter Anzahl – Fertigungsmitarbeiter und Arbeitsinhalte geben, bei denen besser die Menschen Werkstückträger mit empfindlichen

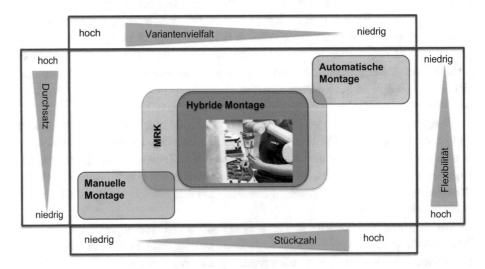

Abb. 12.1 Einsatzbereiche der Mensch-Roboter-Kooperation (MRK) als Schlüsseltechnologie zur flexiblen Automation in Montage, Handhabung und smarter Produktion

Komponenten handhaben, dabei eine Sicht- oder Funktionskontrolle vornehmen, RFID Chips auslesen, Programme aufspielen und Prozessergebnisse aus der vorangegangenen Bearbeitung mit einem Musterexemplar abgleichen, die als korrekt bearbeiteten Komponenten identifizieren und verpacken. Damit werden die Arbeiten für angelernte Werker nicht ganz verschwinden.

Dazwischen werden sich entlang den Wertschöpfungsketten flexibel automatisierte Fertigungsabschnitte unterschiedlichsten Automatisierungsgrades herauskristallisieren, in denen es lohnenswert sein kann, dass sich die Menschen ihr unmittelbares Arbeitsumfeld und die damit verbundenen Arbeitsinhalte häufiger und intensiver mit einem Roboter teilen. Hierbei werden sie von ganz neuen Formen der Interaktion mit eigens dafür optimierten Leichtbaurobotern profitieren und von den Cobots wertvolle Hilfestellung erhalten.

Die Einführung der Mensch-Roboter-Kollaboration (MRK) führt in diesen Fertigungsbereichen zu teilweise radikalen Veränderungen in der Arbeits- und Ablauforganisation, zumal sie mehr und mehr auf ein bislang nicht bekanntes Automatisierungsniveau abzielt, das im betrieblichen Einsatz weniger direkte menschliche Eingriffe benötigt und die Werker von belastenden Arbeitsinhalten entlastet. Roboter können eben vieles in der Tat besser als der Mensch, aber auch besser als etablierte Betriebsmittel, zum Beispiel das Auftragen von Kleberaupen, die Übernahme optischer Inspektionsaufgaben in der Qualitätskontrolle, die Handhabung und Montage leichter Bauteile oder die Durchführung ergonomisch belastender Schraubprozesse.

Von der unmittelbaren Zusammenarbeit im Prozess bei dem beispielsweise die Maschine ihr Verhalten individuell an unterschiedliche Bediener anpasst bis hin zu ganz neuen Formen der Interaktion, bei denen die Maschine wesentliche Bearbeitungsschritte übernimmt und den Menschen anstatt der Mitarbeit im Prozess verstärkt Funktionen der Überwachung, Qualitätskontrolle und unmittelbare Eingriffe zur Beseitigung von Störungen des Routineablaufs übertragen werden, reicht die mögliche Einsatzbandbreite der Cobots.

Nicht zuletzt sind auch humanitäre Gründe ein Argument, die für den verstärkten Einsatz von Cobots in den Fertigungslinien sprechen. Denn es gibt zahlreiche Arbeiten, die sehr schwer ausführbar sind, aber auch solche, die die Persönlichkeit des Mitarbeiters stark fördern. Durch einen optimalen Ausgleich von Schwächen des Menschen durch die Stärken des Roboters wie die Schnelligkeit, Ausdauer, Genauigkeit, Kraft und Reproduzierbarkeit sind einer persönlichkeitsfördernden Zusammenarbeit fast keine Grenzen gesetzt.

Ein ideales Umfeld für den industriellen Einsatz von Cobots und die Gestaltung von Mensch-Roboter-Kooperationen stellt die traditionell der Automatisierungstechnik sehr aufgeschlossen gegenüberstehende Automobilproduktion und das Produktionsumfeld der Automobilzulieferer dar. Hier sind es vor allem die Anforderungen an eine ergonomische Entlastung der Werker und die Teilautomatisierung von psychisch und physisch belastenden Tätigkeiten, die im Fokus der zahlreichen Applikationsentwicklungen stehen.

Dabei haben die Automobilfertiger ganz unterschiedliche Erstanwendungen für den MRK-Einsatz ausgewählt. Das Spektrum an MRK-Applikationen reicht vom Auftragen von Kleb- und Dichtstoffen, der Oberflächenreinigung in der Montage über robotergeführte Messmittel und deren unmittelbarem Einsatz in den Produktionslinien, beispielsweise zur Spaltmessung im ungarischen Audi Produktionswerk Györ bis zu Palettiersystemen sowie eine von Robotern übernommene Behälterbestückung, -entleerung und -reinigung als Teil der innerbetrieblichen Logistik in den BMW-Werken Leipzig und Dingolfing. Vorrangig abgesichert über Leistungs- und Kraftbegrenzung.

12.1   Einige konkrete MRK-Applikationen

Die ergonomische Entlastung der Mitarbeiter stand im Fokus mehrerer Projekte bei Audi im Ingolstädter Produktionswerk. In der Q5-Montage mussten sich beispielsweise die Werker wiederholt in Gitterboxen beugen, um Kühlausgleichsbehälter zu entnehmen und diese anschließend einzubauen. Ein Arbeitsschritt, der bei häufiger Wiederholung schnell zu Rückenbeschwerden führen kann. Diesen Arbeitsumfang übernahm ein MRK-Roboter, der dem Werker zur Hand geht, die Bauteile entnimmt und sie dem Mitarbeiter zur richtigen Zeit und in einer ergonomisch optimalen Position lagerichtig anreicht.

Im BMW-Werk Spartanburg (USA) arbeiten Werker und Roboter schon seit längerem in der Türmontage ohne Schutzzaun als Team. Vier MRK-Roboter fixieren in dieser Anwendung die Schall- und Feuchtigkeitsisolierung auf der Türinnenseite der X3-Modelle. Die Folie mit der Kleberaupe wird zuvor vom Mitarbeiter aufgelegt und nur leicht angedrückt. Das Kräfte zehrende und monotone Fixieren übernehmen die Roboter (vgl. Abb. 12.2).

Im BMW-Werk Leipzig wurden mehrere Einsatzmöglichkeiten von Cobots in Montageprozessen und bei der Übernahme von Aufgaben der innerbetrieblichen Logistik systematisch evaluiert. Heute werden Roboter eingesetzt, um beispielsweise leere Kisten zu stapeln, Kommissioniervorgänge zu unterstützen, Leergebinde zu reinigen und prozesskritische Vorbehandlungen wie das Reinigen von Funktionsoberflächen oder das Auftragen von Klebstoffen zu unterstützen.

Im BMW-Werk Dingolfing assistiert ein Leichtbauroboter iiwa Werker bei der Achsgetriebemontage (vgl. Abb. 12.3). Im Zuge der gefundenen Teilautomation dieses feinfühlig vorzunehmenden, kritischen Montageprozesses wurde eine wirkungsvolle ergonomische Entlastung gefunden, indem dem Werker das Anreichen der Getriebekomponente und das kraftsensitiv vorzunehmende Einfügen der Zahnräder in gebückter Halteposition abgenommen wurde.

Mercedes-Benz setzt seit geraumer Zeit ebenfalls auf Entlastungsmöglichkeiten im Getriebebau, die sich durch den Einsatz kraft-momenten-sensitiver MRK-fähiger Roboter erschließen lassen. Der Zusammenbau der Getriebeeinheiten erfolgte zuvor rein manuell an herkömmlichen Montagearbeitsplätzen. Trotz aller technischen

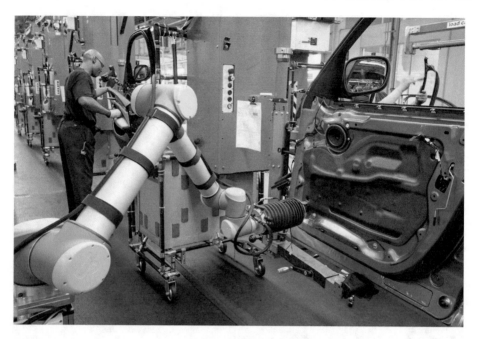

Abb. 12.2 MRK-Einsatz bei der Türmontage im BMW-Werk Spartanburg. (Quelle: BMW Group)

Hilfsmaßnahmen waren mit der Arbeit einseitige körperliche Belastungen sowie eine nicht zu unterschätzende Gefahr von Verletzungen verbunden, insbesondere dann, wenn Zahnräder eingesetzt und spielarm zu einem Getriebe zusammengefügt werden. Bei diesem Arbeitsschritt kommt es entscheidend auf das feinmotorische Geschick des Werkers an, eine typische Stärke des Menschen. Nur durch ihn kann letztlich sichergestellt werden, dass das Gesamtsystem reibungsarm funktioniert und die Zahnräder verlässlich zusammenspielen. Hierbei hilft heute ein Cobot als ergonomische Entlastung. Teilautomatisiert sind die Zufuhr der Getriebekomponenten und die Montagesequenz, bei der ein kraft-momenten-sensitiver LBR iiwa zum Einsatz kommt, der als zusätzliche Hebehilfe wirkungsvolle Hilfestellung leistet.

Und auch Ford setzt im Werk Köln MRK-fähige Roboter ein, um die Werker von der Überkopfarbeit bei der Stoßfänger Montage zu entlasten. Hierbei platziert der Mitarbeiter zunächst Stoßdämpfer und Schrauben in einer speziellen Vorrichtung, aus der ein Roboter sie nach einer kurzen Positionskontrolle entnimmt und an der Fahrzeugkarosserie positioniert. Sobald dies erfolgt ist, löst der Werker den automatisierten Schraubvorgang aus.

Nebelscheinwerfer am Fahrzeug werden in der Automobilindustrie manuell von Werkern justiert. In gebückter Haltung sucht der Werker die ergonomisch schwer zugängliche Öffnung zu den Einstellschrauben im Stoßfängerbereich. Hat er diese

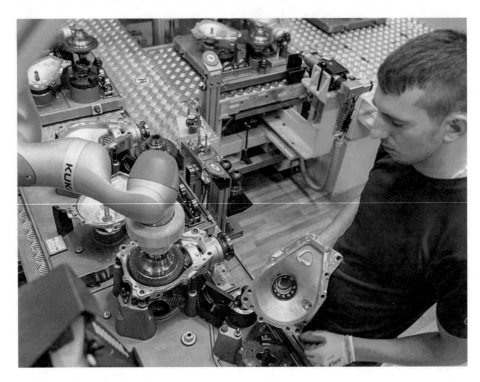

Abb. 12.3 Mensch-Roboter-Kollaboration in der Achsgetriebemontage im BMW-Werk Dingolfing. (Quelle: BMW Group)

gefunden, positioniert er das Werkzeug äußerst vorsichtig auf der Einstellschraube, ohne die Justieröffnung im Stoßfänger zu beschädigen. Um den Werker bei diesen ergonomisch ungünstigen Arbeiten zu entlasten und zeitgleich eine verbesserte Einstellqualität zu erzielen, haben Ford, Dürr und Kuka im Rahmen einer Machbarkeitsstudie ein Alternativkonzept für den bisherigen Prozess erarbeitet (vgl. Abb. 12.4).

Vollautomatisch stellt der sensitive LBR iiwa die Nebelscheinwerfer ein. Dabei arbeiten Mensch und Roboter ohne zusätzliche Sicherheitseinrichtungen am selben Fahrzeug. Während der Werker die konventionellen Scheinwerfer einstellt, justiert der Cobot die schwer erreichbaren Nebelscheinwerfer. Bereits in vier Scheinwerfer-/Fahrassistenzsystemprüfständen des neuen Ford Focus setzen die Werke in Saarlouis jeweils zwei Leichtbauroboter ein.

Auch der Automobilzulieferer ZF Friedrichshafen untersuchte in mehreren Evaluierungsprojekten die Einsatzmöglichkeiten von Cobots und MRK-Lösungen in den eigenen Werken, zum Beispiel zur Übernahme von Auflageprozessen auf Fördereinrichtungen sowie das Be- und Entladen von Bereitstellungsgebinden und den kameraunterstützten Griff in die Kiste.

Abb. 12.4 Einstellung der Nebelscheinwerfer mit MRK-Unterstützung im Ford-Werk Köln. (Quelle: Ford)

Die ergonomische Entlastung der Werker und die Reduktion nicht-wertschöpfender Tätigkeiten in der Getriebemontage als auch Aspekte des demographischen Wandels und des Fachkräftemangels führten zu einer vertieften Auseinandersetzung mit Unterstützungsmöglichkeiten durch Cobots in ergonomisch herausfordernden Arbeitsfolgen.

Ca. 60 % der realisierten Applikationen sind Bin Picking Lösungen mit Kameranutzung. Weitere 20 % sind visuelle Kamerainspektion an definierten Prüfstellen, ca. 5 % kraftsensitive Inspektionsaufgaben wie z. B. die Kabelinspektion oder der Presssitz, ca. 5 % der realisierten Cobot-Applikationen widmen sich Montageaufgaben.

Bauteile mit einem Gewicht bis acht Kilogramm, für sich genommen harmlos – tausendfach gegriffen, angehoben, positioniert und montiert jedoch eine echte Herausforderung – standen im Mittelpunkt einer bedeutsamen Machbarkeitsstudie, denn bislang wird bis zu einer Gewichtsklasse von 8 kg kaum adäquate Roboterunterstützung angeboten.

Was bisher den Produktionsverantwortlichen blieb, waren Hinweise auf die richtige Technik des Hebens zu geben und auf die Rückenschule zu setzen, denn Handhabungsgeräte zur direkten, manuell geführten Werkerassistenz sind vor allem für größere Lasten prädestiniert, im mittleren Traglastbereich hingegen erweisen sie sich als zu schwerfällig und erfordern zudem das durchgängige Zusammenwirken von Mensch und Hebehilfe.

Vor allem beim Einfügen der Zahnräder in den komplexen Bauraum kommt es auf das besondere feinmotorische Geschick der Werker an. Nachteilig sind die zum Teil hohen Werkstückgewichte, die häufig in ergonomisch ungünstigen Positionen zu halten und mit viel Fingerspitzengefühl zu fügen sind.

Genau bei diesem ergonomischen Faktor kann ein Roboter entscheidende Hilfe-stellung leisten. Zudem geht es darum, Kapazitätsspitzen abzubauen und eintönige, nicht-wertschöpfende Aufgaben, wie etwa die Zuführung der Teile, durch den Roboter zu ersetzen. Neu daran war der bei der Handhabungsaufgabe sicher zu erschließende Traglastbereich.

Der Werkstückzugriff erfolgte in einer Machbarkeitsstudie formschlüssig von außen mit einem intelligenten Greifwerkzeug, das über eine neuartige aktive Sicherheits-architektur für die Mensch-Roboter-Kollaboration verfügt und sich durch alternative Bedienformen auszeichnet (vgl. Abb. 12.5). Damit wurde eine Steigerung der nutzbaren Greifkräfte auf bis zu 450 N erreicht.

Der Schlüssel liegt in einer integrierten Kraft- und Wegmessung sowie einer eigens entwickelten Sicherheitsintelligenz, die unmittelbar in den Greifer integriert ist. Zwei

Abb. 12.5 Handhabung und Einbau von Getriebekomponenten mit einem MRK-fähigen Greifer, der die Einhaltung der Kraftgrenzen auch bei größeren Traglasten aktiv überwacht. (Quelle: Schunk)

unabhängig voneinander arbeitende Rechner, die sich gegenseitig kontrollieren, sorgen permanent dafür, dass Mensch und Roboter gefahrlos zusammenarbeiten können.

Im Gegensatz zur rein manuellen Zuführung beziehungsweise zum Einsatz passiver und eher behäbiger Hebehilfen stellt der Werker an dem neu konzipierten kollaborativen Roboterarbeitsplatz nur noch den kritischen Teil des Prozessablaufs persönlich sicher. Alle anderen Handhabungsschritte erledigt der Roboter autark: Er hebt die zum Teil auch schweren Einzelkomponenten eines Getriebes aus Bereitstellungsgebinden auf einen Arbeitstisch oder legt sie in eine Montagevorrichtung lagerichtig ein.

Darüber hinaus kann er die Aufgabe eines Handlangers beim Einlegen der Komponenten in die teilweise komplexen Montagevorrichtungen übernehmen und in diesen ergonomisch besonders belastenden Arbeitssituationen eine wichtige Hilfestellung sein, um einer der wesentlichen Ursachen für berufsbedingte Erkrankungen entgegen zu wirken: Haltungsschäden und Rückenleiden der Produktionsmitarbeiter.

Damit der Roboter aber ohne trennende Schutzvorkehrungen eingesetzt werden kann, müssen hohe Sicherheitsanforderungen erfüllt werden: Weder darf es zu schadhaften Kollisionen für Mensch und Maschine kommen noch darf das Bauteil verloren werden. Zusätzlich muss trotz der vergleichsweise hohen Greifkräfte ausgeschlossen werden, dass der Greifer den Menschen verletzt. Hierfür wurde eine interessante Lösung gefunden.

Die Sicherheitsintelligenz des Großhubgreifers unterteilt den Greifprozess in drei Phasen:

- Solange die Gefahr besteht, dass menschliche Hände oder Finger eingeklemmt werden, limitiert die integrierte Logik die Greifkraft auf harmlose 30 N.
- Ab einer Werkstückdistanz < 4 mm, wenn kein Einklemmen mehr möglich ist, fahren die Greiffinger mit der frei definierbaren Greifkraft von maximal 450 N zu. Misst das System in dieser Schließphase eine Nachgiebigkeit, weil etwa ein zu kleines Werkstück gegriffen wird, das der Bediener gerade per Hand entfernen will, stoppt die Bewegung automatisch. Gleiches gilt, wenn die erwarteten Werkstückmaße um 2 mm überschritten werden, da beispielsweise kein Teil vorhanden ist. Die Distanz von zwei Millimetern entspricht dem Toleranzfeld der menschlichen Haut und des darunterliegenden Gewebes, die eine Verletzung verhindern.
- In der dritten Phase detektiert der Greifer schließlich, ob das Werkstück sicher gegriffen ist, und aktiviert die integrierte Greifkrafterhaltung.

Aber auch außerhalb der Automobilindustrie gibt es interessante Referenzbeispiele für den MRK-Einsatz. Bei der Produktion von Geschirrspülern setzt das Unternehmen BSH Hausgeräte auf die Zusammenarbeit von Menschen und Robotern (vgl. Abb. 12.6). Eine sensitive Robotereinheit übernimmt hierbei das Verschrauben der Pumpentöpfe im Spülbehälter innerhalb von 16 s. Durch seine feinfühligen Eigenschaften misst sich der zum Einsatz kommende Kuka LBR iiwa selbständig an seiner Arbeitsstation ein und sucht

Abb. 12.6 Ergonomische Entlastung beim Einbau und Verschrauben von Pumpentöpfen durch MRK in der Spülmaschinenfertigung. (Quelle: Kuka Roboter)

über einen Suchlauf die Schraubstellen, um schlussendlich die vier Schrauben fest einzudrehen.

Das Verschrauben der Pumpentöpfe ist eine ergonomisch ungünstige Tätigkeit, da sich der Mitarbeiter zum Verschrauben in den Spülbehälter beugen muss. Nun übernimmt der mechanische Assistent den monotonen Prozessschritt. Neben der Entlastung des Werkers bringt der Roboterkollege noch einen weiteren Vorteil, denn er dokumentiert seine Arbeit und gibt Meidung, ob eine Verschraubung in Ordnung ist oder nicht. Durch die Automatisierung gelang es dem Unternehmen nicht nur die Zeit für den Schraubprozess um die Hälfte zu verkürzen, sondern auch die Qualität des immer mit der gleichen Kraft und Präzision verschraubten Produkts zu verbessern.

Wieland Electric ist ein mittelständisches Familienunternehmen, das elektrische Verbindungstechnik herstellt. Die robusten Gehäuse für eine Industriesteckerserie entstehen in Bamberg. Ein Bearbeitungszentrum übernimmt die Bearbeitung der Ober- und Unterteile von Gehäusen. Insbesondere sind Bohrungen einzubringen und Gewinde zu schneiden. Die Be- und Entladung der Werkzeugmaschine fand in der Vergangenheit in Handarbeit statt. An der Maschine waren Mitarbeiter mit einfachen, monotonen Arbeitsinhalten beschäftigt, obwohl sie für höherwertige Aufgaben dringend benötigt wurden. Zudem war die manuelle Beschickung aus Produktivitätsgründen und unter Berücksichtigung ergonomischer Aspekte nicht optimal.

Die Aufgabenstellung stellte sich als Herausforderung dar. Zwei Faktoren erschwerten die Konzeption: Erstens die hohe Anzahl an Gehäusevarianten und zweitens das Arbeiten von Schüttgut in Schüttgut. Das heißt, die Gehäuse kommen ungeordnet in Metallbehältern an und sollen die Anlage auch wieder als Schüttgut verlassen. Auf eine geordnete Bereitstellung der Teile in Werkstückträgern oder Paletten sollte bewusst verzichtet werden. Zum Einsatz kam ein Cobot von Universal Robots, der für die Maschinenbeladung nachgerüstet wurde.

Die Mensch-Roboter-Kooperation kann auch Standorte in Deutschland wettbewerbs-fähig machen und zur Standortsicherung beitragen. „Made in Germany" lautete die Devise von Beyerdynamic. Seine Kopfhörer, Mikrofone und Konferenzsysteme fertigt der Premiumhersteller größtenteils in Handarbeit. Dabei ist die Prozessstabilität einer der entscheidenden Faktoren.

An einer Stelle innerhalb der Produktionsabfolge müssen die Membranen der Laut-sprecher durch die Beschichtung mit einem Dispersionsmedium verfeinert werden. Seit jeher führten drei Mitarbeiter diesen Prozess manuell aus. Natürlich ist es für den Menschen unmöglich, über lange Zeit hinweg immer gleichmäßig zu pinseln. Irgend-wann wird ein Strich mal dicker oder dünner. Entsprechend wiesen die Membranen qualitative Schwankungen auf.

Der Betrieb entschied sich für eine Automatisierung mit zwei Cobots. Heute reicht ein Mitarbeiter einem UR 5 die Kopfhörerlautsprecher, dieser übergibt sie einem UR 3, der sie schließlich gleichmäßig mit dem Dispositionsmedium besprüht. Die Zusammen-arbeit von Menschen und Robotern steigerte in diesem Fallbeispiel die Produktivität innerhalb des Anwendungsbereichs um 50 % bei einer gleichzeitigen Qualitätszunahme der Premiumkopfhörer.

Ein Cobot unterstützt die Mitarbeiter von Yanfeng Automotive Interiors (YFAI) beim Verschrauben von Armauflagen in Lüneburg. In der Anlage arbeiten zwei Werker an jeweils einer Werkzeugmaschine. Den LBR iiwa „teilen" sie sich. Wartezeiten werden somit ausgeschlossen. Der Roboter ist so programmiert, dass er immer den effizientesten Weg wählt, wie die Bauteile am schnellsten verschraubt werden können. Neben dem erzielten Flexibilitätsgewinn ist eine Mehrmaschinenbedienung möglich geworden.

Die angerissenen Anwenderbeispiele können nur ansatzweise das Potenzial und die Einsatzmöglichkeiten der Mensch-Roboter-Kooperation aufzeigen. Die Bandbreite neu erschlossener Anwendungen wird tagtäglich größer und es zeigt sich, dass die Phase des Lernens, des Ausprobierens in den Betrieben langsam vorübergeht. So bleibt einem potentiellen Anwender, der sich auf die Suche nach weiteren Erfahrungswerten und Best Practice Beispielen gibt nur das Recherchieren in den Anwenderdatenbanken der diversen Roboteranbieter und Nutzerorganisationen.

12.2   Lernerfahrungen und Fallstricke bei MRK-Einführungen

Was sind nun die Lessons Learned aus den MRK-Projekten, die man in einem Zwischen-
fazit an dieser Stelle ziehen kann? Und was sind die Stolperfallen und Negativerfahrungen, die es als künftiger Nutzer bei MRK-Einführungen zu vermeiden gilt?

- Suchen Sie nicht gleich die perfekte Lösung in komplexen Arbeitsumfeldern.
  Denken Sie über die Teilautomatisierung von Prozessfolgen und die Möglichkeit
  des Einsatzes von Cobots im Umfeld der Menschen nach, auch wenn der Grad der
  Zusammenarbeit zunächst eher gering ist. Starten Sie mit einfachen Anwendungen,
  anstatt sich an schwierigen Aufgaben die Zähne auszubeißen und wachsen Sie an den
  dabei gemachten Erfahrungen.
- Gestalten Sie Einführungen als agile Projekte, bei denen Sie möglichst viele Stakeholder von Beginn an einbeziehen. Verfolgen Sie keine Schreibtischplanungen
  auf Papier. Starten Sie mit Pilottests im Laborumfeld oder abseits ihrer getakteten
  Produktionslinien. Einfach ran! Und berücksichtigen Sie die Meinung und Einstellungen der Mitarbeiter am künftigen Einsatzort. Wichtiger Tipp: Starten Sie mit
  ungeliebten Arbeitsschritten.
- Vermeiden Sie herausfordernde Erstprojekte unter Zeitdruck! Die idealen MRK-Ein-
  satzfelder für Pilotprojekte sind durch große Taktzeiten, geringe Prozesskomplexität,
  einen eher geringen Automationsgrad und einen niedrigen Investitionsbedarf, zum
  Beispiel für Schutzmaßnahmen, gekennzeichnet.
- Keep it simple! Verzichten Sie auf Verknüpfungen mit anderen Maschinen, wo es
  geht. Nutzen Sie natürliche Schutzeinrichtungen, zum Beispiel das Aufstellen an einer
  Wand. Meiden Sie Logistikbereiche und allgemeine Verkehrsflächen. Kommen viele
  Leute vorbei? Bei allzu großer Komplexität lieber Abstand von einer MRK-Lösung
  nehmen.
- Welche Umwelteinflüsse gibt es am Einsatzort? Dies ist vor allem bei Leicht-
  baurobotern wichtig, da Probleme mit Vibrationen oder Beeinträchtigungen der
  Sensorik auftreten können. Hinterfragen Sie kritisch: Sind die ausgewählten Cobots
  robust genug, um unter den realen Einsatzrahmenbedingungen im Dauerbetrieb und
  optimierten Taktgefüge überzeugend zu bestehen?
- Stehen Sie manchem Anbieterversprechen kritisch gegenüber. Setzen Sie sich
  nicht als erstes Ziel das Auflösen eines rein manuellen Arbeitsplatzes durch einen
  Cobot, etwa aus Kostengründen. Das schafft mehr Probleme als Vertrauen! Eine
  einfache Faustregel: Kostenziele für erforderliche Hard- und Software, Roboterprogrammierung, Installation und CE-Konformitätsbewertung unter 100 T€.
- Unterliegen Sie nicht dem Irrtum, dass Cobots automatisch für die Mensch-
  Roboter-Kooperation geeignet sind. Es gibt keinen sicheren Roboter, denn er zählt
  zu den unvollständigen Maschinen und muss erst integriert werden. Dazu muss
  er für die Kollaboration von Haus aus geeignet sein, also bestimmte Eigenschaften

mitbringen wie zum Beispiel eine wirkungsvolle Kraft-, Geschwindigkeits- und Raumbegrenzung. Erst die Parametrierung dieser Funktionen anhand der in der Risikobeurteilung festgestellten Randbedingungen macht ihn zusammen mit allen Vorrichtungen, Werkzeugen und so weiter zu einem sicheren Robotersystem.

- Ein auf einem Roboter bereits angebrachtes CE-Zeichen gilt meist nur für andere Richtlinien. Für die Applikation, das heißt für das Robotersystem als Ganzes, ist es nicht ausreichend. Ein kollaborierendes Robotersystem ist eine Maschine wie jede andere. Vorgeschrieben sind für das Inverkehrbringen zum Beispiel eine Konformitätserklärung, eine Risikobeurteilung, eine Betriebsanleitung und ein CE-Zeichen.

- Versuchen Sie nicht, Cobot-Anwendungen in abseits gelegenen Versuchsbereichen unter dem Siegel der Verschwiegenheit im Einzelkampf zum Erfolg führen zu wollen. Nehmen Sie im Gegenteil die Ihnen anvertrauten Mitarbeiter im Projektteam mit auf die spannende Reise in eine neue Arbeitswelt. Auch ganz wichtig ist das Hinausgehen in die Werke, um Überzeugungsarbeit zu leisten, Ängsten zu begegnen und authentisch, offen und ehrlich aufzeigen, was geplant ist, was machbar ist und was nicht geht, hierbei stets Vor- und Nachteile aufzeigen, Begeisterung generieren.

- Wichtig bei der Überzeugungsarbeit sind schnelle erste Erfolge in für die Mitarbeiter nutzenstiftenden Applikationen, die vor allem eine ergonomische Entlastung am Arbeitsplatz erwirken, zum Beispiel das Anreichen von Gegenständen, deren Entnahme aus Gitterboxen, das Auf- und Abpalettieren.

- Beim Leisten von Überzeugungsarbeit hat sich ein Roadshow-Format bewährt: Gehen Sie selbst vor Ort und leisten Sie Überzeugungsarbeit. Zeigen Sie Erfahrungswerte Dritter oder die ersten Ergebnisse aus eigenen Versuchen mit Filmen oder direkt am Roboter. Gehen Sie dann mit den Teilnehmern ihres Workshops direkt in die Fabrik und sammeln Sie gemeinsam mit ihnen Ideen. Fokussieren Sie sich auf erste leichte Applikationen, die man als Pilotprojekte machen könnte.

- Delegieren Sie nicht alle Aufgaben an einen externen Systemintegrator. Greifen Sie auf Ihr Projektteam zurück, um die eigentliche Applikation zu entwickeln und aufzubauen, so dass das Programm steht. So wird das Vorhaben zum Baby Ihrer Schlüsselmitarbeiter, die dessen Bearbeitung hochmotiviert übernehmen und für einen erfolgreichen Transfer an den Einsatzort beziehungsweise ins Zielwerk inklusive Vorort-Betreuung sorgen.

- Leisten Sie aktive Unterstützung bei der Risikobeurteilung und Zertifizierung. Achten Sie auf Sorgfalt bei der Projektvorbereitung und Arbeitsplatzbewertung. Versäumnisse holen Sie später sicher ein. Bauen Sie das hierfür nötige Knowhow auf und starten Sie dann Qualifizierungsmaßnahmen, damit die Fachbereiche und die Produktionsverantwortlichen in den Werken künftig selbst MRK-Einführungen initiieren und vorantreiben können.

- Für eine MRK-Applikation überhaupt nicht geeignet sind Arbeitsplätze und Bearbeitungsschritte, die in einem gemeinsam von Menschen und Robotern genutzten Arbeitsraum die Verwendung nadel- oder klingenartiger Werkzeuge, Vorrichtungen oder Bauteile vorsehen. Diese machen es praktisch unmöglich, nach ISO/TS 15.066

gelisteten biomechanischen Grenzwerte einzuhalten. Das liegt ganz einfach daran, dass die im Kontaktbereich wirksamen Flächen bei derartigen Formen extrem klein werden, woraus wiederum nicht mehr beherrschbare Druckwerte resultieren. Lassen Sie davon die Finger weg!

- Cobots können selbstverständlich keine Naturgesetze außer Kraft setzen, auch wenn man sich aus Ergonomie- und Produktivitätsgründen immer größere Traglasten wünscht und weiterhin von hohen Geschwindigkeiten beim Robotereinsatz profitieren möchte. Dem sind natürliche Grenzen gesetzt, denn die Formel für kinetische Energie $E = m/2*v^2$ gilt auch für Cobots. Jede Erhöhung der Traglast erhöht die Schwungmassen, und die müssen bei einem Kontakt mit dem Menschen innerhalb der biomechanischen Grenzen zum Stillstand gebracht werden. Die Geschwindigkeit schlägt sogar im Quadrat zu Buche. Schnell erreicht man damit die biometrischen Grenzwerte.

Ziel der Weiterentwicklung von MRK-Applikationen ist es daher, das Erfordernis der Sicherheit mit der Möglichkeit, bei voller Geschwindigkeit betrieben zu werden, mit einem Höchstmaß an Produktivität zu verbinden und mithilfe einer geeigneten Arbeitsraumüberwachung aktiv nach einem freien, sicheren Weg zu suchen, um eine Aktion fortzusetzen, ohne zu kollidieren.

Wenn dieser Kompromiss gefunden wird, gibt es nichts mehr, das den Siegeszug der kollaborativen Robotik noch aufhalten kann. Heute sind die erreichbaren Bahngeschwindigkeiten allerdings noch sehr beschränkt und für den Erfolg der Technologie im täglichen Praxiseinsatz stark eingrenzend.

12.3 MRK kritisch beleuchtet

Es ist offensichtlich, dass der MRK-Roboterbetrieb bei reduzierten Arbeitsgeschwindigkeiten einer ROI-Berechnung nach klassischen betriebswirtschaftlichen Bewertungskriterien – zumindest bei Erstinstallationen – nicht sofort ohne weiteres standhält. Trotz aller vorteilhaften sozialen Aspekte ist es dennoch unerlässlich, dass am Ende auch wirtschaftliche Gründe für Unternehmer ausschlaggebend sind, sich für oder gegen die Zusammenarbeit von Menschen und Robotern in ihren Fertigungsbereichen zu entscheiden.

Ein wichtiges Hilfsmittel in diesem Zusammenhang ist die ganzheitliche Abschätzung der Einsparungs- und Nutzenpotentiale, die durch eine Mensch-Roboter-Kooperation erreichbar sind wie beispielsweise die Steigerung der Produktivität, zum anderen die Steigerung der Produktqualität durch den Robotereinsatz. Aus der hierbei üblichen Gegenüberstellung der anfallenden Kosten und zu erwartenden Nutzenpotentiale können diese vergleichend bewertet werden (vgl. Anhang 6).

Zu erfassen sind als erstes die Kosten, die direkt mit der Inbetriebnahme in Zusammenhang stehen. Das sind im Rahmen einer MRK-Installation:

- Kosten für die Roboterbeschaffung und Inbetriebnahme, dazu zählen die konzeptionellen Kosten, die Kosten für das Robotersystem, bestehend aus Roboter, Steuerung, Zubehör, Ausgaben für Endeffektoren (z. B. Greifer oder Vakuumsauger, Klebepistolen, Schrauber), Reisekosten und sonstiges benötigtes Material, Training und Einarbeitung.

- Kosten für Sicherheitsvorkehrungen und Absicherung, unter anderem Ausgaben für Schutzvorkehrungen, Lichtvorhänge, Scanner, Sensorik, Absicherungsmaßnahmen, Hinweisschilder.

- Ausgaben für die Durchführung von Risikobeurteilung, Gefährdungsanalyse, CE-Konformitätsbewertung, Dokumentation und arbeitsschutzrechtliche Zulassung, Schulungsmaßnahmen.

- Kosten für Umbaumaßnahmen und Rüstvorgänge bei Produktionsanpassungen, Aufwendungen für die (Neu-)Erstellung modifizierter Bearbeitungsprogramme und Freigaben.

- Kosten für regelmäßige Wartungsarbeiten und Überprüfungen.

Diesen Ausgaben sind die entsprechenden Nutzenpotentiale gegenüberzustellen. Dabei fällt der Blick zunächst wie bei allen Automatisierungs- und Optimierungsmaßnahmen auf die erzielbaren Produktivitätssteigerungen, die erzielbaren Reduzierungen der Personalkosten und den zu erwartenden Return on Investment (ROI).

Schnell wird klar, dass ein normenkonform abgesicherter Arbeitsplatz für kooperative oder kollaborative Roboter, der bei reduzierter Verfahrgeschwindigkeit der eingesetzten Cobots in der industriellen Praxis in aller Regel teurer als eine herkömmliche, unzugängliche Roboterzelle ist. Hinzukommt, dass im Vergleich zum klassischen Industrieroboter ein kollaborativer oder kooperativer Roboter nicht prinzipiell günstiger in der Anschaffung ist.

Erschwerend kommt hinzu, dass sich die Zeitanteile der Mensch-Roboter-Interaktion und ihre Auswirkungen auf Takt und Durchsatz mit herkömmlichen Methoden nur schwer planen lassen, während sich bei herkömmlichen Roboterzellen der Output der Montagezelle bereits in der Planungsphase gut berechnen lässt. Menschen können sich nämlich auch unvorhersehbar – also mal kurz und mal lange – im Arbeitsraum des Roboters aufhalten.

Ist damit das Thema Mensch-Roboter-Kooperation am Ende? Oder fehlen etwa wichtige Aspekte in der Kosten-Nutzen-Rechnung und wir fokussieren uns zu sehr auf die uns aus der Industrierobotik und der Vollautomatisierung vertrauten Produktivitätskennzahlen?

In der Tat liefert der klassische Weg der Wirtschaftlichkeitsbetrachtung eines isolierten Arbeitsplatzes nicht zu einem korrekten Situationsabbild. Handlungsbedarf besteht im Bereich der ROI-Berechnung. Vollkommen ausgeblendet werden der Faktor Mensch als wichtige Engpassressource und die sich aus der Mensch-Roboter-Kooperation erschließbaren Flexibilitätsoptionen. Doch das ist viel zu kurz gegriffen.

Man muss die Wirtschaftlichkeit einer MRK-Investition anders rechnen. In eine Kosten-Nutzen-Betrachtung müssen weitere Aspekte einbezogen werden, die bei einer rein betriebswirtschaftlichen Bewertung von Investitions- und Betriebskosten nicht beleuchtet werden. Einige Beispiele, die Sie bei Ihrer Betrachtung auch berücksichtigen sollten:

- Welche Effekte auf die Qualitätskosten können im Unternehmen kurz- und mittelfristig erwartet werden, wenn Menschen und Roboter gemeinsam eine höhere Qualität produzieren, weil belastende Routineprozesse durch den Roboter übernommen werden?
  Eine Reduzierung der Qualitätskosten durch Prozessoptimierung und Robotereinsatz ist vor allem bei monotonen, psychisch anspruchsvollen, jedoch für die Gesamtqualität wesentlichen Prozessschritten, beispielsweise beim Kleben und automatisierten Prüfen zu erwarten.
- Welche Auswirkungen ergeben sich auf die Personalkosten, wenn zwar Mitarbeiter durch die Teilautomatisierung von Arbeitsprozessen durch Mensch-Roboter-Kooperation nicht vollständig ersetzt werden, Arbeitskräfte aber unterstützt werden und so länger gesund und aktiv bleiben können?
  Zu erwarten ist, dass die Anzahl der Krankenstände sinkt, insbesondere wenn besonders monotone, physisch oder psychisch belastende Arbeitsschritte wegfallen. Rückenprobleme kennen beispielsweise über 60 % der deutschen Bevölkerung. Einen Bandscheibenvorfall erleiden jährlich rund 180.000 Menschen, von denen rund 80.000 deswegen operiert und nachversorgt werden. Stressbelastungen sind hier noch gar nicht berücksichtigt.
- Welche Flexibilisierungsoptionen in der Fertigung können durch die Mensch-Roboter-Kooperation oder den Einsatz von Cobots in der Gesamtorganisation der Produktion kurz-, mittel- und langfristig erreicht werden wie beispielsweise die Eröffnung von Mehrmaschinen Betreuungsmodellen?
  Durch den Einsatz der Cobots schaffen wir freie Kapazitäten der Werker, die diese dann anderweitig und auch höherwertig im Wertschöpfungsprozess einbringen können. Bei der auf einen Arbeitsplatz beschränkten Kosten-Nutzen-Bewertung macht das evtl. nicht viel aus, aber zum Beispiel in einer Fertigungsinsel, in welcher mehrere Mitarbeiter tätig sind, kann sich schnell ein attraktives Nutzenpotential ergeben, wobei man selbstverständlich bei allen Überlegungen den ganzen Arbeitsumfang und die gesamte Arbeitsverteilung zwischen den Menschen und den Robotern betrachten und sorgsam ausbalancieren muss.
- Klären und bewerten Sie auch, welche – wenngleich auch zunächst in ihrer Wirkung geringwertig einzustufende – Kostenvorteile sich durch die Einsparung von Herstellungszeit, Fabrikfläche und die Kompensationsmöglichkeit von Mitarbeiterausfällen ergeben können.
- Von erheblicher Bedeutung bei einer Gesamtkostenbewertung eines teil- oder vollautomatisierten Arbeitsplatzes sind die erzielbare Minimierung der Begleitaufwände

für Werkstückzuführung, -vereinzelung und -lenkung, die in der Vollautomatisierung der Serienproduktion üblicherweise hohe Kosten erzeugen, bei einer Mensch-Roboter-Kooperation durch Eingriffsmöglichkeiten der Werker oder Leistungsmerkmale der eingesetzten Cobots anders und wesentlich weniger aufwendig gestaltet werden können.

Nutzen Sie die Sensitivität der Roboter ganz gezielt, um andere Prozesse und Komponenten wegfallen zu lassen, zum Beispiel die Vereinzelung der Werkstücke und das präzise geführte Andienen oder die Nutzung von Kameras, Sensoren, Endlagenerkennungen, Lichtschranken, Führungen, Transportschienen und sonstigen Hilfsanbauten.

Vor allem die Möglichkeit der schnellen Reaktion und des beherzten sicheren Eingriffs und die dadurch erreichte Vermeidung von Ministopps durch Klemmen oder kleine Fehler wirkt sich unmittelbar auf die Gesamtanlagennutzungseffizienz (OEE) positiv aus.

- Ein signifikanter zusätzlicher Nutzen wird sich erschließen, wenn durch den Einsatz von Cobots ein Umbau gesamter Bestandsanlagen vermieden wird. Ebenso, wenn eine erhöhte Prozesseffizienz erreicht wird, zum Beispiel wenn Rüst-, Umbau-, Beladungs-, Warte- und Inbetriebnahme-Zeiten gesenkt werden können oder parallel zum Handhabungs- oder Bearbeitungsprozess noch zusätzliche Prüfschritte erfolgen können.

- Vor allem die Mitarbeiterzufriedenheit und die Gesundheit der Werker sind in Zeiten eines bedeutsam sich abzeichnenden demographischen Wandels und eines erheblichen Fachkräftemangels Erfolgsfaktoren von besonderer Bedeutung, die sich nur schwer in Geldwerten beziffern lassen.

Überprüfen Sie daher, ob und in welchem Umfang sich Gesundheitskosten, die allgemeine Mitarbeiterfluktuation und die sich auf Grund neu einzuarbeitenden Werker ergebenden Aufwände durch einen verstärkten Einsatz von Cobots reduzieren lassen.

Bedenken und diskutieren Sie auch mit Ihren Mitarbeitern, welche positiven Auswirkungen eine Roboterassistenz auf den Stresspegel der Werker mittel- und langfristig haben wird, wenn sich die beiden Kollegen mal an die neue Partnerschaft gewöhnt haben.

Wenn ein Mitarbeiter in einer bestimmten Taktzeit Teile von einem Förderband aufnehmen, zusammenschrauben, kleben und wieder ablegen muss, entsteht Stress sobald das Band schneller läuft. Dieser Druck sinkt erheblich, wenn ihm ein Roboter das Auf- und Ablegen des zu bearbeitenden Werkstücks oder das Führen der Klebepistole abnimmt. Oder wenn die Beschäftigten nicht mehr in vorgebeugter Arbeitshaltung Bauteile in eine Vorrichtung einlegen müssen, wie es vor dem Cobot-Einsatz der Fall war.

Erfreulicherweise erkennen viele Betriebe, Personal- und Produktionsverantwortliche, dass der Einsatz von Industrierobotern, Cobots und Mensch-Roboter-Kooperationen nicht nur zusätzliche Kosten verursacht, sondern auch bedeutsame Verbesserungen für den Gesundheitsschutz der Werker mit sich bringen.

Selbst wenn Cobots auch nur einzelne unergonomische Arbeitsschritte aus einem sonst manuellen Arbeitsplatz herauslösen und übernehmen können, dann ist das ein Gewinn für den Betrieb und für die Gesundheit sowie die Zufriedenheit der Beschäftigten.

Welche Anforderungen werden aber an die Menschen in der Fabrik künftig gestellt? Und ergibt sich daraus vielleicht eine neue Belastungssituation oder eine neue Belastungsqualität?

Durch die Zusammenarbeit von Menschen und Robotern werden die Arbeitsabläufe ergonomischer und weniger belastend, jedoch inhaltlich anspruchsvoller. Woran liegt das? Wenn die Routinetätigkeiten mehr und mehr wegfallen, weil sie von Robotern übernommen werden, bedeutet dies zugleich, dass nur noch die komplexeren und schwierigeren Tätigkeiten den Menschen vorbehalten bleiben. Der Mensch als das flexibelste Element einer Produktion wird dadurch immer mehr zum Entscheider und Problemlöser. Sein Arbeitsalltag und die Arbeitsinhalte werden weiter verdichtet, das Arbeitsumfeld noch dynamischer und die Arbeit eventuell dann doch in Summe wieder belastender als zuvor.

Zusätzlich müssen die Werker vor Ort mehr Verantwortung übernehmen. Sie stellen die Maschinen selbst ein. Sie lernen die Roboter an und müssen sich mit deren Grundfunktionen auseinandersetzen. Probleme müssen schnell erkannt und vor Ort gelöst werden.

Künftig werden Meister daher nicht mehr diejenigen sein, die die besten Handwerker sind. Sie werden mit Tablets, Robotern, Kameras, Sensoren und Sicherheitsvorkehrungen genauso umgehen müssen wie mit Werkzeugmaschinen. Sie müssen wissen, wie man einen Roboter anleitet und mit welchen Daten sie welche Prozesse steuern müssen. Sie müssen die Einhaltung von biometrischen Grenzwerten überprüfen und deren sicherheitstechnische Relevanz bewerten können. Sie werden zunehmend mit Themen des Arbeitsschutzes und der Gefährdung von Mitarbeitern an ihren Arbeitsplätzen konfrontiert sein. Sie müssen die entsprechenden Regelungen und Normen in den Grundlagen und zentralen Inhalten kennen und deren Anwendung beherrschen. In Summe werden die Arbeitsinhalte anspruchsvoller und interessanter. Von den Werkern wird ein hohes Qualifikationsniveau erwartet, wobei sie gleichzeitig von monotonen Produktionsaufgaben entlastet werden.

Technologische Umwälzungen, wie sie unter anderem die voranschreitende Digitalisierung, die Automatisierung, der zunehmende Robotereinsatz und die Mensch-Roboter-Kollaboration darstellen, sorgen berechtigt auch immer für Unruhe bei den betroffenen Menschen. Werden Sie in der Produktion künftig überflüssig? Beschleunigt die Mensch-Roboter-Kooperation oder der Einsatz von Cobots diesen Prozess vielleicht sogar in besonderer Weise?

In der Frage, ob durch die jüngsten technologischen Fortschritte und die Weiterentwicklung unseres Arbeitsumfelds mehr Stellen vernichtet oder geschaffen und werden, gehen die Meinungen auseinander. Pessimisten prognostizieren, dass fast 50 % aller heutigen Berufe in Zukunft „automationsgefährdet" sind. Optimisten gehen innerhalb der nächsten zehn Jahre von bis zu 400.000 zusätzlichen Jobs in der deutschen Industrie aus.

Bleiben wir zuversichtlich und analysieren wir dies sachlich im nachfolgenden Kapitel.

Literaturhinweise und Quellen

Buxbaum, H.-J. (Hrsg.), *Mensch-Roboter-Kollaboration*", Springer Gabler (2020)

Dietz, T., *Mensch-Roboter-Kollaboration: Nutzen, Technik, Anwendungsbeispiele und Entwicklungsrichtung*, Universität Erlangen (April 2012).

Feldmann, K., Schöppner, V., Spur, G., *Handbuch Fügen, Handhaben, Montieren*, Carl Hanser (2014)

Glück, M., *Autonome Roboterführung – Integration von Bildverarbeitung im Roboterumfeld*, SPS-Magazin, Heft 10/2013, S. 154-155

Glück, M., *Flexibles Greifen in Produktion und Logistik*, Vortrag beim Fachforum „Roboter im Warenlager" am Fraunhofer IPA in Stuttgart, 6.2.2020

Honsberg, O., *Mehr Effizienz durch Montage im Fließbetrieb*, Mechatronik 6/2020, S. 31–32

Keller, S., *Chancen und Hürden der Integration von Zusammenarbeitsformen zwischen Mensch und Roboter in der Automobilindustrie*, Vortrag beim 3. Forum Mensch-Roboter, Stuttgart, 17./18.10.2018

Kuhlenkötter, B., *Montage im Schaltschrankbau – Von Manueller Montage über MRK zur Vollautomatisierung*, Key Note Vortrag beim 4. Forum Mensch-Roboter, Stuttgart, 23./24.10.2019

Kuhlenkötter, B., *Potenziale der MRK für die Montage*, Key Note Vortrag beim 1. Forum Mensch-Roboter, Stuttgart, 17./18.10.2016

Kurth, J., *Sichere Anlagen im Serieneinsatz mit MRK*, Vortrag beim 2. Forum Mensch-Roboter, Stuttgart, 23./24.10.2017

Milsch, B., *Maschinenbeschickung via Roboter automatisieren*, MM Maschinenmarkt, Heft 9/10–2020, S. 62–64

Schmid, H., *Effizienter palettieren mit Cobots*, etz, Heft 3/2020, S. 20–21

Scholer, M., *Wandlungsfähige und angepasste Automation in der Automobilmontage mittels durchgängigem modularem Engineering – Am Beispiel der Mensch-Roboter-Kooperation in der Unterbodenmontage*, Dissertation an Universität des Saarlandes (2018)

Trübswetter, A., *Akzeptanz neuer Technologien am Beispiel von MRK: Warum die „gute" Gestaltung von Technologie alleine nicht ausreicht*, Key Note Vortrag beim 5. Forum Mensch-Roboter, Online Fachkongress 7./8.10.2020

Trübswetter, A., *MRK-Systeme erfolgreich implementieren mit User-Centered-Design*, Vortrag beim 3. Forum Mensch-Roboter, Stuttgart, 17./18.10.2018

Wachter, U., *Erfolgreicher Einsatz von Leichtbaurobotern in der Produktion*, Vortrag beim 5. Forum Mensch-Roboter, Online Fachkongress 7./8.10.2020

Gesellschaftliche Folgen – Werden Roboter jemals ihren Schrecken verlieren?

13

Bereits in den 1960er Jahren haben Roboter in der Industrie Einzug gehalten, wie wir eingangs vernommen haben. Seitdem sind ihre Installationszahlen unaufhaltsam gestiegen. Doch außerhalb der Automatisierungswelt ist das Image der Roboter nicht immer das Beste (vgl. Abb. 13.1). Und die Frage, ob die Roboter jemals ihren Schrecken verlieren, ist berechtigt. Sie muss auch im Zuge einer MRK-Einführung schlüssig beantwortet werden. Offen und ehrlich, mit der nötigen Zielgruppenorientierung, Konsequenz und auf soliden Argumentationsketten basierend.

In den 1980er Jahren gab es massive Proteste gegen den Robotereinsatz in den Automobilfabriken. Pressen, Schweißen, Karosseriebau, Lackieren, Teiletransport und vieles mehr haben in der Tat Roboter übernommen. Viele Menschen mussten sich eine andere Arbeit suchen. Weggefallen sind vor allem gefährliche, schwere und monotone Arbeiten. Doch der Ruf eines Job-Killers haftet den Robotern zu Unrecht an. Hierfür sprechen ein paar interessante Fakten:

Weltweit werden aktuell pro Jahr rund 500.000 neue Robotersysteme in Betrieb genommen, wobei auf dem asiatischen Markt die Zunahme besonders deutlich ausfällt, wie die aktuelle Marktanalyse „World Robotics 2021" der International Federation of Robotics (IFR) zeigt. Die Roboterdichte in Deutschland ist mit aktuell 371 Systemen je 10.000 Erwerbstätigen noch ausbaubar. Weltweit beträgt die Roboterdichte derzeit 126 Systeme je 10.000 Erwerbstätigen.

Der Robotereinsatz ist heute in der Hauptsache noch immer auf wenige Branchen der Elektronik-, Automobil- und Automobilzuliefererindustrie beschränkt. Erst in den letzten ein bis zwei Jahren hat der Mittelstand die Chancen eines Robotereinsatzes für sich erkannt und in größerem Umfang erste Pilotprojekte gestartet. Vor allem der Aufstieg der Cobots trägt dazu bei.

Eindeutig ist, dass durch die Robotik mehr neue Arbeitsplätze am Hochlohnstandort Deutschland entstanden sind, als vernichtet wurden. Und dass durch den verstärkten Ein-

M. Glück, *Mensch-Roboter-Kooperation erfolgreich einführen*,
https://doi.org/10.1007/978-3-658-37612-3_13

3.6.2019   17.4.1978   24.5.1965

Abb. 13.1 Roboter in der öffentlichen Wahrnehmung stets bedrohlich. Werden die Roboter jemals ihren Schrecken verlieren? (Quelle: Spiegel Titelblätter)

satz von Robotern vor allem die sich in einem heftigen weltweiten Wettbewerbsumfeld agierenden Produktionsfirmen hierzulande gesichert werden konnten, denn grundsätzlich hängt die Zahl der Arbeitsplätze in einem Unternehmen mehr von der gesamten Umsatzentwicklung und weniger von den Rationalisierungseffekten durch Automatisierung ab.

In Deutschland verzeichnen wir seit vielen Jahren die höchste Anzahl an sozialversicherungspflichtig Beschäftigten. Die Produktionsstandorte gelten als gesichert. Dank des verstärkten Robotereinsatzes verlieren beispielsweise Produktionsverlagerungen in Niedriglohnländer ihre Attraktivität. Dies gilt beispielsweise ganz besonders für China, wo die Lohnkosten pro Jahr im Mittel um ca. 15 % steigen und die Fertigungsstandorte unter immenser Mitarbeiterfluktuation leiden.

In Deutschland wird im kommenden Jahrzehnt ein schwerwiegender Arbeitskräftemangel, insbesondere bei technischen Fachkräften, erwartet. Laut Prognosen des Statistischen Bundesamtes ist durch die geburtenschwachen Jahrgänge ein Rückgang der verfügbaren Arbeitskräfte von ca. 44 Mio. im Jahr 2018 auf etwa 40 bis 42 Mio. im Jahr 2030 zu erwarten.

Gleichzeitig verkürzen sich die Produktlebenszyklen. Lag der typische Produktlebenszyklus von Fahrzeugen beispielsweise in den 1970er Jahren im Schnitt noch bei acht Jahren, bekommen Autos heute ihr erstes Facelift schon nach zwei bis drei Jahren. In nahezu allen Branchen verkürzen sich die Intervalle zwischen Produktneuentwicklungen und viele Bestandsprodukte müssen schon nach relativ kurzer Zeit neuen Trends weichen. Von besonderer Bedeutung für die Robotik gilt der aktuelle Strukturwandel der Automobilindustrie hin zur Elektromobilität.

An dieses Szenario muss sich die Produktion und deren Automatisierung anpassen. Wollen kleinere und mittelständische Produktionsunternehmen international bei gleichbleibendem Wirtschaftswachstum mithalten, müssen sie allein aus Kostengründen in mehr Automatisierung investieren, um einer Abnahme ihrer Wirtschaftskraft wirkungsvoll entgegenzusteuern.

Allerdings wird in vielen Bereichen die klassische Industrierobotik nicht der Schlüssel zum Erfolg sein. Diese Technik erfordert hohe Investitionsbeträge, ist aber für heutige und künftige Anforderungen nicht flexibel genug. Die klassischen Produktionslinien sind für Produkte ausgelegt, die in größeren Stückzahlen gefertigt werden. Heute ist vor allem Flexibilität gefragt.

Mit den Cobots steht eine neue Generation von Robotern zur Verfügung. Sie eröffnet es den Unternehmen am Standort Deutschland, weitere Produktivitätsvorteile zu erschließen und so die Zukunft unseres Hochlohnstandorts abzusichern. Bei den neuen MRK-Anwendungen geht es nicht darum, den Menschen zu ersetzen, sondern darum, diesen dahingehend zu unterstützen, dass er sich auf seine wahren Stärken konzentrieren kann.

Der Siegeszug der Robotik und neuerdings der Cobots sowie der Mensch-Roboter-Kooperation ruft aber auch Kritik hervor, schließlich machen automatisierte Helfer Menschen die Arbeit nicht nur leichter, sondern nehmen sie ihnen manchmal im wahrsten Sinne des Wortes ab. Dabei sind sich Arbeitsmarktforscher darin einig, dass von der weiteren Automatisierung vor allem Jobs im Niedriglohnsektor betroffen sind, die weder besondere Qualifikationen noch herausragende Fähigkeiten im Umgang mit Menschen erfordern. Sie sind sich sicher, dass gute Aus- und regelmäßige Weiterbildung im Zusammenspiel mit sozialer Kompetenz davor schützen, dass Jobs durch den Einsatz von Robotern ganz wegrationalisiert werden.

Es gibt zahlreiche Studien, die die Auswirkungen der Digitalisierung auf das Volumen der Beschäftigung prognostizieren. Nahezu alle beziehen sich auf Digitalisierung und Automatisierung im Allgemeinen bzw. fokussieren sich auf bestimmte Technologien. Die Kernaussagen dieser Studien lassen sich wie folgt zusammenfassen:

Für großes Aufsehen und unbegründete Angst sorgte die Frey/Osborne-Studie (2013). Diese prognostiziert, dass 47 % der Beschäftigten in den USA in Berufen arbeiten, die in den nächsten 20 Jahren mit hoher Wahrscheinlichkeit (70 %) automatisiert werden können. Die darauf aufbauende Prognose für Deutschland sieht 59 % der Berufe in Deutschland in Gefahr, berücksichtigt jedoch nicht, dass in erster Linie einzelne Tätigkeiten und nicht ganze Berufe automatisiert werden.

Dem Institut für Arbeitsmarkt- und Berufsforschung (IAB) zufolge arbeiteten im Jahr 2016 bereits 25 % der sozialversicherungspflichtig Beschäftigten in Deutschland in einem Beruf mit sehr hohem Substituierbarkeitspotenzial.

Die Berechnungen solch technikzentrierter Arbeitsmarktprognosen greifen häufig zu kurz. Manche schließen von technischen Potenzialen unmittelbar auf eine Substitution von Tätigkeiten oder Berufen, unterschätzen die Variabilität von Arbeitssituationen und überschätzen die Leistungsfähigkeit von Technologien in variablen Kontexten.

Außerdem bleiben betriebswirtschaftliche Fragen nach dem Kosten-Nutzen-Verhältnis von Investitionen meist ebenso unberücksichtigt wie mögliche Reibungsverluste bei deren Implementierung und die damit verbundenen Folgekosten.

Des Weiteren geht die Betrachtung von Substitutionspotenzialen meist von einem statischen Verständnis von Berufen aus; die Veränderungen von Tätigkeiten sowie neue Formen von Interaktionen zwischen Technik und Menschen werden vernachlässigt. Zudem findet oftmals keine Betrachtung des Zuwachses von Beschäftigung statt.

Insofern sind hohe Substituierbarkeitspotenziale der Berufe nicht gleichzusetzen mit dem Verlust von Arbeitsplätzen. Denn die Potenziale beschreiben zunächst eine technische Machbarkeit. Sofern die menschliche Arbeit wirtschaftlicher, flexibler oder von besserer Qualität ist oder rechtliche oder ethische Hürden einem Einsatz entgegenstehen, werden auch ersetzbare Tätigkeiten eher nicht ersetzt werden.

Fakt ist, derzeit gibt es wenig evidenzbasierte Forschungsergebnisse zu den Auswirkungen von MRK-Robotern auf den Arbeitsmarkt. Dies liegt zum einen daran, dass MRK-Anwendungen bislang noch wenig in der Breite angewendet werden. Zudem sind die Informationen überwiegend nur auf aggregierter Ebene bzw. auf Industrieebene verfügbar. Damit lassen sich die wichtigen Anpassungsprozesse auf Ebene der Betriebe und Beschäftigten, wie Anpassungen der Belegschaftsstruktur, der Arbeitsorganisation, der Aus- und Weiterbildung sowie der individuellen Erwerbsbiografien, nur eingeschränkt bewerten.

Allerdings lassen sich einige Schlussfolgerungen aus bisherigen Automatisierungswellen ziehen. Demnach hat technologischer Wandel in der Vergangenheit nicht zu großen Nettoverlusten bei der Beschäftigung geführt, da die Anzahl der neu entstandenen Arbeitsplätze stets die Anzahl der weggefallenen ausgleichen konnte. Gleichwohl gab es größere Umstrukturierungen zwischen Tätigkeitsbereichen mit veränderten Anforderungen.

Es ist daher nicht sinnvoll, Terminator-Horrorszenarien einerseits und überzogene Heilsversprechen andererseits plakativ gegeneinanderzustellen. Ziel muss es viel mehr sein, holzschnittartige Vorstellungen zu überwinden und zu einer differenzierten Bewertung der Technologie, ihrer Auswirkungen und den daraus folgenden Handlungsaufträgen an Politik, Wirtschaft, Wissenschaft und Gesellschaft zu gelangen.

Literaturhinweise und Quellen

Adolph, L., Rothe, I., Windel, A., *Arbeit in der digitalen Welt – Mensch im Mittelpunkt*, Zeitschrift für Arbeitswissenschaft, 70(2), S. 77-81 (2016)

Amlinger, M., Kellermann C., Markert, C., Neumann, H., *Deutschland 2040: 10 Thesen zu Arbeitsmarkt und Rente, Demografie und Digitalisierung*, IGZA-Arbeitspapier #2 (2017)

Bonin, H., Gregory, T., Zierahn, U., *Übertragung der Studie von Frey/Osborne (2013) auf Deutschland*, Forschungsbericht 455 an das Bundesministerium für Arbeit und Soziales, Herausgeber ZEW Zentrum für Europäische Wirtschaftsforschung GmbH, Mannheim (2015)

Botthof, A., Hartmann, E. A., *Zukunft der Arbeit in Industrie 4.0*, Springer Vieweg (2015)

Daugherty, P. R., H. James Wilson, *Human + Machine – Reimagining Work in the Age of AI*, Harvard Business Press (2018)

Frey, C., Osborne, M. A., *The Future of Employment: How Susceptible are Jobs to Computerization?*, University of Oxford (2013)

Goos, M., Manning, A., Salomons, A., *Explaining job polarization: routine-biased technological change and offshoring*, The American Economic Review, 104(8), S. 2509–2526 (2014)

Graetz, G., Michaels, G., *Robots and Work*, IZA Discussion Paper No. 8938 (2015)

Gregory, T., Salomons, A., Zierahn, T., *Technological Change and Regional Labor Market Disparities in Europe*, Centre for European Economic Research, Mannheim (2015)

Häusler, R., Sträter, O., *Arbeitswissenschaftliche Aspekte der Mensch-Roboter-Kollaboration*, in H.-J. Buxbaum (Hrsg.), Mensch-Roboter-Kollaboration, Springer Gabler, S. 35–54 (2020)

Lange, P., *Roboter – Jobkiller oder Zukunftssicherung?*, Mechatronik, Heft 6/2020, S. 28–30

Markhoff, J., *Skilled Work, Without the Worker*, in New York Times, 18.8.2012

Trage, S., *Kooperation statt Konkurrenzsituation*, MM Maschinenmarkt, Heft 6/2020, S. 46–50

Ethische Leitlinien für Robotereinsatz und Mensch-Roboter-Interaktion

14

Wenn wir die Geschichte der Industrialisierung betrachten, wird deutlich, dass neue Technologien für den Menschen immer mit Ängsten, gesellschaftlichen Veränderungen, einer Neuordnung von Arbeitsformen und einem Gefühl der Unsicherheit verbunden waren.

Denken wir nur an die Dampfmaschine, den Einstieg in die arbeitsteilige Serienproduktion, die Verbreitung der Computertechnik, den Einstieg in Automatisierung und Vernetzung oder die flächendeckende Einführung der Roboter in Automobil- und Elektronikproduktion, die Diskussion um den Robotereinsatz in Krankenhaus und Pflege, die Verbreitung und Nutzung von Methoden der Künstlichen Intelligenz (KI).

Selten war bei allen Debatten der Technikfolgenabschätzung die Kluft zwischen Hoffnungen und Ängsten so groß. Fragen über die Folgen des Einsatzes von Künstlicher Intelligenz und die Gestaltung der zukünftigen Mensch-Maschine-Interaktion bestimmen die aktuellen Ethikdebatten. Dabei ist klar, dass wir alle eine Zukunft anstreben, in der der Mensch den Fortschritt lenkt und beherrscht; nicht umgekehrt. Doch dies muss zu einem umfassenden Ethik-Diskurs und einer dedizierten Diskussion des Regelungsbedarfs rund um die Mensch-Maschine-Interaktion führen.

In dieser Konsequenz braucht auch die Mensch-Roboter-Interaktion einen Gestaltungsrahmen und Leitplanken, innerhalb derer sich die Mensch-Roboter-Kooperation entfalten kann. Und es braucht einen Konsens über Grenzen, die einzuhalten sind. Falsch eingesetzt kann ein Roboter den Mitarbeiter, mit dem er zusammenarbeitet, erheblich unter Druck setzen und gängeln. Für diesen Fall brauchen wir ethische Standards. Zum Beispiel, dass die Taktung des Roboters auf den Mitarbeiter abgestimmt ist und der Mensch weiterhin den Takt vorgibt.

Eine weitere Grenzlinie stellt beispielsweise die Überwachung von Mitarbeitern, eine Bewertung sensibler, auch persönlicher Daten und Leistungsanalysen dar.

M. Glück, *Mensch-Roboter-Kooperation erfolgreich einführen*,
https://doi.org/10.1007/978-3-658-37612-3_14

Einer Klärung ethischer Fragestellungen bedarf es auch im Umfeld intelligenter, zunehmend autonom agierender Systeme, die Entscheidungen treffen müssen, bei denen normalerweise der Menschen die Hoheit hat.

Zweifellos gibt es gute Gründe, Robotern klare Regeln einzupflanzen. Das beginnt beim Staubsauger, der keinen Hamster oder wertvollen Schmuck einsaugen soll und dank eingebauter Kameras rechtzeitig den Saugvorgang abbrechen muss.

Blickt man zurück auf die Anfänge der Robotik, stößt man unweigerlich auf die wegweisenden Ausführungen des Science-Fiction Autors und Wissenschaftlers Isaac Asimov (vgl. Abb. 14.1). In der Erzählung „Runaround" aus dem Jahr 1942, die in dem 1950 erschienen Kurzgeschichtenband „I, Robot" erstmals in Buchform publiziert worden waren, hatte der Biochemiker drei fundamentale Gesetze der Robotik formuliert, die den Einstieg in eine ethische Betrachtung der Robotertechnik bis heute begleiten:

1. *Ein Roboter darf keinen Menschen verletzen oder durch Untätigkeit zu Schaden kommen lassen.*
2. *Ein Roboter muss den Befehlen eines Menschen gehorchen, es sei denn, solche Befehle stehen im Widerspruch zum ersten Gesetz.*
3. *Ein Roboter muss seine Existenz schützen, solange dieser Schutz nicht dem ersten oder zweiten Gesetz widerspricht.*

Asimovs Arbeit wurde schnell zum Zentrum intensiver Diskussionen, obwohl zunächst noch keine Roboter zum Zeitpunkt ihrer Veröffentlichung real gebaut wurden. Kritisiert wurde er von einigen Philosophen. Schließlich fügte er noch ein nulltes Gesetz hinzu:

Abb. 14.1 Ethische Leitlinien für den Robotereinsatz und die MRK – Von Asimov bis zu den neuen Einsatzgebieten und dem Miteinander/Gegeneinander von Mensch und Roboter

0. Ein Roboter darf der Menschheit nicht schaden oder durch Untätigkeit der Menschheit erlauben, zu schaden zu kommen

Die Gesetze Asimovs setzten vor allem den Aspekt der Schadensverhinderung in den Vordergrund. Sie müssen auch in künftigen Robotern und allgemein in intelligenten Systemen implementiert sein. Doch dies ist nicht ganz so einfach. Denn was ist ein Schaden? Zählt dazu beispielsweise auch soziale Ungerechtigkeit oder Arbeitsplatzverlust?

Heute rücken zum Beispiel in erheblichem Umfang auch psychische Belastungen und ergonomische Aspekte in den Fokus ethischer Betrachtungen. Wir wissen, wo die Interaktion von Roboter und Werker von Ängsten bestimmt wird und wie man mit diesen Ängsten respektvoll umgeht, denn Roboter müssen innerhalb festgelegter Handlungsspielräume den Menschen dienen. Doch dient er ihm auch, wenn er höhere Stückzahlen garantiert, aber Arbeitsplätze wegrationalisiert?

Es wird schwer sein, einen für alle Zeiten und Anwendungsgebiete gültigen Moralkatalog zu erstellen, der auch moderne Aspekte des unmittelbaren Zusammenwirkens von Menschen und Robotern abdeckt. Dabei drängt die Zeit. Wenn wir autonom agierende Maschinen in unsere Welt entlassen, so sind wir – nicht nur angetrieben von der MRK-Welle – gehalten zu bedenken, welches moralische Rüstzeug, welche Fähigkeit zur Selbststeuerung und -kontrolle wir ihnen mitgeben. Und wir müssen über eine neue Maschinenethik und eine Ethik der Mensch-Roboter-Interaktion nachdenken.

Dies betrifft die generelle Risikobewertung im Rahmen der Mensch-Roboter-Kooperation in gemeinsamen Arbeitsräumen, wo Kollisionen und Verletzungen durch intelligente Sicherheits- und Kraft-Momenten-Sensorik ausgeschlossen werden müssen. Und führt zum selbstfahrenden autonomen Serviceroboter, der eine Kollision mit dem Menschen oder einen Sturz durch das Treppenhaus vermeiden muss, auch wenn er sich dabei entscheiden muss, sein zu transportierendes Handhabungsgut evtl. nachhaltig zu beschädigen oder gar zu verschütten.

Je mehr die Robotertechnik zum Menschen vordringt, desto drängender werden die unbeantworteten Fragen: Wer kann sich die teuren Technikhilfen auf der Straße, in der Werkhalle und am Krankenbett erlauben und wer nicht? Darf ein Roboter Risiken eingehen, wenn er autonom handelt? Wie sind diese Risiken zu minimieren? Und was geschieht mit den Daten, die Roboter sammeln?

Am Beispiel der häuslichen Pflege wird das Dilemma einer ethisch bestimmten Mensch-Roboter-Interaktion besonders deutlich. 2030 werden voraussichtlich rund 500.000 Pflegekräfte fehlen. Roboter könnten für Entlastung sorgen. Der personelle Notstand wird aber dazu führen, dass die in der unmittelbaren Nähe hilfsbedürftiger Menschen eingesetzten Roboter auch eigenständig Entscheidungen treffen müssen, die weit über Handlangerdienste hinausgehen und moralische Kompetenzen verlangen.

Wie weit respektiert beispielsweise ein Serviceroboter die Würde seines menschlichen Gegenübers, wenn dieser sich weigert, das dargereichte Medikament einzunehmen? Soll er diese freie Entscheidung akzeptieren? Soll er ihm gut zureden? Einen Arzt verständigen? Und wie soll ein Pflegeroboter reagieren, wenn der Patient plötzlich schwer atmet: Menschliche Hilfe rufen oder selbst handeln? Hierbei werden die technischen Systeme in bisher nie dagewesener Form abwägen müssen zwischen der Selbstbestimmung ihrer Nutzer, der Sorge ihrer Angehörigen, der Gesundheit und der Privatheit ihrer Patienten inklusive ihrer Daten.

Die Wahrung ethischer Prinzipien und Normen ist für die Akzeptanz der Mensch-Roboter-Kooperation bei den Anwendern von zentraler Bedeutung. Ja, es braucht den intensiven Diskurs einer Roboterethik, insbesondere dann, wenn Mensch und Roboter eng zusammenrücken, sich Arbeitsräume teilen und ihre Arbeitsergebnisse sowie die Zielerreichung von einem sicheren und reibungsarmen, effektiven Miteinander beider Partner abhängen. Erste Anfänge sind mit den Asimovschen Gesetzen gemacht worden. Aber diese sind inzwischen zu unspezifisch geworden. Es fehlt ihnen an Klarheit und am konkreten Bezug zur jeweiligen Einsatzsituation.

Die größte Herausforderung ist es, ethische Aspekte so zu verankern, dass eine verantwortungsvolle Weiterentwicklung der Technologie und der durch sie ermöglichten Innovationsprozesse gewährleistet wird. Im Schulterschluss mit Ethikexperten aus der Philosophie, Psychologie und Soziologie muss in einem ersten Schritt ein Katalog an Anforderungen und Leitlinien erarbeitet werden, welche eine ethische Fundierung der Mensch-Roboter-Kooperation in den jeweiligen Einsatzumfeldern ermöglicht und moralische Grenzen eingehalten werden.

Ein erster, mit Sicherheit dem Anspruch auf Vollständigkeit nicht genügender Vorstoß zur Ergänzung der Asimovschen Gesetzte um die Formulierung ethisch bestimmter Leitlinien für die Mensch-Roboter-Interaktion soll nachfolgend unternommen werden:

- *Der Robotereinsatz muss menschzentriert erfolgen und darf den Menschen nicht physisch oder psychisch belasten, überfordern. Hierzu zählen im Besonderen die Einsatzsituation, die Taktanforderungen sowie der Grad der Selbstbestimmung des Menschen.*
  Eine notwendige Regel wäre beispielsweise, dass immer dann, wenn ein Roboter mit einem Menschen interagiert, der menschliche Kollege beispielsweise durch einen Regler oder einen Schalter aktiv eingreifen und das Bearbeitungstempo kontrollieren kann.
- *Ein Roboter darf einen Menschen mit seinen Interaktionsanforderungen nicht überfordern. Jegliche Form des Kontrollverlusts ist zu vermeiden.*
  Für die Interaktion von Menschen und Robotern muss ein Bedienlevel geben sein, welches sich an den Kompetenzen des bedienenden Personals, seiner sprachlichen und seiner kognitiven Fähigkeiten orientiert und unter den vorherrschenden Einsatzbedingungen angemessen ist.
  Ebenso darf die Signal- und Hinweisgebung im Umfeld eines Roboters, eines MRK-Arbeitsplatzes oder eines mobilen Robotersystems den Menschen in seinen kognitiven Fähigkeiten nicht überfordern.

- *Wenn Menschen Ängste im Umgang mit Robotern plagen, so sind diese mit Respekt aufzugreifen und gemeinsam zu verringern. Eine Fortsetzung des angsteinflößenden Betriebs ist nicht zulässig.*

Die Gestaltung eines MRK-Arbeitsplatzes muss nach Möglichkeit so erfolgen, dass ein direkter und durchgängiger Sichtkontakt zwischen dem Menschen und dem Roboter besteht. Ist dies nicht möglich, muss der Mensch dem Einsatz in freier Entscheidung zustimmen, zum Beispiel beim Betrieb eines Roboters ohne trennende Schutzeinrichtung im Rücken des Werkers und sich überscheidenden Interaktionsräumen.

- *Ein Roboter und seine Sicherheitsfunktionen dürfen nicht manipuliert werden und nicht manipulierbar sein. Gleichgültigkeit ist fehl am Platz.*

Unternehmen sollten schon aus Gründen der Betriebssicherheit und der Fürsorge für ihre Mitarbeiter ihre Robotersysteme, deren Bearbeitungsprogramme und Sicherungseinrichtungen regelmäßig einer Funktionsprüfung unterziehen und diese dokumentieren. Gefährlicher Routine und einem Abstumpfen im Umgang mit Gefährdungen und vorbeugenden Sicherheitsmaßnahmen ist wirkungsvoll entgegenzuwirken.

- *Nicht nur der Roboter muss sicher für die Zusammenarbeit mit dem Menschen ausgestaltet sein. Auch Endeffektoren, ihr Bewegungsverhalten und genutzte Prozesssysteme müssen in ihrer Funktion und Bedienung menschzentriert, wirkungsvoll und sicher gestaltet sein.*

Bei der MRK führt dies zur größten Herausforderung, der allgemeinen Risiko- und Sicherheitsbewertung unter realen Einsatzbedingungen, deren sorgfältige Durchführung unverzichtbar und gesetzlich vorgeschrieben ist. Es muss aber auch zu einer fortlaufenden Reflexion der Einsatz- und Arbeitsbedingungen für Menschen und Roboter führen. Eine regelmäßige Verifikation ist daher unabdingbar.

- *Oberstes Ziel eines Robotereinsatzes muss es sein, einen Arbeitsplatz ganz oder teilweise zu automatisieren, aber hierbei nicht die betroffenen Werker in die Erwerbslosigkeit zu schicken, sondern ihnen – nach Möglichkeit in einer höherwertigen Funktion – eine sinnvolle, ausfüllende alternative Betätigung im Unternehmen zu eröffnen.*

Diese Leitlinie stellt eine bewusste Absage gegenüber einer reinen utilaristisch begründeten Ethik in Zusammenhang mit der Mensch-Roboter-Kooperation dar. Sie stellt entsprechenden Begierden rein ökonomisch getriebener Argumentationsketten die Basis der Menschen und ihren Willen respektierenden Moralethik Kant'scher Prägung entgegen.

- *Ein autonomes oder künstlich intelligentes Verhalten von Robotern, Maschinen und informationstechnischen Systemen muss zu jedem Zeitpunkt kontrollierbar und sicher abschaltbar sein. Die Sicherheit und Kontrollierbarkeit durch die Menschen dürfen zu keinem Zeitpunkt gefährdet sein.*

Solange es keine ethisch einwandfreien Regeln gibt, nach denen eine autonome Maschine oder ein Roboter agiert, muss klar definiert und nachvollziehbar sein, wie die Systeme reagieren und wie man Schadensfälle bestmöglich vermeidet. Der Einsatz von Methoden der künstlichen Intelligenz im unmittelbaren Arbeitsumfeld eines Roboters muss verlässlich (trustable) und sicher gestaltet sowie adäquat und hinreichend überprüft worden sein.

- *Die im Rahmen einer Mensch-Roboter-Kooperation durch ein Robotersystem, seine Sensorik, Steuerung und Messdatenaufzeichnung gesammelten Daten dürfen nur zum Zweck der Optimierung des Roboterbetriebs eingesetzt werden. Eine Ableitung von Informationen zur Analyse der Leistung der menschlichen Betreiber ist nicht zulässig. Sie muss dem betroffenen Werker bekanntgemacht sein und bedarf seiner freiwilligen Zustimmung.*

- *Bei der direkten Unterstützung hilfs- oder pflegebedürftiger Menschen und bei einer unmittelbaren Dienstleistung gegenüber diesem Personenkreis muss – wenn eine Wahlmöglichkeit besteht – der Unterstützung durch einen Menschen gegenüber der Unterstützung durch einen Roboter der Vorzug gegeben werden. Die Würde pflegebedürftiger und kranker Menschen ist unantastbar.*

- *Ein Roboter darf einen Menschen nicht zu einer Handlung zwingen, die er selbstbestimmt ablehnt. Ein Roboter darf nicht ohne das Einverständnis des betroffenen Menschen intimste, die unmittelbaren persönlichen Rechte verletzende Handlungen vornehmen.*
  Die beiden vorangehenden Leitlinien stehen für das Umfeld der Pflege und Gesundheitsfürsorge. Sie schützen die hilfsbedürftigen und die eventuell hilflosen Personen vor einer entmenschlichenden Automatisierung der Pflege. Diese steht aktuell nicht an, aber in Zeiten des demographischen Wandels könnten findige Geister sich berufen fühlen, bei der Findung neuer ertragreicher Geschäftsmodelle deren Menschzentrierung aufzuweichen.

- *Die Mensch-Roboter-Kooperation und die Robotik dürfen nicht gegen die Menschen eingesetzt werden, zum Beispiel um diese direkt oder mittelbar unter Druck und in Angst zu versetzen, sie zu verletzen zu foltern oder gar zu töten, ihr Lebensumfeld und ihre Existenzgrundlagen zu schädigen oder diese auszulöschen.*
  Mit Sicherheit ein weit hergeholtes Szenario, das aber als Grenzlinienziehung eines „Roboter für die Menschen" verstanden werden soll gegen jegliche Form eines „Roboter gegen die Menschen" zu ihrem Schaden, wodurch sich der Kreis zu Asimovs Postulaten an dieser Stelle wieder schließt.

Diese ersten ethisch bestimmten Leitlinien reichen nicht aus. Sie müssen sich auch noch in gesetzlichen Regelungen wiederfinden. Denn so wichtig ethische Standards sind, so bleiben diese unverbindlich, solange keine entsprechenden Gesetze oder sonstige zwingende Regelungen geschaffen werden, deren Einhaltung unabhängig kontrolliert und deren Verletzung effektiv sanktioniert wird.

Generell – und im Rahmen dieser Abhandlung abschließend – gilt für alle offenen Fragen der Mensch-Roboter-Interaktion und des Robotereinsatzes sowie für deren ethische Bewertung ein Imperativ Kant´scher Prägung, der auf das Einsatzumfeld der Robotik auf die nachfolgend dargelegte Weise abgeleitet ist:

- Handle nur nach derjenigen Maxime, durch die Du zugleich wollen kannst, dass sie ein allgemeines Gesetz werde.

Eine Maxime ist ein Leitsatz, den Du Dir persönlich für dein Handeln setzt. Dein moralischer Kompass in einer bestimmten Angelegenheit. Eine verbindliche Regel, von der Du Dir vorgenommen hast, sie einzuhalten.

Es gibt viele verschiedene Formulierungen des kategorischen Imperativs, der am besten als ein Mittel zur Bestimmung ethisch zulässiger Verhaltensweisen verstanden wird. Wichtig dabei ist, dass der Kategorische Imperativ keine inhaltliche Norm ist, sondern lediglich ein maßgebliches Kriterium zur Überprüfung deiner Handlungen, beziehungsweise Deiner Handlungsmaximen, die sich auf ein gesamtgesellschaftlich wünschenswertes Verhalten ausrichten. Demnach sind wir verpflichtet, die Regeln zu befolgen, die wir von anderen erwarten. Wir müssen unseren eigenen moralischen Ansprüchen in unserem Handeln genügen. Eine tragfeste, langjährig wirkende Basis und ein wunderbarer Ausgangspunkt zu weiteren Reflexionen über die Zukunft der Mensch-Roboter-Interaktion, um die wir uns alle kümmern müssen.

Literaturhinweise und Quellen

Asimov, I., *Runaround*, Kurzgeschichte (1942) in Astounding science fiction (März 1942), Nachdruck in: Asimov, I.: *Ich, der Roboter,* Heyne (2015).

Fletcher, S. R., Webb, P., *Industrial robot ethics: The challenges of closer human collaboration in future manufacturing systems* in M. I. A. Ferreira, J. S. Sequeira, M. O. Tokhi, E. E. Kadar, G. S. Virk (Hrsg.), A world with robots. International Conference on Robot Ethics: ICRE 2015 S. 159–169 (2017)

Kehl, C., *Robotik und assistive Neurotechnologien in der Pflege – Gesellschaftliche Herausforderungen* (Arbeitsbericht Nr. 177). Berlin: Büro für Technikfolgen-Abschätzung beim Deutschen Bundestag (TAB), 2018

Onnasch, L., Jürgensohn, T., Remmers, P., Asmuth, C., *Ethische und soziologische Aspekte der Mensch-Roboter-Interaktion,* baua-Bericht, Bundesanstalt für Arbeitsschutz und Arbeitsmedizin, 28.1.2019

Remmers, P., *Ethische Perspektiven der Mensch-Roboter-Kollaboration* in H.-J. Buxbaum (Hrsg.), Mensch-Roboter-Kollaboration, Springer Gabler, 2020, S. 55–68 (2020)

Spiekermann, S., *Digitale Ethik – Ein Wertesystem für das 21. Jahrhundert*, Droemer, S. 32–33, 172 (2019)

Zukunftsfragen und Künstliche Intelligenz in Robotik und MRK

Die industrielle Produktion und ebenso die industrielle Automation stehen vor bedeutsamen Veränderungen. Zu den prägendsten aktuellen Entwicklungen zählen die Digitale Transformation, die allumfassende Vernetzung der Systeme in der Informations- und Kommunikationstechnik (IT) und in der Produktionstechnik (OT, Operational Technology), das Verschmelzen realer physikalischer Systeme mit virtuellen Planungswelten und digitalen Zwillingen im Fertigungsumfeld (Industrie 4.0) sowie das Vordringen der Robotertechnik in die allgemeine Produktion, in die Logistik, im Gesundheitswesen, in der Pflege, in der Verpackungstechnik, in Hotels und Gastronomie. Neue Formen der Nutzerinteraktion sind Vorboten einer neuen Ära der Mensch-Roboter-Interaktion und auch die Weiterentwicklung des maschinellen Lernens als wichtiger Bestandteil der Künstlichen Intelligenz (KI) wird reif für die Anwendung.

In der Summe stehen wir damit zweifellos vor großen Herausforderungen in Aus- und Weiterbildung, ebenso in Forschung und Entwicklung sowie in der Umsetzung in unserer Alltagspraxis. Hieraus leiten sich viele offene Fragen ab, auf die in der Folge impulsartig eingegangen wird. Eine sicherlich interessante und gebotene inhaltliche Vertiefung würde an dieser Stelle den Rahmen dieses Büchleins sprengen. Dennoch sollen mit der nachfolgenden Diskussion die aktuellen Zukunftsfragen angerissen und in ihren weiteren Handlungserfordernissen zumindest grob skizziert werden. Wichtig für MRK-Einführende ist es in diesem Zusammenhang, für das eigene Vorhaben und die Weiterentwicklung seiner eigenen Applikation Synergieeffekte, Anleihen und Inspirationen aus den nachfolgenden kurzen Ausführungen abzuleiten.

M. Glück, *Mensch-Roboter-Kooperation erfolgreich einführen*, https://doi.org/10.1007/978-3-658-37612-3_15

15.1   Anforderungen an die Ausbildung

Die gefahrlose Zusammenarbeit von Menschen und Robotern sicherzustellen und für die vielen denkbaren Einsatzumgebungen geeignete Roboter und Cobots zu entwickeln, ist eine wichtige Aufgabe für Ingenieure in der smarten Produktion und für Erhalt unserer Wettbewerbsfähigkeit sowie unsere Standortsicherheit. Doch sind unsere Ingenieure dafür gerüstet? Oder müssen Berufsausbildungs- und Studieninhalte angepasst oder durch neue Ausbildungsangebote ersetzt werden?

Deutschland verfügt auch dank des dualen Ausbildungssystems über hochqualifizierte Mitarbeiter in den Produktions- und Entwicklungsbereichen. Sie wirken auf allen Qualifizierungsebenen, die für einen Einstieg in die Mensch-Roboter-Kooperation erforderlich sind (Abb. 15.1).

Wir brauchen allerdings sowohl eine Anpassung bisheriger Ausbildungsinhalte als auch neue, an den Bedürfnissen der Mensch-Roboter-Kooperation und den aktuellen Entwicklungsbedarfen in Robotik und Automation ausgerichtete Bildungsangebote, zum Beispiel die Stärkung der Produktionsinformatik, des Systems Engineerings und des Usability Engineerings, um das Ingenieurwesen eng mit der Automatisierungstechnik, der Informatik und den künftigen Nutzern zu verzahnen.

Abb. 15.1 Die Robotik muss noch mehr ihren Platz in der Ausbildung und Nachwuchsförderung finden. (Quelle Hochschule Aalen)

Wir werden hierzu vielleicht keine gänzlich neuen Studiengänge brauchen. Neue Vertiefungsangebote im klassischen Maschinenbau, der Mechatronik, der Informatik und in der Automatisierungstechnik werden reichen. Moderne Ausprägungen des Usability Engineerings mit Fokus auf die wachsende Bedeutung der Mensch-Roboter-Interaktion sind sicher hilfreich.

Wachsend in der Nachfrage der Industrie und mit Sicherheit und für junge Menschen sehr attraktiv sind neue Studienangebote auf dem Gebiet eines nachhaltigen System Engineerings, das wesentlicher Baustein einer klimaneutralen Produktion ist. Vor allem der energieeffiziente Betrieb von Fertigungsanlagen und Robotern wird uns in den nächsten Jahren intensiv beschäftigen und eine wichtige Basis für den Erhalt unserer Zukunfts- und Wettbewerbsfähigkeit darstellen.

Mit der Berufsausbildung verhält es sich ähnlich. Junge Fachkräfte müssen mit Mechatronik-, Robotik-, Steuerungstechnik-, Digitalisierungs- und IT-Kompetenzen ausgestattet werden. Junge Ingenieure, Techniker und Maschinenführer müssen explizit auf den Robotereinsatz und die sichere Gestaltung flexibel automatisierter Fertigungsanlagen sowie die Realisierung und den wirtschaftlichen Betrieb von MRK-Applikationen im Rahmen ihrer Ausbildungen vorbereitet werden. Robotik-Grundlagen müssen fester Bestandteil der beruflichen Ausbildung werden. Sie dienen auch dazu, Berührungsängste abzubauen. Betreiben Sie etwa schon einen Roboter in ihrer Ausbildungswerkstatt? Warum denn nicht?

Alle müssen über steuerungstechnisches Grundlagenwissen verfügen und die grundlegenden Normen der Maschinen- und Robotersicherheit kennen. Sie müssen auf die normenkonforme Gestaltung und die Betreuung ihrer Arbeitsumfelder vorbereitet werden, in denen Menschen und Maschinen bzw. Roboter in Zukunft mehr und mehr miteinander ohne trennende Schutzeinrichtungen agieren und hierbei neue Formen der Bedienung und Interaktion nutzen.

Mitarbeiter der Produktionslinien müssen in die Lage versetzt werden, selbstständig eine Diagnose und Wartung der Sicherheitsvorkehrungen durchführen zu können, um damit deren Funktion und das sichere verletzungsfreie Miteinander von Menschen und Robotern kontinuierlich abzusichern und einfache Fehler sowie Roboterstillstände selbst beheben zu können. Dazu sollten sie möglichst frühzeitig an die Robotertechnik herangeführt werden und selbst Erfahrungen sammeln dürfen. Dies schafft nötiges Vertrauen und baut Ängste ab.

15.2   Aktuelle Forschungsfelder

Die maßgeblichen Industriestaaten auf der ganzen Welt fördern die Robotertechnik derzeit auf breiter Front. Als führender Fabrikausrüster mit Stärken im Bereich der Robotik und der Fabrikautomation verfügt der Standort Deutschland über eine ideale Startposition.

In den USA gibt die National Science Foundation pro Jahr etwa 200 Mio. Dollar für die Weiterentwicklung von Künstlicher Intelligenz, maschinelles Lernen und Robotik aus.

Die Europäische Union unterstützt im Rahmenprogramm „Horizon 2020" mit rund 100 Mio. Euro pro Jahr Hunderte von Teilprojekten zur Weiterentwicklung der Robotertechnik und potentieller Anwendungen in Industrie, Medizintechnik, Pflege und Dienstleistung. Hinzu kommt das Großprojekt „Human Brain" der EU-Kommission, das bis 2023 das menschliche Gehirn mittels Computer simulieren und nachbilden soll.

Auch Japan investiert ähnliche Summen in Forschungs- und Technologietransferprogramme, die vor allem mithilfe von Robotern und intelligenten Computersystemen dem Katastrophenschutz sowie der immer älter werdenden Bevölkerung des Landes dienen sollen.

Japans Regierung forderte kürzlich alle Wissenschaftler des Landes auf, den Einsatz von Robotern in jeder Ecke von Wirtschaft und Gesellschaft im Rahmen einer Roboter-Revolution voranzutreiben. Ziel ist es, den Umsatz japanischer Unternehmen wie Fanuc, Yaskawa, Mitsubishi, Nacchi und Kawasaki mit Robotertechnik von derzeit etwa 5 Mrd. Euro pro Jahr zu verdreifachen.

China ist mit seinen 600 Roboterfirmen der weltweit größte und am schnellsten wachsende Robotermarkt. Das Wachstumspotenzial ist enorm: Die chinesische Wirtschaft verzeichnet in der produzierenden Industrie eine Roboterdichte von nur 246 Einheiten pro 10.000 Arbeitnehmer, holt aber mit riesigen Schritten auf. Hierfür werden immense Förderungen bereitgestellt. Keinen Zweifel gibt es, dass in Fernost der wohl dynamischste neue Markt für Robotertechnik entsteht und dieser die Weiterentwicklung der Branche maßgeblich mitbestimmen wird.

Zweifellos erwachsen aus dieser strategisch ausgerichteten Ausrichtung der Forschungsförderung, der allgemeinen Entwicklung von Technologietrends und Märkten sowie aus den Erfahrungswerten, die mit der bisherigen Nutzung der Mensch-Roboter-Kooperation in den verschiedensten Anwendungsfeldern gemacht wurden, neue Handlungsschwerpunkte für die Erforschung und Weiterentwicklung der Robotik und der Mensch-Roboter-Interaktion.

Eine schrittweise Weiterentwicklung, hin zu immer leichteren, effizienteren, genaueren Robotern, ist schon seit Jahrzehnten im Gange, getrieben von der Miniaturisierung aller Komponenten und der Perfektionierung ihrer Steuerungen. Die heutige Robotik ist bereits die Königsdisziplin der Mechatronik. Auf engstem Raum und mit höchster Leistungsdichte sind Mechanik, Elektronik und Steuerungstechnik funktional integriert. Maßgebliche Treiber dieser Entwicklung sind vor allem die enorme Steigerung der Rechenleistung sowie die Speicher- und Kommunikationsfähigkeiten moderner Rechner und die Kostenreduktion bei Sensoren.

Eine Voraussetzung für eine noch effektivere Zusammenarbeit von Menschen und Robotern ist die einfache und intuitive Bedienung. Ein Roboter lässt sich heute sofort und problemlos in Betrieb nehmen, ohne großen Programmieraufwand intuitiv steuern und lernt selbstständig von seinem menschlichen Kollegen. Dieses Anlernen des Roboters kann, je nach Situation, von einfachen Kommandos und Gesten bis zum Vormachen kompletter Arbeitsgänge gehen. Ähnlich, wie ein Meister seinem Auszubildenden eine neue Aufgabe zeigt.

Ein weiteres Ziel ist es, die kognitiven Fähigkeiten des Menschen mit der Kraft und Wiederholgenauigkeit von Robotern zu kombinieren. Zukünftige intelligente Robotersysteme folgen nicht mehr starr einem einmal eingegebenen Programm, sondern lernen von und mit dem Menschen, der sie bedient. Sie verbessern ihre Arbeit kontinuierlich und können durch den Mitarbeiter selbst auf neue Aufgaben angesetzt werden, ohne dass ein externer Systemintegrator bemüht werden muss und die Produktionslinie deshalb lange stillsteht.

Zukünftige Entwicklungen im Umfeld der Robotik zielen auf die Steigerung der Traglasten und Reichweiten kollaborativer Roboter, um sie auch in anspruchsvolleren Anwendungen einsetzen zu können, wo der Mensch noch besser ergonomisch entlastet wird. Eine Verbesserung und Modernisierung ihrer Bedienbarkeit ist dringend erforderlich.

Fortschreiten wird die Erschließung neuer Anwendungsfelder auch außerhalb der industriellen Produktion. Die Bereitstellung direkt nutzbarer, Plug & Work-fähiger Applikationslösungen auf Anbieterplattformen und in anwendungsspezifischen Ökosystemen wird wesentlich zum Vorandringen der Robotertechnik in den Mittelstand und in bisher wenig automatisierte Anwenderbranchen beitragen.

Besonderes Augenmerk muss der Verbesserung der Planungsqualität und -tools rund um kollaborierende und kooperative Systeme und der Vereinfachung des sicherheitstechnischen Zertifizierungsprozesses zukommen. Auch Sicherheitsfragen müssen beherrschbar bleiben.

15.3 Auswirkungen der Digitalisierung

Die Digitalisierung hat mit Macht das Fertigungsumfeld erreicht und revolutioniert derzeit Beschaffungs- und Produktionsprozesse. Vom Entstehungsprozess bis zur Auslieferung werden Produkte von digitalen Wertströmen begleitet. Die Digitalisierung prägt die industrielle Automation und auch die Robotik in besonderem Maße.

Zu beobachten ist ein zunehmend nachgefragter Einsatz von digitalen Produktmodellen für die Anlagensimulation (vgl. Abb. 15.2). Hierbei ist das Ende der aktuellen Entwicklung noch nicht abzusehen. Vor allem bei der Simulation MRK-fähiger Roboter und entsprechender Arbeitsumgebungen besteht noch Aufholbedarf. Ebenso bei der Unterstützung von Planungs- und Beschaffungsprozessen, beispielsweise durch Konfiguratoren und Expertensysteme.

Zunehmend verlangen Anwender nach digitalen Schatten von Produkten, mit denen sie ihre Anwendungen am Bildschirm entstehen lassen. Sie nutzen digitale Zwillinge für eine realitätsnahe Prozessmodellierung, die Prozessoptimierung und Konfiguratoren für

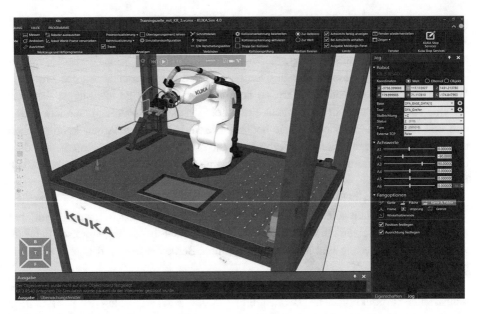

Abb. 15.2 Robotersimulation und Einsatz digitaler Zwillinge bei der Offline-Programmierung (Quelle Hochschule Aalen, Kuka Roboter)

die anschließende Auswahl am besten geeigneter Komponenten auf den Online-Platt-formen der Anbieter.

In den Fertigungslinien werden heute autonome Prozessketten im Sinne einer smarten Produktion realisiert. Dabei ist häufig von intelligenten Robotern die Rede, wobei es keine verbindliche Definition des Begriffs Intelligenz gibt. Vielmehr sollte man von intelligentem Verhalten sprechen und dieses als zielgerichtetes, situationsadäquates Handeln verstehen.

Zwar kann man heute schon von zielgerichtetem Handeln sprechen, gesteuert durch entsprechende Programme, aber das flexible, adaptive, auf wechselnde, auch unvorher-gesehene Situationen sinnvoll reagierende Verhalten, welches für intelligente Lebewesen charakteristisch ist, fehlt heutigen Robotern gänzlich. Ein Grund dafür ist der Mangel an integrierten Sensoren und maschinellem Tastsinn. Ohne diese kann es keine Maschinen-intelligenz geben.

Die wichtigste Voraussetzung für intelligentere Roboter ist deren Ausstattung mit Sensoren, die sie in die Lage versetzen, zu sehen, zu hören und zu fühlen. Dabei können verschiedene Sensoren unterschiedliche Aufgaben wahrnehmen: Optische Sensoren können globale und regionale Informationen liefern. Drehmomentsensoren Kontakt-kräfte ermitteln. Taktile Sensoren Kräfte und Oberflächenbeschaffenheit erkennen. Ins-besondere die Erkennung von Kräften – seien es unbeabsichtigte bei einer Kollision oder beabsichtigte bei Fügevorgängen – ist von zentraler Bedeutung für ein intelligentes Ver-halten von MRK-Robotern.

Roboter und Endeffektoren müssen in übergreifende Steuerungsnetze integrierbar sein, sicher fernwartbar von außen. Als smarte Produktionssysteme müssen sie in die Lage versetzt werden können, Messdaten in erheblichem Umfang aufzunehmen, diese eventuell zu komprimieren und effizient an eine Cloud zu übertragen, um Analysen vorzunehmen und davon ausgehend wieder korrigierend auf das laufende Prozessgeschehen Einfluss nehmen zu können.

Letzteres führt auf direktem Weg zu den Zukunftsthemen einer intelligenten Datenanalyse und einer intensiven Auseinandersetzung mit Methoden und Lösungsansätzen der künstlichen Intelligenz sowie dem maschinellen Lernen (vgl. Abschn.15.5).

15.4   Intuitive Bedienformen und Gestaltung der Mensch-Roboter-Interaktion

Ob Smartphone oder Fernbedienung: Wir sind es im Alltag gewohnt, technische Geräte einfach und intuitiv zu bedienen. Dieser Anspruch schwappt zunehmend in die industrielle Fertigung über. Bislang war die Bedienung von Robotern Experten vorbehalten, die sich durch besondere Programmierkenntnisse auszeichneten. Das muss sich ändern.

Ein wichtiger Faktor für die Nutzerakzeptanz der Mensch-Roboter-Kooperation ist die einfache Bedienung der Roboter. Dazu gibt es verschiedene Ansätze. Diese reichen vom Programmieren der Roboter durch Vormachen, also durch direkte Manipulation, bis hin zu grafischen Benutzeroberflächen, bei der die Mitarbeiter ohne größere Programmierkenntnisse den Roboter anleiten. Hierbei müssen sie keine Robotersprache mehr beherrschen, sondern greifen auf vorprogrammierte, grafisch modellierte Bausteine und Apps zurück.

Alternativ führt der Bediener mittels Kraft-Momenten-Sensoren oder einem Zeigesystem den Roboter von Hand entlang der gewünschten Bahnen. Die von seiner Hand ausgeübten Kräfte und Momente werden dabei zusammen mit den Koordinaten der angefahrenen bzw. markierten Bahnpunkte gespeichert. Über die Handführung lassen sich zum Beispiel neue Ablagepositionen sehr einfach und intuitiv programmieren. Umfassende Kenntnisse der Robotik sind nicht erforderlich. Dadurch sinkt der Integrationsaufwand auf ein Minimum.

Großes Potenzial besitzt auch die Sprach- und Gestenerkennung. Heute nutzen Millionen Menschen weltweit Sprachassistenten wie Siri oder Alexa. Das Natural Language Processing beschreibt Methoden zur maschinellen Verarbeitung der menschlichen Sprache. Ziel ist die direkte Kommunikation zwischen Menschen und Robotern auf Basis ihrer Sprache. Für die Erkennung menschlicher Gesten und Bewegungsmuster sorgt eine 3D-Bilddatenerfassung in Echtzeit. Eine Auswertesoftware übersetzt die Signale an den Roboter.

Neue Möglichkeiten, die über die reine Bedienung der Roboter hinausgehen, bietet Augmented Reality. Hierbei wird die reale Welt mit digitalen Inhalten angereichert. So können 3D-Objekte, Bilder oder Texte auf den Bildschirm einer speziellen Brille oder eines mobilen Endgeräts projiziert werden, um die Bearbeitung komplexer Aufgabenstellungen durch Assistenzsysteme zu vereinfachen oder zusätzliche Informationen in Echtzeit abzurufen.

Bei der Inbetriebnahme von Roboterapplikationen muss bislang viel mit Annahmen und Erfahrungswerten gearbeitet werden. Auftretende Kräfte können beispielsweise bei der Anlagenplanung nicht dargestellt werden. Mit Augmented Reality können wichtige, aber eigentlich unsichtbare Informationen wie physikalische Kräfte visualisiert werden. Damit ergeben sich völlig neue Anwendungsmöglichkeiten. Von den Bedien- und Analysemöglichkeiten profitieren dann sowohl Experten als auch Roboterneulinge.

15.5 Einsatz von Methoden der Künstlichen Intelligenz

Die Nutzung von Methoden der Künstlichen Intelligenz (KI) ist in vielen Bereichen unseres Lebens heute Alltagsrealität. Wir profitieren von ihr nicht nur bei der Nutzung von mobilen Endgeräten, sondern auch in der medizinischen Diagnose, bei der Erkennung von Bildern, in der Analyse und Erstellung von Nutzerprofilen. In vielen Bereichen des täglichen Lebens hat die KI zur Lösung von Problemen beitragen können, die mit konventionellen Lösungsansätzen im Software Engineering nur schwer bis gar nicht lösbar waren. Dazu zählen die Bildanalyse, die Personenerkennung, das Betreiben von Service-Hotlines, das autonome Fahren oder das sichere Bezahlen mit Kreditkarten durch automatisches Sperren bei ungewöhnlichen Transaktionen.

Für den Maschinen- und Anlagenbau eröffnet die KI vollkommen neue Möglichkeiten: Im Zusammenspiel mit Sensoren können Prozesse künftig autonom überwacht und geregelt werden. Anomalien – Abweichungen vom typischen Verhalten, zum Beispiel Hinweise auf Service- oder Korrekturbedarfe – lassen sich leicht entdecken. Doch KI konzentrierte sich bisher auf Sprach-, Muster-, Bild- und Objekterkennung, Datenanalyse und die Ableitung von Spielstrategien mithilfe neuronaler Netze und Methoden des Deep Learning. Statische Vorgänge aus dem Blickwinkel eines Automatisierungstechnikers.

Die Maschinenwelt und die Robotertechnik sind wesentlich dynamischer. Insbesondere die Roboterbewegungen in dreidimensionalen Arbeitsräumen sind komplexer und es liegen vergleichsweise wenige Daten darüber vor; bei weitem nicht die Bild- oder Textmenge, die man heute offen verfügbar im Internet findet. Damit stehen wir in der Maschinen- und Roboterbeherrschung gerade erst am Anfang der KI-Revolution.

Es bleibt eine Kunst, Robotern beizubringen, wie sie Gegenstände aus einer Kiste holen, die alle unterschiedlich aussehen, weich sind oder hart, vielleicht eine feuchte Oberfläche aufweisen, oder wo dieselbe Ware gestern noch in einer komplett anderen Verpackung steckte. Dabei müssen Mensch und Roboter noch viel stärker als Teamplayer agieren.

Doch wie werden Menschen und Roboter zu Teamplayern? Roboter fühlen nicht. Menschen jedoch fühlen und entwickeln Intensionen, kreativ zu handeln und Wissen auszutauschen. Deswegen kommt es bei einer erfolgreichen Verknüpfung von Menschen und Robotern besonders auf die Toleranz und Akzeptanz durch den Menschen an, was nur durch eine stetige Weiterentwicklung der Menschen-Roboter-Interaktion gelingen kann.

Der Übergang von der flexiblen Anwendung zur Künstlichen Intelligenz ist dabei fließend. Grundlage für das Beobachten ist die zunehmende Integration von Sensoren in der Nähe der Messstelle. Das ist zunächst Mechatronik und führt in Verbindung mit einem smarten Systems Engineering zu schnelleren Inbetriebnahmen, kürzeren Rüstzeiten, einer rasch erzielbaren höheren Produktivität und einem Mehr an Wettbewerbsfähigkeit.

Auf das Beobachten erfolgt das Überwachen, die fortlaufende Datenaufnahme. Das ist Messtechnik. Zum Überwachen gehört die wachsame Datenauswertung. Grundlage sind Algorithmen, die fortlaufend Kenngrößen für die Prozessstabilität ermitteln und bewerten. An dieser Stelle erleben wir den Einstieg in Künstliche Intelligenz. Richtig intelligent wird es, wenn die Daten automatisch analysiert werden und eine automatische Reaktion erfolgt, ein Regelkreis geschlossen wird, um aktiv in die Bearbeitung einzugreifen und optimale Prozessergebnisse bei höchster Produktivität zu erzielen.

Einen Schritt weiter gehen wir beim autonomen Greifen, wenn wir Methoden des maschinellen Lernens nutzen und die Stufe der Wahrnehmung erreichen. Hierbei absolviert ein Greifsystem selbsttätig eine Lernkurve, indem die eingesetzten Algorithmen fortlaufend angepasst werden. So ist es möglich, im Betrieb bislang unerkannte Zusammenhänge zu erkennen und den Handhabungsprozess zu verfeinern. Ergebnis ist eine vorausschauende Einsatzdiagnose und Wartung sowie der Einstieg in eine autonome Prozessgestaltung. Und wir werden in den kommenden Jahren erleben, wie sich im Bereich der Robotik und der automatisierten Prozessgestaltung ein ganz anderes Arbeitsniveau erreichen lässt, um ganze kinematische Ketten mithilfe von KI-Methoden besser und für den Menschen hilfreicher zu automatisieren.

Ganz konkret: Roboter und Greifsysteme werden eine solche kinematische Kette bilden. Sie werden nicht mehr als Einzelkomponenten beschafft und separat optimiert werden. Sie werden gemeinsam agieren, ohne vorher mühsam jeden einzelnen Schritt manuell zu programmieren. Maschinelles Lernen ist eine Schlüsselkompetenz der Zukunft.

Erste konkrete Anwendungen Künstlicher Intelligenz im Umfeld der Roboter- und Handhabungstechnik haben gezeigt, dass es möglich ist, Roboter intuitiv zu trainieren, sodass sie Handhabungsaufgaben selbstständig erledigen und ihr Einsatzverhalten an die jeweilige Arbeitssituation und die Werkstücke selbsttätig anpassen. Ein Roboter fährt beispielsweise über eine Kiste mit verschiedenen Gegenständen, greift zielstrebig nach einem gesuchten Objekt und legt es neben der Kiste zum Verpacken und Versand ab. Ein Ablauf, der für den Menschen denkbar einfach ist, Roboterprogrammierer aber bereits seit den 1980er-Jahren vor große Herausforderungen stellt, denn der sogenannte Griff in die Kiste (im Englischen „Bin Picking") zählt zu den schwierigsten Aufgabenstellungen in der Robotik.

Dabei bereitet nicht etwa das Greifen Probleme. Die Schwierigkeit liegt in der Erkennung der Objekte, denn Robotern fehlt eine der wichtigsten menschlichen Fähigkeiten: Das Sehen, um wahrnehmen zu können. Wie soll aber nun eine Maschine, der dieses Sinnesorgan fehlt, diese Fähigkeit einsetzen? Die Lösung liegt in Kameras und Bildverarbeitungssystemen, die in das Steuerungsumfeld und in die Bewegungsplanung der Roboter integriert werden.

Aus der Fähigkeit, untereinander, mit einem Master oder einer Cloud über das Internet zu kommunizieren, ergibt sich ein weiterer bedeutsamer Vorteil durch die Vernetzung der Roboter und die Nutzung von Methoden der Künstlichen Intelligenz, an den man zunächst nicht denkt: Roboter können von der Erfahrung anderer Roboter profitieren.

Jeder Mensch muss individuell lernen und sein Wissen und seine Fähigkeiten erwerben. Bei Robotern und intelligenten Maschinen gibt es diese Limitierung nicht. Zwar muss sich jeder Roboter auf seine Maschineneigenschaften einstellen und die Umgebung kennenlernen, in der er agiert, aber vieles kann er aus einer gemeinsamen Erfahrungs- und Wissensdatenbank, einem Lernpool oder eine Roboter-Cloud, herunterladen.

Wenn einmal Tausende von Robotern in Haushalten und Fabriken tätig sind, dann kann das, was der eine lernt, auch den anderen zur Verfügung gestellt werden. Es können auch ganze Handlungsabläufe in die Cloud gestellt werden. Wenn ein Roboter einmal gelernt hat, wie man ein Glas befüllt oder ein Werkstück anhebt, dann kann er dies mit allen anderen teilen. Den weiteren Robotern im Produktionsnetz wird es anschließend sehr viel leichter fallen, diese Fähigkeiten auf ihre speziellen Einsatzgebiete anzuwenden. Hierin liegt ein enormes Effizienzpotenzial, aber auch zweifelsohne noch eine Menge an Forschungsarbeit. Es müssen Algorithmen und Datenbankstrukturen entwickelt werden, wie man Wissen und Erfahrungen unter Robotern teilt.

Wir brauchen Standards und Normen für den Daten- und Wissensaustausch, das gemeinsame Lernen. Gelingt dieses „Internet der Roboter", würde es zu einer Explosion des Wissens und des Know-hows unter den Maschinen führen. Ein weiterer bedeutsamer Durchbruch der Robotertechnik in die Fläche ist vorgezeichnet.

15.6   Wahrnehmen und autonome Handhabung

Der Markt fordert flexibel einsetzbare Handhabungssysteme, die sich zügig und intuitiv in Betrieb nehmen und selbsttätig an variierende Greifsituationen anpassen lassen. Zusätzlich wird die Kooperation von Menschen und Robotern sowie die Kommunikation zwischen den am Produktionsprozess beteiligten Komponenten rasant an Bedeutung gewinnen.

Kein Zweifel: In den kommenden Jahren wird die industrielle Handhabung neu erfunden. Wo früher aufwändig jeder einzelne Schritt programmiert werden musste, werden intelligente vernetzte Handhabungslösungen zum Einsatz kommen, die selbständig agieren und sich im direkten Miteinander von Menschen und Robotern bewähren.

Smartes Greifen umfasst zusätzlich zum eigentlichen Greifprozess künftig das sensorgestützte Detektieren unterschiedlicher Prozessparameter, deren in-situ Analyse sowie die Möglichkeit, situativ angepasst zu reagieren. Greifer werden auf diese Weise zunehmend zu Fitness-Trackern einer Anlage, die im Zusammenspiel mit vor- und nachgelagerten Komponenten unaufhörlich und vollautomatisch den Zustand der Produktion ermitteln, die Bauteilqualität beurteilen und die Effektivität, Prozessfähigkeit sowie die Ausfallraten überwachen.

Zusätzlich werden sie ihre sensorischen Fähigkeiten dazu nutzen, um sich immer stärker selbständig an ihr Umfeld zu adaptieren und sich an die vorgefundene Greifsituation anpassen, je nachdem ob sie voluminöse, schwere, zerbrechliche oder nachgiebige Gegenstände greifen. Ziel ist es, die Programmierung des Roboters durch einen lernenden, autonom agierenden Komponentenverbund von Roboterarm und Greifsystem zu ersetzen. Statt Positionen, Geschwindigkeiten und Greifkräfte Schritt für Schritt zu programmieren, erfassen diese intelligenten Handhabungssysteme ihre Zielobjekte und deren Lage im Arbeitsraum über 2D- oder 3D-Kameras und übernehmen selbständig die Greifplanung und vermeiden Kollisionen.

Auf der Grundlage allgemeiner Datenbestände, direkter Sensormessdaten und deren Analyse mit Algorithmen des maschinellen Lernens werden diese neuen, smarten Handhabungssysteme in die Lage versetzt, Gesetzmäßigkeiten und Abweichungen beim Werkstückgriff zu erkennen und entsprechende Reaktionen abzuleiten. Sie werden lernen, wie Werkstücke zu greifen sind, und gemeinsam mit dem Roboter die optimale Greifstrategie entwickeln. Schon nach wenigen Lernzyklen steigt die Zugriffssicherheit an.

Mit jedem Griff lernt das Gesamtsystem, wie ein Werkstück erfolgreich aufgenommen und transportiert werden kann. Die aktuelle Forschungsarbeit konzentriert sich dabei auf die Optimierung der maschinellen Lernprozesse, um unterschiedliche Werkstückgeometrien und -lagen optimal zu klassifizieren und situationsgerecht flexible Greifstrategien zu entwickeln. Handhabungssysteme werden auf diese Weise in die Lage versetzt, Teile eigenständig zu greifen und die benötigten Greifabläufe immer weiter zu verfeinern. Mithilfe von Methoden der Künstlichen Intelligenz wird es künftig möglich sein, Service- und Assistenzroboter intuitiv zu trainieren und individuelle Bibliotheken zur Greifplanung zu erstellen.

Ein erster Anfang ist gemacht: Unsortierte Teile sollen mit einem Cobot aus einer Kiste gegriffen werden. Parallel sollen Werker im laufenden Betrieb die Möglichkeit haben, Transportboxen oder einzelne Teile manuell zuzuführen, zu verschieben oder zu entnehmen.

Diese Machbarkeitsstudie kombiniert den Griff-in-die-Kiste mit dem Aspekt der Mensch-Roboter-Kollaboration (MRK) und nutzt dazu das Zusammenspiel unterschiedlicher Schlüsseltechnologien aus Robotik, Greiftechnik und Bilderkennung. Über ein

CAD-basiertes Matching erkennt das Stereokamerasystem die unsortierten Werkstücke und liefert dem Roboter die zur Handhabung optimalen Positionsdaten im 3D-Raum, die aus den Tiefenbildern extrahiert werden, und übergibt der Robotersteuerung Hinweise zur Annäherung an die jeweils optimalen Greifpunkte. Neben dem Kamerabild liefert das industrietaugliche Vision System ein Tiefenbild, ein Genauigkeitsbild sowie ein Konfidenzbild. Letzteres dient als statistisches Gütemaß für das Vertrauen in die Tiefenmesswerte, das bei Einsatz von Methoden der Künstlichen Intelligenz (KI) als Entscheidungshilfe herangezogen werden kann (vgl. Abb. 15.3).

Für eine noch flexiblere Greifkonfiguration eignen sich auch biologisch inspirierte, in sich nachgiebige Kinematiken. Das Spannende an dieser pneumatisch angetriebenen Softrobotik ist, dass mit wenigen aktuierten Freiheitsgraden Applikationen gelöst werden können, die in konventioneller Bauart viele Antriebe benötigen. Softgreifer beispielsweise lassen auf ähnliche Weise realisieren und im Cobot-Umfeld betreiben. Sie passen sich auf einfache, aber dennoch zuverlässige Weise flexibel und formschlüssig unterschiedlichsten Werkstückgeometrien an.

Sowohl die Softrobotik als auch Softgreifer werden die Erschließung einer neuen Klasse von Anwendungen ermöglichen. Erste Hinweise deuten beispielsweise auf interessante Anwendungsfelder in der Nahrungsmittellogistik und in der Verpackungsindustrie hin. Auch in der Großküchentechnik beispielsweise beim Befüllen von Spülmaschinen und in der Laborautomation zur Handhabung sensitiver Laborgebinde lassen sich sehr interessante Anwendungsfelder für die neue Technik ausmachen.

Abb. 15.3 Kameragestütztes Bin-Picking aus Logistikbehältnissen. (Quelle Kuka Roboter)

15.7 Open Source: ROS in Robotik und MRK

Vor allem die Software, die verwendeten Algorithmen sowie die Realisierung der Steuerungs- und Regelungstechnik waren bislang bestens gehütete Geheimnisse eines Roboterherstellers, stellten sie doch die Kernkompetenz der Anbieter dar. Zugänge zu Schnittstellen wurden sehr restriktiv gewährt, die entwickelten Programmiersprachen waren prioritär und in ihren Zuverlässigkeitsanforderungen sehr hoch; eben auf die Bedürfnisse der Automobilindustrie zugeschnitten. Das ändert sich derzeit zumindest ansatzweise.

Mit dem Eintritt neuer Akteure in das Robotikgeschehen und dem Vordringen der Startups veränderte sich die Einstellung der Roboteranbieter und Nutzer in vielen Punkten. Ein Dorn im Auge der Nutzer waren die hohen Software Entwicklungskosten sowie die eingeschränkten Zugriffs- und Austauschmöglichkeiten, während gleichzeitig die Vernetzung der IT-Systeme und der allgemeinen Automatisierungstechnik mit großen Schritten voranging, nicht zuletzt indem offene oder bestehende Softwarebibliotheken mit standardisierten und wiederverwendbaren Komponenten genutzt wurden. Hierzu wurden bereits interessante Open-Source-Plattformen für Serviceroboter und auch für Cobots in den letzten Jahren initiiert.

Das „Robot Operating System" (ROS, http://ros.org) ist ein solches herstellerübergreifend nutzbares Software-Framework für Roboter, dessen Entwicklung 2007 unter dem Namen „switchyard" am Stanford Artificial Intelligence Laboratory initiiert wurde. ROS wurde ursprünglich 2007 unter dem Namen Switchyard vom Stanford Artificial Intelligence Laboratory im Rahmen des Stanford AI Robot STAIR-Projekts (STanford AI Robot) für den Einsatz in komplexen Servicerobotern entwickelt. Diese verfügen über mehrere im Roboter befindliche Computer, die via Ethernet miteinander verbunden sind.

Seit 2008 wurde ROS hauptsächlich durch das von Scott Hassan privat finanzierte US-amerikanische Robotikinstitut Willow Garage in Kooperation mit verschiedenen industriellen Partnern vorangetrieben. Anfang 2014 wurde Willow Garage geschlossen und die Verantwortung für die Pflege und Weiterentwicklung von ROS an die neu gegründete, gemeinnützige Open Source Robotics Foundation (OSRF) übertragen.

Die aktuelle ROS-Version trägt den Codenamen „Noetic Noetic Ninjemys" und wurde am 23. Mai 2020 veröffentlicht. ROS wird heute offiziell von über 75 Robotern unterstützt. Die Vorgänger waren nach chronologisch absteigender Reihenfolge sortiert: Melodic Morenia, Lunar Loggerhead, Kinetic Kame, Jade Turtle, Indigo Igloo, Hydro Medusa, Groovy Galapagos, Fuerte Turtle, Electric Emys, Diamondback, C Turtle, Box Turtle, ROS 1.0.

Die Hauptbestandteile und -aufgaben von ROS sind Open Source Tools zur Hardwareabstraktion, Gerätetreiber sowie Programmcodes und Modelle oft in der angewandten Robotik wiederverwendeter Funktionalitäten sowie Programmmodule für Nachrichtenaustausch. ROS ist aufgeteilt in das eigentliche Betriebssystem ros und ros-pkg, eine Auswahl an Zusatzpaketen, die das Basissystem um weitere Fähigkeiten erweitern. Dabei wird eine serviceorientierte Architektur eingesetzt, um eine möglichst universelle Kommunikation zwischen den einzelnen Komponenten zu ermöglichen.

ROS steht unter der BSD-Lizenz und kann daher sowohl für kommerzielle als auch für nichtkommerzielle Projekte ohne Einschränkungen zum Einsatz kommen. Es handelt sich um ein Meta-Betriebssystem, das auf einem oder mehreren Computern ausgeführt werden kann und verschiedene Funktionen bietet: Hardwareabstraktion, Gerätesteuerung auf niedriger Ebene, Implementierung häufig verwendeter Funktionen, Nachrichtenübermittlung zwischen den Prozessen und Verwaltung der installierten Pakete.

Die Bibliotheken von ROS setzen auf Betriebssystemen wie Linux, Mac OS X oder Windows auf. ROS verfügt über Anbindungen für die Programmiersprachen C++, Python und Lisp in Form sogenannter ROS Client Libraries. Des Weiteren existieren unter anderem Module für Java, Haskell und Lua. Programmierkenntnisse in einer dieser Sprachen sind erforderlich. Auf der ROS-Seite befindet sich eine vollständige Liste aller Client-Bibliotheken. Eine Übersicht über die gebräuchlichsten Werkzeuge ist im ROS Cheat Sheet zu finden.

ROS ist ein modulares Softwareframework, in dem Funktionen, Hardware-Interfaces und andere Software-Tools in verschiedene Module aufgetrennt werden. Diese ROS-Module können auf verschiedenen PCs oder Robotern ausgeführt werden und kommunizieren über ein Netzwerk miteinander. Diese ROS-interne Kommunikation ist sehr robust und effizient. Die grundlegenden Funktionselemente von ROS heißen Node, Master, Message, Topic und Service. Ein Node ist ein Softwareprozess, der Berechnungen ausführt und Daten mit anderen Nodes über Messages austauscht. In einem typischen Szenario laufen mehrere Nodes parallel. Jeder Node wird durch einen Graph Resource Name eindeutig identifiziert.

Die Kommunikation zwischen den Knoten und der Transport von Daten findet über Messages statt. Eine Message besteht aus typisierten Einträgen ähnlich einer C-Struktur. Entwickler können eigene Nachrichten durch Textdateien mit der Endung „.msg" spezifizieren. ROS unterstützt verschiedene Basisdatentypen, Felder und Verschachtelungen der Einträge. Die ROS-Client-Bibliothek enthält Codegeneratoren, die aus den.msg-Dateien beim Build-Vorgang Code für die jeweilige Zielsprache erzeugen. Topic bezeichnet einen Datenbus mit einem eindeutigen Namen, über den Messages ausgetauscht werden. Er kommt bei der unidirektionalen Kommunikation zum Einsatz.

Da ROS auf Peer-to-Peer-Kommunikation basiert, ist zum Auffinden der Kommunikationspartner zur Laufzeit eine Vermittlungsstelle erforderlich. Diese Aufgabe erfüllt der Master. Die Implementierung der bidirektionalen Kommunikation erfolgt über Services.

In ROS werden Datentypen für Koordinatensysteme im Raum, Videobilder und vieles mehr definiert, die quasi von allen Entwicklern genutzt werden. Es schränkt nicht ein und erlaubt es auch, eigene Datentypen zu definieren, zwingt den Entwickler aber, eine Beschreibung des Datentyps zu hinterlegen, die den Code für andere besser nachvollziehbar macht.

Als Open-Source-Software kann grundsätzlich jeder ROS kostenfrei nutzen. Da es sich um ein modulares Framework mit Funktionen für die Sensorverarbeitung, Auswertung, Planung und Steuerung handelt, ist ROS nicht nur für die Robotik interessant, sondern für viele technische Systeme. In der Fachwelt für das autonome Fahren werden auch gerne zumindest Teile von ROS eingesetzt. In der Robotik nutzen mittlerweile viele Forschungsgruppen zumindest teilweise ROS. Sie besitzen häufig gar kein eigenes Softwareframework mehr.

Die Plattformunabhängigkeit ist eine Stärke von ROS. Die Entwickler sind nicht auf eine Programmiersprache festgelegt, sondern können aus einer ganzen Reihe von Sprachen wählen. Standardtools wie RVIZ oder rqt bieten zudem einen großen Mehrwert, wenn es um die Darstellung von Ergebnissen oder dem Debugging geht.

Einer der größten Vorteile von ROS ist die einfache und direkte Verfügbarkeit von robuster Software für viele Standardprobleme der Robotik. Mittlerweile gibt es eine ganze Reihe von Systemen und Robotern kommerziell am Markt, die direkt ROS-Schnittstellen anbieten und einfach zusammen mit eigener oder verfügbarer ROS-Software genutzt werden können. Auch Embedded-Mini-PCs wie der Rasberry Pi unterstützen ROS durch eigene Software-Images mit einem vorinstallierten ROS und werden intensiv in der Robotik eingesetzt.

ROS bietet sehr robuste Navigationspakete an, die das komplexe SLAM-Problem (SLAM steht für Simultaneous Localization and Mapping) zuverlässig lösen. Durch ROS kann jeder Entwickler Roboter navigieren lassen, auch ohne Aufwand und Expertise in diesem speziellen Fachbereich.

ROS kann an vielen Stellen die Entwicklung neuer Anwendungen oder auch Algorithmen einfacher machen. Neben fertiger Funktionalität bietet ROS viele Werkzeuge für die Entwicklung wie etwa ein einfach zu benutzendes System zur Koordinaten-Transformation und Darstellung. Es vereinfacht die Softwareentwicklung für komplexe Robotersysteme, indem es voneinander unabhängige Rechenprozesse in verschiedene Knoten aufteilt. Die Prozesse laufen parallel und kommunizieren über Peer-To-Peer-Mechanismen miteinander.

ROS ist nicht echtzeitfähig, kann jedoch mit echtzeitfähigen Komponenten zusammenarbeiten. Dies erschwert allerdings den Einsatz in sicherheitskritischen Bereichen. Eine umfangreiche Werkzeugpalette ermöglicht das schnelle Auffinden von Fehlern und erleichtert die Arbeit mit ROS erheblich.

Der Standard der ROS Software ist hoch, da es einen Peer-Review-Prozess vor der Aufnahme neuer Codeteile gibt. Zertifiziert ist ROS bisher nicht. Wer die Vorteile von ROS nutzen will, muss einiges an Expertise mitbringen. Neue Roboteranwendungen fallen auch mit ROS nicht einfach vom Himmel.

Vor allem für die Realisierung von MRK-Applikationen ist noch einiges zu entwickeln und an die erhöhten Sicherheitsanforderungen dieses Einsatzszenarios anzupassen. Gleichwohl scheint das offene System auch diese Herausforderung anpacken und hierfür wichtige Tools anbieten zu wollen. Man sollte diese Entwicklung gespannt im Auge behalten.

15.8   Einsatz mobiler Roboter in Service, Landwirtschaft und Logistik

Eine weitere Anforderung an Cobots rückt in den Fokus von Forschung und Weiterentwicklung: Ihre Mobilität. Sie werden nicht mehr nur an einem Ort stehen, sondern werden sich selbst zum Einsatzort aufmachen oder dorthin vom Menschen zum flexiblen Einsatz gebracht werden. Und auch in der Lagerlogistik werden mobile Transporter mehr und mehr eingesetzt werden, auch wenn dort heute noch vielfach der wesentlich flexibler agierende Mensch zum Einsatz kommt (vgl. Abb. 15.4).

Lange Zeit waren selbstfahrende Transportsysteme (FTS) die für den Einsatz in der Logistik favorisierte Lösung. Diese mussten allerdings geleitet und angewiesen werden. Künftig werden vermehrt autonome mobile Roboter (AMR) zum Einsatz kommen, die selbstständig ihren Weg suchen und bei einem Hindernis nicht einfach stoppen, sondern dieses schlau umfahren.

Doch ein fahrender Roboter allein nützt noch nichts. Am besten ist, wenn man beides kombiniert: Vielleicht kann der Roboter seine Produkte greifen und sortieren, während beide sich bewegen, sodass Pickrate und Produktfluss noch effizienter werden. Die Folge wäre, die Innenarchitektur von Warenlagern komplett neu zu denken. Zum Beispiel, weil

Abb. 15.4 Mobile Roboter und Transportsysteme unterstützen Werker am Arbeitsplatz und bei der innerbetrieblichen Logistik. MRK-Herausforderung auf Fahrten! (Quelle Grenzebach)

der Roboter nicht nur zum Regal fährt, sondern das Regal direkt mitbringt oder bereits das Vorsortieren und Kommissionieren der Versandware vornimmt.

Ein besonders attraktives Einsatzumfeld für die MRK sind Serviceroboter, die in der Gastronomie, in Gärtnereien, Hotels und Pflegeheimen oder als Erntehelfer in der Landwirtschaft heute beispielsweise zum Einsatz kommen.

Die Forschung an neuen Servicerobotern in Deutschland bewegt sich im internationalen Vergleich auf höchstem Niveau. Damit sich die Servicerobotik in zukünftigen Märkten besser verbreitet, ist es wichtig, neue mobile Roboter mit intelligenten Greifern zu entwickeln und diese für die praktische Anwendung in realen Einsatzumgebungen reif zu machen.

Die optische Sensorik, insbesondere die Scannertechnik, die alltagstaugliche Bildverarbeitung und das autonome Navigieren im Raum, sind zentrale Basistechnologien in der Servicerobotik, die es mit hohem Engagement voranzubringen gilt. Darüber hinaus gilt es die Energieversorgung der mobilen Helfer über einen längeren Zeitraum sicherzustellen. Dies erfordert neben leistungsfähiger Speichertechnik in kleinsten Bauräumen auch die Bereitstellung einer wirkungsvollen Ladeinfrastruktur, die selbstständig angefahren und in Betrieb gesetzt werden kann.

Weiterhin wird die Robustheit der Navigation mobiler Roboter unter Alltagsbedingungen (Selbstlokalisierung, Bahnplanung) von Ausrüstern und Anwendern als zentraler Erfolgsfaktor gesehen. Hier kann die Nutzung von Methodenansätzen der KI vermutlich noch zu ganz besonders innovativen Lösungen führen, an denen derzeit schon gearbeitet wird.

Bei Fehlverhalten oder Versagen des Roboters muss der Mensch auch eine einfache Möglichkeit haben, den Roboter wieder, wie gewünscht, zum Funktionieren zu bringen. Des Weiteren sind ein effizientes Software-Engineering und eine leichte Bedienbarkeit entscheidend.

Programmieren, das heißt einem Roboter in Zeilen genau vorzuschreiben, was er zu tun hat, war gestern. Die Ära der autonomen, lernenden und kooperierenden Roboter hat in der Servicerobotik bereits begonnen. Zahlreiche Serviceroboter verfügen heute schon über kognitive Fähigkeiten. Sie lernen selbstständig, erkennen ihr Umfeld, planen und handeln, ohne dass ihnen vorher ein Mensch alles im Detail einprogrammiert hat.

Mobile Plattformen bewegen sich häufig schon mit erstaunlicher Souveränität in unbekannten oder sich ständig verändernden Einsatzumgebungen. Was im Pflegeheim und Hotel souverän funktioniert, in der Landwirtschaft schon intensiv eingesetzt wird, muss allerdings noch den Weg in die innerbetriebliche Logistik, die Intralogistik, finden. Dort lassen sich noch viele interessante Transportvorgänge mit Prüf-, Sortier-, Kommisionier- und Handhabungsaufgaben kombinieren. Multitasking wird sicherlich ein Trumpf sein, ebenso ein sicheres Miteinander von vielen zur Unterstützung der Menschen und Robotern in Fertigung, Pflege, Gastronomie, Lager- und Versandlogistik, Büro, Landwirtschaft und Handel. Den möglichen Anwendungsfeldern sind hierbei kaum Grenzen gesetzt. Die Aufgabenfelder sind aber herausfordernd!

15.9   Robotereinsatz und MRK in Medizin und Pflege

Wie sich das deutsche Gesundheitssystem und vor allem der Pflegebereich durch den Einsatz von Robotern verändern wird, beschäftigt viele Menschen. Dabei haben in vielen Operationssälen längst Roboter mit der minimalinvasiven Chirurgie Einzug gehalten. Ziel dieses bereits seit den 1980er Jahren verfolgten Trends ist die Enttraumatisierung der Operationen.

Medizinische Eingriffe sollten durch kleinere Schnitte und höhere Präzision bei der Instrumentenführung weniger belastend für den Patienten gestaltet werden, um auch eine schnellere Wundheilung zu erzielen. Bei diesen Schlüssellochoperationen führen Chirurgen die Eingriffe mit Instrumenten durch, die sie über kleinste Einstichlöcher und Zugänge in den Körper einführen, um die Eingriffe möglichst zielgenau, muskel- und gewebeschonend vorzunehmen (vgl. Abb. 15.5).

Bereits in den frühen 1990er Jahren wurden über 35 Robotersysteme für die Chirurgie entwickelt. Am bekanntesten ist das Operationssystem Da Vinci. Es ermöglicht eine besonders schonende Behandlung durch minimalinvasive Hochpräzisionstechnik. Roboterarme mit endoskopischen Mikroinstrumenten setzen dabei die Bewegungen des Chirurgen an einer Steuerkonsole in Echtzeit um. Dieser verfolgt das Geschehen an einem Bildschirm, auf dem ein bis zu zehnfach vergrößertes 3D-Bild des Operationsfeldes dargestellt wird. Mit seinen Händen steuert er über Bedienelemente die durch die kleinen Öffnungen eingeführten dünnen Roboter-Arme und die daran befestigten Greifer, Scheren oder anderen Instrumente.

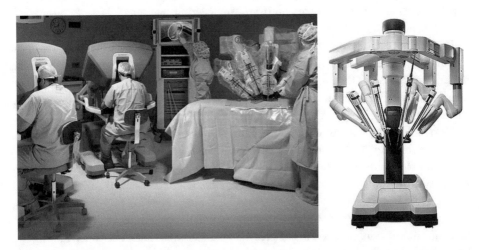

Abb. 15.5 Robotereinsatz und Arbeitsplätze für Operateure erleichtern kritische Eingriffe und die Arbeit im Operationssaal. MRK und Assistenz bei der Instrumentenführung sorgen für ergonomische Entlastung und ein konzentriertes Arbeiten der Ärzte. (Quelle Da Vinci/Elvation)

80 % der Prostata-Operationen werden in den USA bereits durch ferngesteuerte Roboter unterstützt. Das roboter-assistierte OP-Spektrum in der Urologie geht heute weit über Eingriffe an der Prostata hinaus und reicht von Nierenbeckenplastiken, der Entfernung von Harnleiterengen, Tumoren und Nierensteinen bis zur Neueinpflanzung des Harnleiters und der Durchführung von Eingriffen bei der Behandlung von Harnblasenkrebs.

Auch Gastrologen setzen heute bei Untersuchungen und Eingriffen im Darm auf die roboter-assistierte Chirurgie, ebenso die Gynäkologie und Gefäßchirurgie, beispielsweise zur Behandlung von Endometriosen oder Uterusfehlbildungen. Der Operateur selbst steuert beim Eingriff die vollbeweglichen Greifarme und kann sich dabei auf gestochen scharfe Kamerabilder und 3D-Visualisierungen in beachtlicher Vergrößerung abstützen.

Attraktiv sind roboter-assistierte Eingriffe auch bei Operationen an Gelenken und Knie, wenn sich dort zum Beispiel die Knorpelmasse reduziert und Knochen auf Knochen reibt, wodurch schmerzhafte Veränderungen am Gelenk entstehen. Häufig stellt nur der Ersatz des Gelenks eine für den Patienten akzeptable Lösung dar. Das Kniegelenk ist zum Beispiel aber ein relativ komplexes Gelenk, das Bewegungen in verschiedene Richtungen ermöglicht. Hier wirken sich selbst kleinste Unterschiede erheblich aus. Ein Robotersystem plant daher die Prothese auf der Basis eines 3D-Modells für jeden Patienten ganz individuell und berechnet ihren perfekten Sitz. Der Operateur überprüft diese Planung und kann sie ggf. weiter optimieren.

Der entscheidende Unterschied zu früheren Operationen erfolgt dann im Operationssaal. Durch die vorausgegangene Planung und eine hochgenaue, vom Roboter geführte Fräse, die bis auf einen Zehntelmillimeter genau sägt, wird beim tatsächlichen Eingriff sichergestellt, dass die zuvor vom Operateur freigegebene Planung exakt umgesetzt wird. Der Operateur steuert die Säge, wird dabei aber ähnlich wie bei einem Spurhalteassistenten unterstützt. Er sieht jederzeit, wo er aktuell Knochenmaterial abträgt und wie weit er noch sägen oder fräsen muss. Der zuvor gewählte Winkel wird durchgängig mit höchster Präzision eingehalten. Das Ergebnis ist eine Prothese, die optimal sitzt. Aus Sicht der Operateure liegen die Vorteile der roboter-assistierten Chirurgie ganz klar aufseiten der Patienten. Sie sind viel schneller wieder auf den Beinen als nach einem herkömmlichen Eingriff.

Bei schwierigen Operationen arbeiten oder assistieren Roboter häufig präziser als Menschen. Das Zittern der Hände eines Operateurs wird weggefiltert. Seine Bewegungen werden untersetzt, das heißt in viel kleinere Bewegungen der Instrumente umgewandelt. Der Einsatz und die Präzision von Robotern steigern die Präzision der Eingriffe erheblich. Dies hat entscheidende Vorteile für die Patienten, egal ob in der Radiologie, Endoskopie, bei der Schlüssellochchirurgie und bei Operationen, die mehr oder weniger innerhalb der geschlossenen Bauchhöhle oder Brusthöhle stattfinden.

In der Medizintechnik sind Roboter seit rund 20 Jahren zunehmend im Wirkungsumfeld ihrer Nutzer und deren Patienten gefragt. Die Anwendungen werden immer spektakulärer. Viele Chirurgen brauchen zur Unterstützung ihrer Arbeit während der oft erheblichen Dauern medizinischer Eingriffe dringend ein Assistenzsystem, mit dem sie zuverlässig arbeiten können. An das sie auch wesentliche Aufgaben der Instrumentenführung während einer Operation delegieren können.

Im Vergleich zu Industrierobotern, die größtenteils autonom agieren, besteht bei den Assistenzrobotern in der Chirurgie ein unmittelbarer Kontakt zu den Patienten, aber auch zum medizinischen Personal, so dass hier zusätzliche Sicherheitsvorkehrungen zu beachten sind. Wichtig ist es, sowohl den Arbeitsraum des Roboters zu definieren als auch die Kraft, die er auf verschiedene Gewebsstrukturen und Körpersektionen ausüben darf.

Der Robotereinsatz in der Chirurgie hat eine hochinteressante Zukunft. Eines der wichtigsten Ziele der aktuellen Forscher ist die roboterunterstützte Chirurgie am schlagenden Herzen. Dank moderner Bildverarbeitung und Technologien der Kraftrückkopplung lassen sich die Instrumente und der Blick durchs Endoskop vollautomatisch mit der Herzbewegung mitführen. Damit könnten Chirurgen in Zukunft so arbeiten, als stünde das Herz still. Und genau so zeigt es ihnen der Bildschirm, an dem sie störungsfrei arbeiten.

Auch bei der Entnahme von Gewebeproben ist Roboterunterstützung hilfreich, indem der Roboter bei der exakten Steuerung der Biopsienadel unterstützt und eine Nadelhülse präzise an der idealen Einstichstelle positioniert. Die Ärzte führen die Biopsienadel durch die lagerichtig positionierte Hülse hindurch ein. Sie können sich darauf konzentrieren, mit der Nadel und dem nötigen Fingerspitzengefühl – eine Stärke des Menschen – so tief, wie es nötig ist, ins Gewebematerial vorzudringen. Das Zusammenspiel von Roboter und Maschine erhöht nachweislich die Trefferquote. Die Mediziner müssen nicht wiederholt einstechen und immer neue Kontrollaufnahmen anfertigen. Das Verfahren ist dadurch schneller, zuverlässiger, spart Kosten und ist für die Patientinnen erheblich weniger belastend, reduziert teure Magnetresonanztomographien.

Inzwischen rücken Roboter auch bei kosmetischen Eingriffen auf die Pelle, zum Beispiel, wenn sie in einem Haartransplantationssystem eingesetzt werden. Damit unter Haarausfall leidende Menschen sich wieder lieber im Spiegel betrachten können, wird heute teilweise Hightech aufgefahren. Der Chirurg sieht alles auf einem Bildschirm, wenn er Haarfollikel am Hinterkopf der Patienten entnimmt und an kahlen Stellen einpflanzt.

Selbst in amerikanischen Zahnarztpraxen kann es sein, dass Patienten auf einen Roboter treffen, der zum Beispiel beim Einsetzen von Zahnimplantaten wertvolle Hilfestellung leistet. Dabei wird zunächst in einem 3D Scan die individuelle Ausprägung des Kiefers vermessen. Aus den Kameradaten werden am Bildschirm die Implantate und die optimale Anordnung der Einsatzbohrungen errechnet. Beim Eingriff assistiert dann der Roboter, indem er den Bohrer in Orientierung und Vorpositionierung führt. Das Bohren bedarf heute noch der Zustimmung und Prozessteuerung des Zahnarztes.

Eine etwas andere Form der Mensch-Roboter-Kooperation kommt zunehmend in Operationssälen und bei der Computertomographie (CT) zum Einsatz. Hierbei übernimmt ein tragkräftiger Roboter Teil einer größeren Anlage die Lagerung des Patienten auf einer Trage und positioniert diesen ideal ausgerichtet zu den genutzten Instrumenten oder den operierenden Ärzten (vgl. Abb. 15.6).

Ergänzt um einen weiteren Roboter zur Instrumentenführung wird daraus ein idealer Behandlungsplatz zur Durchführung von dreidimensionalen CT-Aufnahmen. Der zweite Roboter bewegt einen Röntgen-C-Bogen um den Patienten herum und kommt dem Patienten bei der Instrumentenführung relativ nahe. Vermieden wird dadurch aber die vielen Menschen angsteinflößende Röntgenuntersuchung in geschlossenen Räumen, der gefürchteten „Röhre".

Ob für Transportaufgaben, als OP-Assistent oder auch als Hilfsmittel zur Umlagerung von Patienten – letztendlich dienen alle Robotik- und Automatisierungsprojekte in der Gesundheitsbranche nur einem Zweck: Die Behandlung soll für Patienten so schonend und wirkungsvoll wie nur möglich sein. Die neuen Technologien unterstützen dabei Ärzte und Pflegepersonal und machen das Gesundheitswesen fit für die enormen Herausforderungen der Zukunft.

Roboter werden als Assistenten zunehmend auch im Pflegebereich Einzug halten. Sie sollen die Pflegekräfte bei ihrer Arbeit und bei ihrem Dienst am hilfsbedürftigen Menschen unterstützen und ihnen neben einer primär ergonomischen Entlastung mehr

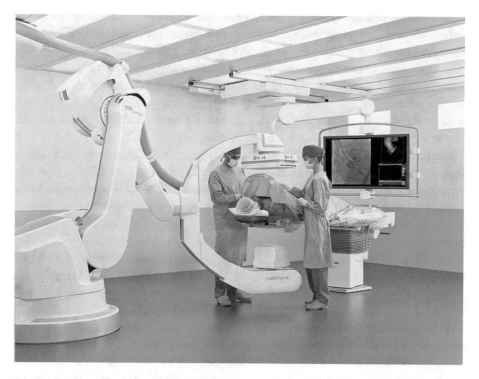

Abb. 15.6 Robotereinsatz zur Patientenlokalisierung und Computertomographie (CT) in offenen Systemen und roboterunterstützten Behandlungsräumen. (Quelle Kuka Roboter)

Zeit für das Zwischenmenschliche, die Pflege und damit den Patienten zu geben. Dabei muss der Mensch im Mittelpunkt stehen, sonst droht die Gefahr einer Entmenschlichung?

Und wie stellen sich die Menschen schließlich die Zukunft der Pflege vor? Sind Pflegeroboter mit großen Kulleraugen ein erstrebenswertes Ziel? Kann überhaupt durch eine kluge Mensch-Roboter-Interaktion eine bessere Situation für Pflegekräfte und für die zu Pflegenden zu schaffen? Und wie kann sichergestellt werden, dass Zeitersparnisse durch den Einsatz von Robotern auch tatsächlich den Patientinnen und Patienten zugutekommen und nicht zur Kostenersparnis und für Personalabbau genutzt werden?

Näher am Menschen kann – mit Ausnahme der Roboterassistenz bei Operationen – kaum eine Mensch-Roboter-Kooperation erfolgen als in der Pflege und im Gesundheitswesen. Die ersten Erfahrungen zeigen, dass eine Offenheit gegenüber technischen Anwendungen besteht, die einen spürbaren Nutzen für die individuelle Situation und das Pflegesystem im Ganzen mit sich bringen. Die Erwartungshaltung an die Servicerobotik ist in diesem Anwendungsbereich groß. Noch größer aber auch die Ernüchterung.

Bei vielen Forschungsvorhaben ist der Schritt vom Pilotprojekt zum flächendeckenden Einsatz noch nicht gemacht. Vor allem die begrenzten Tragkräfte eines Roboters und die oft äußerst schwierig zu beherrschenden Alltagssituation in der Pflege machen es zu einer Herausforderung, sichere Roboter für Pflegeaufgaben zur ergonomischen Entlastung der Pflegenden oder zur aktiven Unterstützung der Pflegebedürftigen und ihrer Angehöriger in ihrem gewohnten Lebensumfeld, zum Beispiel durch die Übernahme von Hebeaufgaben oder beim Baden und Waschen.

So findet man in den Pflegeeinrichtungen meist nur Roboterassistenzsysteme. Diese Systeme fangen bei einem Treppenlift an und hören bei Roboterarmen an Rollstühlen auf. Sie können zum Beispiel ein Zittern des Patienten ausgleichen, Essen reichen, bei der Medikamentenverabreichung und Rehabilitationsmaßnahmen assistieren oder Pflegende beim Anheben von Patienten unterstützen.

Ebenso sind heute in einigen Pflegeeinrichtungen mobile Transportplattformen als Begleitroboter im Einsatz, die Traglasten bis zu 500 kg aufnehmen können und ihren menschlichen Begleitern als Transporthelfer folgen. Sie bringen beispielsweise Essen, Sterilgut oder Wäsche zu den jeweiligen Sammelstationen oder unterstützen aktiv die Pfleger. Sie sind auch in der Lage, Hindernisse zu erkennen, kurze Sätze wie „Bitte gehen Sie zur Seite" zu sprechen und sogar eigenständig Aufzug zu fahren.

Der Pflegeroboter Care-O-bot serviert heute in der 4. Produktgeneration Getränke, deckt den Tisch, holt Medikamente und gießt die Blumen. Er schaltet den Fernseher und das Radio ein, dient als Gehhilfe und alarmiert im Notfall den Rettungsdienst. Seit vielen Jahren arbeitet das Fraunhofer-Institut für Produktionstechnik und Automatisierung (IPA) in Stuttgart schon an diesem Serviceroboter. Ihr erster Entwurf, der Care-O-bot 1, war zunächst nur eine Art computergesteuertes Servierwägelchen.

Die zweite Version, der Care-O-bot 2, war dagegen schon ein richtiger Roboter. Er konnte Gegenstände durch zwei Kameras in seinem Kopf orten, mit seinem beweglichen Roboterarm greifen und auch Gegenstände anreichen. Um zum Beispiel eine

Flasche erkennen zu können, musste der Roboter ihre Form mit Eigenschaften auf einer Datenbank abgleichen. Damit er sie nicht zerquetschte oder sie ihm aus der Hand fiel, wurden beim Zupacken die Kräfte durch Sensoren gemessen. Die Version Care-O-bot 3 verfeinerte und erweiterte die Fähigkeiten ihrer Vorgänger um ein Vielfaches. Dieser Roboter konnte beispielsweise Gegenstände holen und bringen, den Tisch decken oder Türen und Schubladen öffnen.

Care-O-bot 4 geht noch weiter. Nicht nur, dass der Prototyp immer schneller wird, er soll sich auch außerhalb des Hauses bewegen können – zum Beispiel um Patienten zu begleiten, Bestellungen in Restaurants zu tätigen oder durch Museen zu führen. Und er ist deutlich schöner geworden als seine Vorgänger.

Dennoch wurde ihm der große Erfolg nicht zuteil. Zu komplex das Einsatzumfeld, zu speziell die Handhabungsaufgaben, zu langsam ihre Erledigung, zu schwach zur wirksamen Unterstützung bei Handhabungsaufgaben, zu langsam im Wettstreit mit dem menschlichen Pendant und zu sehr eine Maschine als ein menschliches Gegenüber zum Beispiel bei der Unterstützung der Tageshygiene und beim Zähneputzen, wie sich herausstellte.

Dabei reagierten die älteren und pflegebedürftigen Menschen auf einen anderen Aspekt noch ganz besonders positiv. Das angebrachte Display des Roboters war bei ihnen schnell als mobiler Unterhalter sehr gefragt.

Ganz anders sieht die Situation bei Unterhaltungsrobotern generell aus. Diese können eine Vielzahl an Programmen und Spiele bereitstellen, um Pflegebedürftige zu unterhalten, abzulenken oder zu beschäftigen. Die Bandbreite der Anwendungen reicht von Gesellschaftsspielen über das Vorlesen bis zum Rätselraten oder dem Abspielen von Filmen.

Vor allem die therapeutische Roboter-Robbe Paro erfreut sich inzwischen besonderer Beliebtheit und wachsender Verbreitung in Altenheimen und Pflegeeinrichtungen. Sie ist ca. einen halben Meter lang und wiegt fast drei Kilogramm, verfügt über Lage- und Beschleunigungssensoren und ist dank künstlicher Intelligenz in der Lage, ein lebendiges Robbenbaby zu simulieren (Abb. 15.7).

Paro ist eine medikamentenfreie Alternative, um Patienten zu beschäftigen und deren Stimmung zu verbessern. Sie reduziert Angstzustände und Schmerzen, verbessert die Schlafqualität und verringert das Gefühl von Einsamkeit.

Paro gilt als Vorreiter auf dem Gebiet der sozialen Roboter, die mit Menschen interagieren, indem sie die Regeln sozialer Kommunikation befolgen oder maschinell lernen, sich Verhaltensmuster abschauen und nach einiger Zeit sogar Stimmen erkennen. In mehr als 30 Ländern wird Paro in der Palliativbetreuung von Krebspatienten oder bei Kindern mit Autismus eingesetzt, vor allem aber bei demenzkranken Menschen und Senioren.

Die Angst, dass soziale Roboter Pflegekräfte ersetzen könnten, dass maschinelle Interaktion demnächst menschliche Zuwendung verdrängen werde, ist groß. Dabei ist allen Akteuren bewusst, dass noch mehr als bei Ärzten in der Pflege vor allem Empathie

Abb. 15.7 Einsatz von Social Robots in der Pflege: Die Roboter-Robbe Paro steht für eine ganz andere Art der Mensch-Roboter-Kooperation, die sich in vielen Pflegeheimen bereits im täglichen Einsatz zur Unterhaltung alter und dementer Personen bewährt. (Quelle Wir Pflegen)

und das Zwischenmenschliche eine zentrale Rolle spielen. Kein Algorithmus kann das bislang darstellen.

Klarzustellen ist, was wir meinen, wenn wir den zukünftigen Einsatz von Robotern in der Pflege reden. Nämlich Werkzeuge, die die Arbeit für pflegende Angehörige und für Pflegende erleichtern, aber niemals ersetzen, weil Pflege ist soziale Kommunikation, beobachtungsgeprägt und kann nur mit viel Empathie von Mensch zu Mensch getragen sein.

Insofern bleibt die menschliche Pflege auch in Zukunft sehr wichtig. Ein klares Plädoyer für ein wertschätzendes Miteinander in der Mensch-Roboter-Kooperation! Unabdingbar aber bleibt, die Frage des Einsatzes von Robotern im Pflegebereich immer eng mit den Betroffenen abzustimmen, um Ängsten und Sorgen angemessen zu begegnen.

Aus pflegewissenschaftlicher, medizinischer, aber auch technologischer Sicht ist der Einsatz von Robotern in der Pflege immer im konkreten Anwendungsfall danach abzuwägen, ob und wie er dazu geeignet ist, die Qualität des Pflegeprozesses, und hier vor allem die Patientenversorgung, zu verbessern.

Literaturhinweise und Quellen

Bösl, D., *Mensch-Roboter-Kollaboration (MRK) – Der Weg in eine Mensch-Roboter Gesellschaft,* Key Note Vortrag beim 4. Forum Mensch-Roboter, Stuttgart, 23./24.10.2019.

Butz, A., Krüger, A., *Mensch-Maschine-Interaktion,* De Gruyter Oldenbourg (2014).

Buxbaum, H.-J., Sen, S., *Kollaborierende Roboter in der Pflege – Sicherheit in der Mensch-Maschine-Schnittstelle* in O. Bendel (Hrsg.), Pflegeroboter, Springer-Gabler (2018).

Corke, P., *Robotics, Vision and Control,* Springer (2013).

Daugherty, P. R., H. James Wilson, *Human+Machine – Reimagining Work in the Age of AI,* Harvard Business Press (2018).

Dietz, T., Verl, A., *Wirtschaftlichkeitsbetrachtung* in R. Müller, J. Franke, D. Henrich, B. Kuhlenkötter, A. Raatz, A. Verl (Hrsg.), Handbuch Mensch-Roboter-Kollaboration, Carl Hanser, S. 334–347 (2019).

Eberl, U., *Smarte Maschinen- Wie künstliche Intelligenz unser Leben verändert,* Carl Hanser (2016).

Faulhaber, *Robotik – Die nächste Revolution im OP-Saal,* Faulhaber motion Magazin, Heft 2/2019, S. 12–15.

Frochte, J., *Maschinelles Lernen,* Carl Hanser (2019).

Glück, M., *Greifer bringt sich das Greifen bei,* Special „Robotik", Handling, Heft 6/2019, S. 30.

Glück, M., *Wenn Greifer intelligent werden,* Der Konstrukteur, Heft 6/2019, S. 36–39.

Glück, M., *Intelligent, konnektiv, sensitiv,* Handling, Heft 6/2019, S. 14/15.

Kehl, C., *Robotik und assistive Neurotechnologien in der Pflege – Gesellschaftliche Herausforderungen* (Arbeitsbericht Nr. 177). Berlin: Büro für Technikfolgen-Abschätzung beim Deutschen Bundestag (TAB), 2018.

Kotlarski, J., *Lernendes Sehen in der sensitiven Robotik,* Vortrag beim 4. Forum Mensch-Roboter, Stuttgart, 23./24.10.2019.

Kröger, T., *Machine Learning in Robotics and Safe Human–Robot-Interaction,* Key Note Vortrag beim 3. Forum Mensch-Roboter, Stuttgart, 17./18.10.2018.

Laeske, K., *Die Zukunft der Intralogistik für Menschen und Roboter,* Key Note Vortrag beim 2. Forum Mensch-Roboter, Stuttgart, 23./24.10.2017.

Liepert, B., *Wir denken Wege in die Zukunft,* Interview in Robotik und Produktion, Heft 3/2018, S. 18–19.

Liepert, B., *Mensch-Roboter-Kollaboration – Zukunft der Produktion?,* Key Note Vortrag beim 1. Forum Mensch-Roboter, Stuttgart, 17./18.10.2016.

Mori, M., *The Uncanny valley,* IEEE Robotics & Automation Magazine, 19(2), S. 98–100, 2012.

Murphy, R. R., *Introduction to AI robotics,* MIT press, Bradford Books (2000).

Suppa, M., *3D-Wahrnehmung zur intelligenten Handhabung in der Mensch-Roboter-Kollaboration,* Vortrag beim 4. Forum Mensch-Roboter, Stuttgart, 23./24.10.2019.

Schlussfolgerungen und Ausblick 16

Was vor 60 Jahren mit dem Einzug der ersten Roboter in die industrielle Produktion vermeintlich träge begann, entwickelte sehr schnell eine besondere Dynamik: Roboter eroberten den Karosseriebau, die Lackierstraßen, die Automobil- und Elektronikproduktion. Sie wurden zu Garanten für eine hochdynamische und qualitativ optimierte Serienproduktion bei höchster Produktivität, Prozessqualität und Kosteneffizienz. Hierbei wurden die viele Traglasten umfassenden, auch durch alternative Kinematik-Ansätze begeisternden Bewegungsautomaten zu stabilen Tragsäulen der industriellen Massenproduktion. Gleichzeitig wurden sie in der Anschaffung immer günstiger und empfehlen sich heute mit immer besserer Technik für neue Einsatzfelder; auch in den klein- und mittelständischen Unternehmen, in denen vor allem Flexibilität und Einfachheit zählt.

Es zeichnet sich ab, dass wir künftig in einer engen Gemeinschaft mit Robotern – einer *Robot Society* – leben werden, die uns das Leben erleichtern wird. Viele dieser intelligenten Systeme werden gar nicht unbedingt wie klassische oder humanoide Roboter aussehen. Sie werden nicht nur helfende Arme in den Fabriken oder stählerne Ungetüme sein, wie wir sie aus Literatur und Filmen kennen. Vor allem intelligente Robotersysteme werden immer mehr unseren Alltag prägen und fester Bestandteil unserer Umwelt werden. Sie werden den Menschen in allen Bereichen helfen, in denen sie Defizite haben. Ob bei der Arbeit oder zu Hause, ob unterwegs, in der Freizeit oder in den Fabriken, überall werden uns Roboter begegnen.

Sie werden uns unterstützen im Transportwesen, in der Logistik und in der industriellen Fertigung. Sie werden große Datenmengen sammeln und diese ständig analysieren. Sie werden Arbeitsplätze vernichten und neue schaffen. Sie werden uns im Alter unter die Arme greifen und Formen des Zusammenlebens verändern, neue Sicherheitsfragen aufwerfen. In Pandemiezeiten werden sie abends unterwegs sein, um mit UV-Licht auf Virenjagd zu gehen, Türklinken und Flurbereiche zu desinfizieren.

© Der/die Autor(en), exklusiv lizenziert an Springer Fachmedien Wiesbaden GmbH, ein Teil von Springer Nature 2022
M. Glück, *Mensch-Roboter-Kooperation erfolgreich einführen*,
https://doi.org/10.1007/978-3-658-37612-3_16

In den Warenlagern werden es zunehmend Roboter sein, die die Bestellungen aus den Regalen holen, für den Versand zusammenstellen und verpacken. Und in den Fabriken werden die Roboter direkt mit den Menschen zusammenzuarbeiten. Die stählernen Gehilfen werden ihren menschlichen Kollegen zur Hand gehen, schwere Objekte tragen, schrauben, montieren und kleben ohne je müde zu werden.

Kollaborative Roboter, auch Cobots genannt, sind ganz sicher mehr als nur eine Modeerscheinung. Sie sind einer der Industrietrends schlechthin, den es aktiv zu begleiten gilt. Hierbei sieht man deutlich, dass die Schlüsseltechnologien zur Mensch-Roboter-Kooperation bereits einen hohen Reifegrad erreicht haben. Feststeht, die Roboter werden grundsätzlich näher an die Menschen heranrücken und ihnen aktiv zur Seite stehen. Eingeläutet wird ein neues Zeitalter der Mensch-Roboter-Interaktion, welches alle unsere Lebensbereiche umfasst.

Gleichzeitig sinkt durch den einfachen Zugang zu Roboterplattformen und ganzen anwendungsorientierten Ökosystemen die Eintrittsschwelle. Dies eröffnet Neulingen in der Robotik die Erschließung eines höchst attraktiven ersten Anwendungspotentials ohne tiefgehende Programmierexpertise und bei überschaubaren Risiken. Eingeläutet wird damit eine neue Ära der Plattformökonomie und des Strebens nach neuartigen Geschäftsmodellen, die ihren Ursprung im Digitalen nehmen und im Realen nutzen-stiftend anschließend Wirkung zeigen.

Cobots stellen eine eigenständige Produktklasse dar, vor allem wegen ihrer geringen Traglasten, ihres erheblich leichteren mechanischen Aufbaus und ihrer vergleichsweise kleinen Baugröße, zugeschnitten für Pick & Place- und Montageunterstützungsaufgaben, auf die besondere Nähe und Interaktion mit den Werkern und die Übernahme leichter monotoner Handhabungsaufgaben. Leicht vor allem im Sinne von Traglasten und Werk-stück- bzw. Werkzeuggewichten. Aber auch leicht im Sinne der Aufgabenkomplexi-tät und des Autonomiegrads von Robotereinsatz und Prozessführung in vielfältigsten Anwendungen, die es nun zu erschließen gilt. Kompakt im Design und vorbereitet für die Mensch-Roboter-Kooperation und die Mensch-Roboter-Kollaboration stellen sie eine ideale Ausgangsbasis für die Auseinandersetzung mit Robotik dar, die sich jedes Unter-nehmen leisten kann.

Cobots zeichnen sich vor allem durch einen niedrigen Stückpreis aus. Sie werden zunehmend als anwendungsspezifische Lösungspakete und verstärkt – einem Öko-systemgedanken folgend – auf Internetplattformen vertrieben. Die Ideen zum Einsatz konkretisieren sich zunehmend und der Anwenderbedarf an MRK-fähigen Leichtbau-robotern wächst bedeutsam.

Die kollaborative und die kooperative Robotik sind faszinierende neue Technologien für Anwendungen, bei denen wirklich eine Mensch-Roboter-Interaktion gefragt ist. Mit der richtigen Auslegung und Konzeption erschließen sie eine Reihe neuer Anwendungen, für die klassische Robotik bisher zu sperrig oder unwirtschaftlich war. Sie werden die klassische Robotik aber nicht ablösen, sondern ergänzen.

Die Aufgaben, die Cobots übernehmen können, sind vielfältig und reichen von ein-fachen Pick-and-Place-Anwendungen bei der Werkstückhandhabung über das Sortieren und Palettieren, die Maschinenbestückung bis hin zum Reinigen, Kommissionieren, Verpacken und Prüfen. Cobots können Klebe- und Dichtmittel auftragen, Teile montieren oder demontieren, messen, testen, prüfen und Schraubvorgänge übernehmen. Für die Mitarbeiter ergeben sich dadurch deutliche Verbesserungen. Sie müssen keine monotonen, körperlich belastenden oder gar gefährlichen Arbeiten mehr ausführen, bekommen bei Präzisionsarbeiten Unterstützung und können sich auf ihre Kernkompetenzen konzentrieren. Dabei ist der Umgang mit Cobots über zunehmend intuitive Bedienformen einer ständigen Vereinfachung unterworfen.

Cobots stellen neue und wirkungsvolle Elemente im Werkzeugkasten der flexiblen Automation dar. Doch ihrer breiten Anwendung in der Fertigung steht derzeit noch eine ganze Reihe praktischer Probleme im Weg: Greifkraftbeschränkung, Obergrenzen für Verfahrgeschwindigkeiten und offene Fragen in Bezug auf die Haftung, einzuhaltende Normen und Zertifizierungsprozesse, um nur einige der Hemmnisse auf dem Weg zur MRK-Anwendung zu benennen.

Generell ist es wichtig, von Anfang an alle Beteiligten mit ins Boot zu holen und sich in kleinen Schritten auf strukturierten Entwicklungspfaden heranzutasten, gemeinsam wertvolle Erfahrung zu sammeln mit den Mitarbeitern, der gesamten Belegschaft und den Arbeitnehmervertretungen. Das sind für den Erfolg notwendige Debatten und Lernerfahrungen.

Überzogene Sicherheitsvorschriften führen noch immer dazu, dass sich die Roboter bei der Mensch-Roboter-Kooperation in einer nicht akzeptablen Langsamkeit bewegen müssen. Dies mit erheblichen Auswirkungen auf ihre Einsatzproduktivität.

Wichtig ist es, bei einer MRK-Einführung Mut und Pragmatismus an den Tag zu legen, ohne leichtsinnig zu werden. Damit die MRK ihr volles Potenzial entfalten kann, bedarf es einer Lösung, mit der sowohl Integratoren als auch Betreiber in die Lage versetzt werden, MRK-Applikationen eigenständig und mit angemessenem Aufwand selbst realisieren zu können.

Modulare Sicherheitskonzepte können Nutzern Orientierung geben und die arbeitsschutztechnische Validierung im Einzelfall enorm vereinfachen. Wenn sich Anwender bei der Konzeption eines Mensch-Roboter-Arbeitsplatzes auf zertifizierte Einzelkomponenten abstützen, lässt sich die Einführung der Mensch-Roboter-Kooperation im betrieblichen Alltag beschleunigen.

Benötigt wird ein modularer Zertifizierungsprozess, bei dem die einzelnen Komponenten (Roboter, Greifer, Sensorik, Sicherheitstechnik) und deren Zusammenspiel durchaus einer strengen Überwachung unterliegen. Der Endanwender muss mit diesen zertifizierten Modulbausteinen seine konkrete Applikation in überschaubarer Zeit und mit angemessenem Aufwand leichter zertifizieren können, indem beispielsweise einmal zertifizierte oder validierte Funktionen direkt in die Risikobeurteilung eines Arbeitsplatzes übernommen werden können.

Die MRK wird eine geradezu explosive Verbreitung in unseren Fertigungswerken erfahren, wenn Anbauwerkzeuge, Überwachungssysteme und Sensoren es ermöglichen, die Roboter bei höheren Bahngeschwindigkeiten zu betreiben und Kollisionspotentiale frühzeitig in sicherem Abstand vorausschauend zu erkennen. Dieses Miteinander der Sicherungseinrichtungen von Robotern und Anbauwerkzeugen gilt es, rasch zu stärken.

Muss man heute vor intelligenten Robotern Angst haben?

Gewiss, die besten Roboter können heute laufen und klettern. Sie können auch ein Auto lenken. Sie öffnen Türen, drehen an Ventilen und benutzen Bohrmaschinen. Diese Fähigkeiten genügen zwar, um solche Roboter künftig als Katastrophenretter einzusetzen, wo es für Menschen zu gefährlich wird, doch eine Revolution der intelligenten Maschinen lässt sich daraus heute noch nicht ableiten, denn das meiste machen sie ferngesteuert und deutlich langsamer als ihre menschlichen Vorbilder. Und auch in Sachen Geschicklichkeit bzw. Fingerfertigkeit stehen sie weit hinter denen ihrer menschlichen Kollegen. Sie brauchen immer noch kluge Menschen im Hintergrund, die entscheiden, wann welche Bewegungs- und Handlungsabläufe der Roboter gestartet werden sollen. Und wenn sie einmal an einem Hindernis festhängen, wird es schwierig, sie wieder aus ihrer Zwangslage zu befreien. Auf sich allein gestellt, können das die Maschinen kaum.

Trotzdem fürchten Menschen durch die Weiterentwicklung der Künstlichen Intelligenz und der Robotik um ihre Jobs. Diese Angst ist jedoch meist diffus und unbegründet. Das Vordringen der Künstlichen Intelligenz birgt zwar die Gefahr, dass Erfahrungen, Wissen und Intuition der Facharbeiter zusehends ersetzt werden. Die menschliche Kreativität sowie den Menschen selbst als Ideengeber und Problemlöser werden die Roboter noch lange nicht ersetzen. Und vor allzu intelligenten Robotern müssen wir uns in absehbarer Zeit nicht fürchten. Bis dahin ist es noch ein langer Weg, auf dem die Roboter auch nicht die Macht übernehmen werden. Sie werden immer ein Werkzeug des Menschen bleiben und dessen Fähigkeiten erweitern.

Wenn uns die Roboter aber immer mehr Arbeit abnehmen, kann man sich schon die etwas provokante Frage stellen, ob wir nicht immer dümmer werden, während gleichzeitig die Roboter und die anderen Systeme der Künstlichen Intelligenz immer klüger werden? Und wollen wir überhaupt in Zukunft nur noch herumsitzen und philosophieren, während die Roboter unsere Arbeit machen? Gähnende Langeweile wäre sicherlich die Folge.

Die Angst vor Verdummung durch den Fortschritt ist so alt wie die Philosophen Athens. Schon Platon hat befürchtet, dass wegen schriftlicher Aufzeichnungen das Gedächtnis der Menschen immer schlechter würde, weil man nichts mehr auswendig lernt. In der Tat: Wer kann heute noch längere Gedichte aufsagen? Wer kann heute noch ohne Taschenrechner schnell und verlässlich rechnen? Sich ohne Navigationssystem auf eine größere Reise begeben?

Fähigkeiten, die nicht trainiert werden, verkümmern. Ebenso wie Wissen, das nicht aufgefrischt wird und in den Tiefen des Gedächtnisses verschwindet. Doch die ungeheure Plastizität des Gehirns eröffnet es den Menschen, sich stets an neue Rahmenbedingungen anzupassen. Genau dies wird auch in Zukunft gelten: Jede Generation erfindet sich neu, aufbauend auf dem Wissen und den Erfahrungen ihrer Vorgänger, entlang den Anforderungen der Gegenwart. So wie die Menschen, die im Zweiten Weltkrieg geboren wurden, nur staunen konnten, wie schnell ihre Kinder lernten, mit Computern und Mobiltelefonen umzugehen, so verblüffend finden es diese wiederum, wie selbstverständlich ihre eigenen Nachkommen – die Digital Natives – das Internet und die sozialen Netzwerke nutzen.

Wir werden in ein neues Zeitalter der Menschen und Roboter, nicht Mensch oder Roboter, eintauchen. Sollten wir dann nicht auch erwarten können, dass die heute Geborenen keine großen Probleme damit haben werden, Roboter oder intelligente Systeme aller Art in Zukunft in ihren Alltag zu integrieren und mit ihnen als Robotic Natives zu wachsen?

Wichtig hierbei ist, dass der Mensch die Kontrolle über die Roboter behält. Wenn wir es richtig machen, werden MRK-fähige Roboter uns weit mehr nützen als schaden. Unsere Zukunft liegt in einer gesunden Balance von menschlicher und automatischer Kontrolle. Ganz im Sinne von David Mindell, Professor am MIT (Massachusetts Institute of Technology/USA), einem Pionier autonomer Robotersysteme: „Die höchste Form der Technologie ist nicht die vollständige Automation oder die vollständige Autonomie, sondern Automation und Autonomie, die sehr schön und elegant mit dem menschlichen Bediener verbunden sind."

Gestalten wir die Zukunft der Robotik und der Mensch-Roboter-Kooperation in diesem Sinne!

Anhang 1 – Checkliste zum Ablauf eines MRK-Projekts in 6 Phasen

Checkliste für eine MRK-Einführung in 6 Arbeitsphasen
Phase 1 – Projektstart
Ziel: Vorbereitung, Orientierung, Zieldefinition und Strategische Rahmen, Teamaufbau, Schaffung von Rahmenbedingungen und Voraussetzungen für eine MRK-Einführung
Aufgabenschwerpunkte: □ Strategische Zielsetzung der MRK im Unternehmen festlegen □ Einführungsstrategie in Eckpunkten definieren und in Gesamtstrategie einbetten □ Begleitdokumentation für Einführung festlegen und starten □ MRK-Verantwortlichen auswählen, benennen und freistellen □ Verantwortlichkeiten und Befugnisse, Zielsetzungen vereinbaren □ Projekt- und Kompetenzteam zusammenstellen □ Arbeitssicherheitsexperte einschalten □ Betriebsrat und zunächst betroffene Mitarbeiter informieren □ Technik- und Integrationssupport benennen bzw. extern suchen □ Grundlagenkenntnisse entwickeln/aktualisieren, Weiterbildungsbedarf ermitteln, Kompetenzaufbau planen □ Relevante Stakeholder in allen Fachbereichen des Unternehmens informieren □ Schulungskonzept für Weiterbildung des Teams und der Stakeholder erarbeiten
Phase 2 – Aufgaben-, Arbeitsplatz- und Prozessbewertung
Ziel: Systematische ganzheitliche Bewertung der Eignung eines Arbeitsplatzes und eines Arbeitsprozesses für den Einsatz der Mensch-Roboter-Kooperation. Schaffung von Voraussetzungen für eine risikoarme (erste) Umsetzung und Bewusstseinsschärfung

Checkliste für eine MRK-Einführung in 6 Arbeitsphasen

Aufgabenschwerpunkte:

☐ Betriebsrundgang und Identifikation von MRK-Potentialen

☐ Schnellbewertung der Arbeitsplätze und -prozesse auf deren Eignung als MRK-Pilot- oder allgemeines MRK-Projekt (vgl. Anhang 2)

☐ Verfeinerung der Arbeitsplatzbewertung nach Eingrenzung (vgl. Anhang 3)

☐ Bewertung des Komplexitäts- und Integrationsgrads der Anwendung

☐ Bewertung des Kooperations- bzw. Kooperationsanteils und ihrer Zeitanteile

☐ Ersteinschätzung des Gefahrenpotentials innerhalb gemeinsam genutzter Arbeitsräume

☐ Bewertung der Einsatzrahmenbedingungen, Stellflächen, Lage zu Verkehrsflächen

☐ Bewertung des Integrations- und Verkettungsgrads der Anwendung

☐ Kritikalität der Anwendung bewerten, z. B. auf Taktzeiterfüllung und Einhaltung qualitätsrelevanter Prüfmerkmale und Systemfunktionen

☐ Bewertung der Stückzahlen, Losgrößen, Variantenvielfalt und des damit einhergehender Umrüstungsaufwands

☐ Besondere Bewertung der Anforderung an Fingerfertigkeit und Haptik in Prozessen

☐ Bewertung des Einbettungsbedarfs in die Steuerungs- und Logistikperipherie

☐ Bewertung der möglichen Ablaufstörungen, die sich im Umfeld ergeben könnten

☐ Abschätzung der Komplexität und Kosten für die Sicherheitsvorkehrungen

☐ Bewertung der Vorkenntnisse, Affinität und des Mitwirkungswillens der Betroffenen, hierzu Informationsgespräche führen und eigenes Testen forcieren

Phase 3 – Roboterauswahl

Ziel: Anforderungsdefinition und systematische Bewertung der aktuellen Marktangebote auf ihre Eignung für die ausgewählte Applikation. Hierbei gezielte Beleuchtung und einsatzspezifische Bewertung der Relevanz zentraler Auswahlkriterien. Vorbereitung Beschaffung

Aufgabenschwerpunkte:

☐ Sondieren des Markts für MRK-fähige Roboter

☐ Informationsangebote recherchieren, Informationsmaterialien sichten, Informationsveranstaltungen und Anwendertreffen besuchen

☐ Eröffnen des Auswahlverfahrens und Identifikation des Pilotprojekts

☐ Anforderungen an Roboter aus Arbeitsplatzbewertung extrahieren

☐ Anforderungen an Roboter, Robotersteuerung, Endeffektoren ableiten

☐ Anforderungen an Traglasten, Armreichweiten und Genauigkeit überprüfen

☐ Integrationsanforderungen am Standort, im Prozessablauf und in übergeordnetem Steuerungsumfeld klären

☐ Anforderungen an Robustheit und Stabilität des Roboterarms klären

☐ Sicherheitstechnische Anforderungen an Roboter und Roboterintegration ableiten

☐ Klärung erforderlicher Diagnose-, Vernetzungs- und Fernwartungsanforderungen

☐ Klärung der Programmieranforderungen (On-/Offline, Teaching, CAx-Umfeld)

☐ Anforderungskatalog überprüfen und bedarfsgerecht erweitern, ggf. Einflussfaktoren gewichten

☐ Auswahl des Standorts und Bewertung des Standortumfelds der Applikation

☐ Roboterschnellbewertung vornehmen (vgl. Anhang 4), Auswahl eingrenzen

☐ Kontakt zu Anbietern aufnehmen und aktuelle Informationen einholen

☐ Verfügbare Informationsmaterialien und Probelizenzen recherchieren, sichten

☐ Erfahrungswerte Dritter recherchieren und mit eigenen Anforderungen abgleichen

☐ Bewertung des Serviceangebots und der Referenzen in Internet, Fachmedien

☐ Bewertung des Trainingsangebots und allgemeine Lieferantenbewertung (Reifegrad, Nähe, Referenzen, unternehmerische Stabilität, Serviceangebot)

☐ Detaillierte Bewertung der Roboterkriterien und Ermittlung des Erfüllungsgrads (vgl. Anhang 5)

☐ Sicherheitsfunktionen mit besonderem Augenmerk erneut überprüfen

☐ Bedienungsaspekte und allgemeine Usability Anforderungen bewerten

☐ Angebote einholen und bewerten, hierzu Nutzwertanalyse und Kostenbewertung vornehmen (vgl. Anhang 6)

☐ Evaluierung mit Arbeitssicherheit und relevanten Stakeholdern teilen und diskutieren

☐ Management Summary zur Auswahl des Roboters und Roboteranbieters erstellen

☐ Roboterauswahl treffen und Beschaffung einleiten

Phase 4 – Integrations- und Sicherheitskonzept, Risikoanalyse

Checkliste für eine MRK-Einführung in 6 Arbeitsphasen

Ziel: Bestimmung von Einsatzort, Einsatzszenario und Einsatzrahmenbedingungen. Ermittlung der Interaktionsanforderungen und Kooperations- bzw. Kollaborationsanteile im Arbeitsprozess, Ableitung eines Sicherheitskonzepts und normenkonforme Risikoanalyse

Aufgabenschwerpunkte:

☐ Einstieg in Risikoanalyse und anschließende Risikobewertung (vgl. Kap. 10)
☐ Bewertung des Einsatzorts und der Einsatzrahmenbedingungen (Grenzen)
☐ Klärung der Integrationsanfordernisse in vorhandene Sicherheits- und Steuerungs- architekturen, Not-Aus-Konzepte, Hinweisgebung
☐ Klärung der Interaktionsanfordernisse mit anderen Elementen der Prozesskette, z. B. weitere Roboter, Förder- und Prüfeinrichtungen, Intralogistik, Be-/Entladung
☐ Klärung der Interaktionserfordernisse mit Endeffektoren und Prozesswerkzeugen
☐ Klärung der Interaktionsanteile und des Kooperationstyps zwischen Mensch und Roboter, Bestimmung gemeinsam genutzter Arbeitsräume und Teilprozesse
☐ Bewertung der Kollisionsrisiken und des Gefahrenpotentials innerhalb der gemeinsam genutzten Arbeits-räume
☐ Ableitung der Sicherheitsanforderungen an Prozessführung und Einsatzort
☐ Risikobewertung und Festlegung von Maßnahmen zur Risikominderung
☐ Ersten Abgleich mit Berufsgenossenschaft suchen

Phase 5 – Zertifizierung und Validierung

Ziel: Herstellung von Rechtssicherheit im Betrieb durch normenkonforme Validierung der biomechanischen Grenzwerte und Einsatzrahmenbedingungen, Durchführung einer CE-Konformitätsbewertung, Ergebnisdokumentation

Aufgabenschwerpunkte:

☐ Sicherheitsnachweise und Einbauerklärungen für alle Steuerungselemente (Strukturkategorie 3, PL d) einholen und überprüfen
☐ Gefährdungsbeurteilung und Risikobewertung erstellen und dokumentieren (vgl. Kap. 10 und einschlägige Normen, v. a. EN ISO 12100 und EN ISO 13849-1)
☐ Ermittlung der Nachlaufwege und Nachweis ihrer Einhaltung
☐ Einbindung der Fachkraft für Arbeitssicherheit und der Berufsgenossenschaft
☐ CE-Konformitätsbewertung durchführen
☐ Identifikation der relevanten Richtlinien und Normen, Nachweis der Einhaltung
☐ Analyse der Sicherheitsfunktionen und ihrer Wirksamkeit, Demonstration für Betroffene und Einstieg in die Einführungsinformation am Arbeitsplatz
☐ Analyse der Kollisionsrisiken und Bestimmung der einzuhaltenden biomechanischen Grenzwerte (aus ISO/ TS 15066)
☐ Validierung: Nachweis der Einhaltung aller biomechanischen Grenzwerte für alle Kollisionsszenarien durch Messungen und Ergebnisprotokollierung
☐ Sicherheits- und Betriebsfreigabe

Phase 6 – Betrieb in Pilotversuch und Alltagspraxis

Ziel: Einführungsvorbereitung, Erfüllung arbeitsschutzrechtlicher Einsatzvoraussetzungen: Gefahrenhinweise, Gefährdungsanalyse, Nutzerinformation und -training. Überführung der Applikation aus Projektphase in alltägliche betriebliche Einsatzpraxis (Roll-Out)

Checkliste für eine MRK-Einführung in 6 Arbeitsphasen

Aufgabenschwerpunkte:

☐ Mitarbeiterinformation und Einführungstraining abschließen

☐ Hinweis auf Schutzmaßnahmen und deren Funktion sowie ständige Prüfung

☐ Arbeitsplatzorganisation nach ergonomischen Gesichtspunkten

☐ Verhaltensanweisungen erstellen und dauerhaft sichtbar anbringen

☐ Verhaltensregeln zur Vermeidung von Fehlbedienung

☐ Hinweise zur Fehleridentifikation und -behebung

☐ Regelmäßige Überprüfungen: Vorgehensweise, Häufigkeit und Nachweisführung, Dokumentation festlegen und Überwachungsprozess mit Kick-Off-Training starten

☐ Arbeitsraumabsicherung durch Hinweisschilder und Ausweisung der MRK-Zone

☐ Kollisionsbereiche durch gut sichtbare Bodenmarkierungen kennzeichnen

☐ Zugangsberechtigungen und Befugnisse festlegen

☐ Gefährdungsbeurteilung abschließen und am Arbeitsplatz dokumentieren

☐ MRK-Begleitdokument abschließen, Erfahrungen dokumentieren und zur Grundlage der weiteren Roll-Out Strategie für die MRK-Technologie machen

☐ Kick-Off und Erfolge feiern, Erfahrungen dokumentieren, Stakeholder-Kommunikation

Anhang 2 – Schnelltest MRK-Eignung einer Applikation für Pilotprojekt

Schnelltest zur MRK-Arbeitsplatzbewertung – Überblick in 10 Schritten schaffen!
(0 Punkte bei Nicht-Erfüllung)

1. Taktzeitanforderungen und ihre Kritikalität

1 Punkt	2 Punkte	3 Punkte
Hohe Taktzeitanforderung ohne Toleranzoption, Taktzeiten um 10 s	Mittlere Taktzeiten mit Toleranzoption, Takte zwischen 15 und 45 s	Keine Taktintegration oder Takte > 45 s Nicht taktzeitkritisch

2. Variantenvielfalt und Umbaubedarfe

Große Variantenvielfalt mit Umbau- und Anpassungsbedarf unter Zeitdruck, nicht durch Werker lösbar, mit Support-Bedarf	Mittlere Variantenvielfalt mit geringem Umbau- und Anpassungsbedarf, lösbar durch Werker, evtl. mit Unterstützung	Stabiler Aufbau mit geringem Anpassungs- bedarf, lösbar durch Werker, überschaubare Variantenvielfalt

3. Bewegungskomplexität und Integrationsgrad der Applikation

Hohe Bahngeschwindigkeits-anforderungen, umfassende Armbewegungen im Inter-aktionsraum mit Kollisions-risiken	Mittlere Bahngeschwindig-keitsanforderungen, Armbewegungen im Inter-aktionsraum von überschau-barer Komplexität	Bahngeschwindigkeit unabhängig. Bewegungen größtenteils nicht in Inter-aktionsraum, ohne Kollisions-risiken

4. Interaktionstyp und Grad der Interaktion von Mensch & Roboter

Kollaboration mit größeren Anteilen der unmittelbaren Interaktion und prozess-abhängiger Ergebnisgüte	Kooperation mit bedeutsamem Interaktionsanteil in geteilten Räumen	Reine Koexistenz, geringer Grad der Interaktion in Über-gabebereichen bei Kooperation

5. Einsatzort und Einsatzumfeld

© Der/die Herausgeber bzw. der/die Autor(en), exklusiv lizenziert an Springer Fachmedien Wiesbaden GmbH, ein Teil von Springer Nature 2022
M. Glück, *Mensch-Roboter-Kooperation erfolgreich einführen*,
https://doi.org/10.1007/978-3-658-37612-3

Schnelltest zur MRK-Arbeitsplatzbewertung – Überblick in 10 Schritten schaffen! (0 Punkte bei Nicht-Erfüllung)		
Ortswechselnder Einsatz in Fertigungsumgebung oder herausfordernde Einsatz-rahmenbedingungen, hohe Nutzerfrequenz	Ortsstabiler Einsatz innerhalb der laufenden Fertigung, ohne besondere Störeffekte, Nutzer-frequenz und Grenzen	Ortsstabiler Einsatz außerhalb der laufenden Fertigung in separatem Testumfeld ohne Störeffekte und -umgebung

6. Komplexität der Schutzanforderungen und nötiger Schutzmaßnahmen

Hohe Komplexität der Schutz-anforderungen und erhöhter Bedarf an Schutzmaßnahmen, integriert in weitere Systeme	Mittlere Komplexität der Schutzanforderungen und begrenzter Bedarf an Schutzmaßnahmen sowie deren Integration	Isolierter Applikations-betrieb ohne besondere Schutzkomplexität in wenig frequentiertem Einsatzumfeld

7. Komplexität und Kritikalität der Prozessführung, Werkzeuge und Werkstücke

Hoch, verketteter Prozess mit Auswirkung auf Gesamtergeb-nis und Qualität, störanfällige Prozessführung mit Risiken. Herausfordernde Werkstück- und Werkzeugformen, kritische Materialien, Vor-richtungen notwendig	Mittel, ohne Auswirkung auf Gesamtergebnis. Prozess geringfügig verkettet, wenig komplex, kaum Kollisions-risiken. Werkzeuge und Werk-stücke weisen kaum störende oder sicherheitsrelevante Merkmale auf	Gering, ohne Auswirkung auf Gesamtergebnis. Prozess isoliert, wenig komplex, kaum Kollisionsrisiken mit Werk-zeugen, Kanten, Werkstücken, keine Vorrichtungen nötig

8. 4d-Prozesserleichterung und Entlastungspotentiale

Maßnahme entlastet kaum von 4d Prozessen, keine Ver-ringerung von Gesundheits-risiken	Mittel, Maßnahme entlastet mittelfristig von 4d Prozessen, reduziert Gesundheitsrisiken	Hoch, Maßnahme entlastet umgehend von 4d Prozessen, reduziert Gesundheitsrisiken

9. Erschließbare Flexibilitätspotentiale in Einsatz und Werkstückzufuhr

Vereinzelungsbedarf höherer Komplexität, keine Erschließung von Flexibilitäts-potentialen	Werkstückzufuhr mit Verein-zelungsbedarf und ggf. Not-wendigkeit von Kameraeinsatz	Einfache Werkstückzufuhr, stationär über Gebinde oder vereinzelt ohne Förderband

10. Akzeptanz und Entwicklungsfähigkeit der betroffenen Mitarbeiter

Mitarbeiter sind ablehnend, haben Ängste und Ent-wicklungsbedarf. Über-zeugungsarbeit möglich	Mitarbeiter haben überwind-bare Sorgen und Ängste, entwicklungsfähig, ver-änderungsbereit	Mitarbeiter sind offen ein-gestellt und entwicklungsfähig, bereit zur Veränderung

Summenbildung

0 bis 10 Punkte: Ungeeignet oder herausfordernd

11 bis 20 Punkte: Bedingt MRK-tauglich. Detailprüfung nötig. Kein Pilotprojekt

21 bis 30 Punkte: Evtl. MRK-geeignet. Pilotprojekt fortsetzen

Anhang 3 – Checkliste zur Aufgaben-, Arbeitsplatz- und Prozessbewertung

---

Checkliste für detaillierte Aufgaben-, Arbeitsplatz- und Prozessbewertung

---

Prozessanforderungen

Bewertungskriterien

□ Handelt es sich um eine reine Assistenzaufgabe für den Roboter oder soll er auch eine relevante Werkstückbearbeitung übernehmen?

□ Was sind die typischen Stückzahlen und resultierenden Losgrößen, Variationen?

□ Variantenvielfalt und damit einhergehender Umrüstungsaufwand beherrschbar?

□ Automatisations- und Reifegrad der Prozesse: Erfahrungswerte bekannt oder neu?

□ Handelt es sich um einen isolierten, lokal begrenzten und nicht verketten Prozess oder um eine verkettete Prozessablaufkette?

□ Taktanforderungen: Wie kurz sind die Taktzeiten und wie kritisch ist deren Einhaltung? Hängt ein Folgeprozess oder die Gesamtleistung einer Prozesskette davon ab?

□ Komplexität der Prozesse: Wie komplex und erfolgskritisch ist die Führung der zu automatisierenden (Teil-)Prozesse und deren Auswirkung auf das Gesamtergebnis?

□ Kritikalität der Prozessführung: Gibt es besondere Risiken, die Fehlfunktionen und kritische Auswirkungen auf den Gesamtprozess haben können?

□ Kritikalität der Anwendung, z. B. auf die Einhaltung qualitätsrelevanter Prüfmerkmale und Systemfunktionen. Gibt es erhöhte erfolgsgefährdende Risiken?

□ Handelt es sich um eine Koexistenzsituation, eine (zeitweise) Kooperation oder eine unmittelbare Kollaboration zum gleichen Zeitpunkt?

□ Sind die Phasen der Interaktion zeitlich begrenzt? Wie hoch ist der Interaktionsanteil? Wird ein kooperatives oder sogar ein kollaboratives Einsatzszenario erforderlich?

□ Sind sinnvolle Teilprozesse herauslösbar? Ist die „Automatisierung" zwischen den Menschen und Robotern sinnvoll aufteilbar? Vielleicht sogar schrittweise?

□ Zählen die zu automatisierenden Bearbeitungsschritte zur Kategorie „4d" monotoner, in hohem Maße repetitiver, ergonomisch ungünstiger, physisch oder psychisch belastender Prozesse? Bergen die Prozesse Ergonomie-/Gesundheitsrisiken?

□ Müssen Prozessmedien bereitgestellt werden? Ist diese Bereitstellung kritisch oder erfordert sie eine explizite Prozesskontrolle (z. B. eine Mengendosierung)?

□ Kostet die händische Ausführung des Prozesses wertvolle Arbeitszeit? Bremst sie den Produktionsablauf aus? Oder werden wichtige Ressourcen gebunden?

□ Wie hoch ist die Komplexität des Bearbeitungsanteils, der dem Roboter zugewiesen wird, einzuordnen? Kritisch zu betrachten sind vor allem die Anforderungen der Fingerfertigkeit/Haptik, die dem Menschen und dem Roboter zugewiesen werden.

□ Ist die Integration weiterer Werkzeuge als Endeffektoren erforderlich? Wie sind diese in den Prozessablauf und das Arbeitsumfeld (inkl. Ansteuerung) zu integrieren?

□ Einfachheit der Zuführung zur Bearbeitung: Werden die Komponenten sortiert oder unsortiert, vereinzelt, ruhend, auf Stapeln oder als Schüttgüter bereitgestellt? Erfolgt die Bereitstellung in Behältnissen? Mit welche Formvarianten und Losgrößen ist dabei typisch zu rechnen?

□ Welche Anforderungen ergeben sich an die Positioniergenauigkeit und Einhaltung von Toleranzen, die Verfahrgeschwindigkeiten, die Wiederholgenauigkeiten des Roboters und wie steht es um die Komplexität der Bewegungsführung?

□ Wie hoch ist der Anteil der Mensch-Roboter-Interaktion an der gesamten Zykluszeit?

□ Welche Auswirkungen ergeben sich bei einer Mensch-Roboter-Kollaboration auf die Ausführung und Absicherung der Kraft- und Leistungsbegrenzung?

□ Konturtreue der Bahnführung: Was sind die Anforderungen an Reproduzierbarkeit, Langzeitstabilität und wie eng sind die relevanten Toleranzfenster?

Umgebungsanforderungen

© Der/die Herausgeber bzw. der/die Autor(en), exklusiv lizenziert an Springer Fachmedien Wiesbaden GmbH, ein Teil von Springer Nature 2022
M. Glück, *Mensch-Roboter-Kooperation erfolgreich einführen*,
https://doi.org/10.1007/978-3-658-37612-3

Checkliste für detaillierte Aufgaben-, Arbeitsplatz- und Prozessbewertung

Bewertungskriterien

☐ Wie gestaltet sich die Stellfläche und der Abstand zu den Infrastruktureinrichtungen wie Wände, Verkehrswege, Energieversorgung, Netzwerkanschluss?

☐ Ist der Aufstellort isoliert und von weiteren Fertigungseinrichtungen, Verkehrs- und Transportwegen lokal hinreichend entfernt?

☐ Wie groß ist der Abstand zu den schutzbedürftigen Zonen?

☐ Sind die erforderlichen Anschlüsse für Netz- und Medienversorgung vorhanden und in sinnvoller Entfernung abgreif- bzw. nachrüstbar?

☐ Welche Störgrenzen und Störumgebungen kennzeichnen den geplanten Einsatzort des Roboters? Vor allem Bewegungseinschränkungen identifizieren und bewerten

☐ Befinden sich allgemein genutzte Verkehrs- oder Fluchtwege im Einsatzumfeld und werden diese von den Roboterbewegungen tangiert?

☐ Gibt es genügend Reserveflächen und Fluchträume als Puffer?

☐ Gibt es (besondere) Gefahrenpotentiale innerhalb der gemeinsam genutzten Arbeitsräume oder in der unmittelbaren Nachbarschaft?

☐ Wie aufwendig und komplex sind Absicherungsanforderungen am Einsatzort?

☐ Ist die Applikation Teil einer Prozesskette und der Robotereinsatz in ein Steuerungsnetzwerk oder eine übergeordnete Steuerungslandschaft einzufügen?

☐ Sind Störungen denkbar, die von benachbarter Infrastruktur ausgehen können, z. B. EMV-Beeinträchtigungen, Latenzen oder Massefluktuationen der Netzversorgung, Störfelder leistungsstarker Antriebe, stromführende Werkzeuge und Leitungen, Leistungsspitzen und Spannungsschwankungen im Netz, etc.?

☐ Güteanforderungen an EMV-Schutz und Echtzeitfähigkeit der Steuerung, der Kontroll- und Sicherheitsfunktionen?

☐ Ist eine Integration in vorhandene Sicherheitsarchitekturen erforderlich?

☐ Wie groß ist der Interaktionsbedarf des Roboters mit dem Werker und anderen Fertigungs- und Logistiksystemen, die zum Gesamtprozess beitragen?

☐ Wahrnehmbare Geräusche: Ist ein konzentriertes Arbeiten mit Blick auf den Roboter möglich? Sind die Begleitgeräusche des Roboters störend oder angsteinflößend?

☐ Gibt es längere Phasen, in denen Mensch und Roboter zusammenarbeiten? Und andere Phasen, in denen der Mensch nicht anwesend ist?

☐ Wie groß ist der nötige Interaktionsgrad mit Werkzeugen, Werkstücken und Vorrichtungen, die am Prozess beteiligt sind?

☐ Ist eine Zu- oder Abfuhr der Werkstücke erforderlich? Werden hierbei die MRK-Zone oder der umliegende Gefahrenbereich tangiert? Wenn ja, wie oft und wie intensiv?

☐ Wie steht es um die Robustheit des MRK-Umfelds gegen ungeplanten Impakt?☐ Befindet sich der Standort auf gesichertem Grund?

☐ Gibt es eine Häufigkeit für riskante Störungen, die evtl. zu berücksichtigen ist?

☐ Wie komplex sind die Anforderungen an den bereitzustellenden Endeffektor und dessen Einsatzflexibilität sowie dessen Robustheit im künftigen Serienbetrieb?

☐ Welche Anforderungen sind an die Roboterkonfiguration, den Flansch und die Schnittstelle zu den Endeffektoren und Anbaumodulen vorzusehen?

☐ Ist es von entscheidender Bedeutung, dass sich die Endeffektoren bei Umbauten schnell und einfach tauschen lassen, z. B. durch den Werker selbst?

☐ Sind Messaufgaben parallel zur Prozessführung vorzunehmen und welche Anforderungen sind an deren Integration im Roboter- und Steuerungsumfeld zu stellen?

Werkstückanforderungen

Checkliste für detaillierte Aufgaben-, Arbeitsplatz- und Prozessbewertung

Bewertungskriterien

☐ Wie groß sind die zu handhabenden Gewichte?

☐ Welche Beschleunigungen treten z. B. in einer Nothalt-Situation auf?

☐ Ist das Greifgut bei Transport und Nothalt gesichert?

☐ Welche Form und Außenkontur weisen die Werkstücke auf? Welche zusätzlichen Sicherheitsmaßnahmen können sich aus der Form des Werkstücks für die Arbeitsplatzgestaltung und dessen Absicherung gegen Klemmen und Scheren ergeben? Hinweis: EN ISO 13849 geht auf typ. Gefahrenstellen wie Einzugs-, Fang-, Quetsch-, Scher-, Schneid-, Stich- und Stoßstellen sowie deren Auslegungsanforderungen ein.

☐ Handelt es sich um filigrane Montageteile, empfindliche oder zerbrechliche Werkstoffe? Weisen diese sensitive Kontakt- oder Materialoberflächen auf?

☐ Sind die Werkstücke formstabil oder formlabil und nachgiebig?

☐ Handelt es sich um scharfkantige Werkstücke mit Hinterschneidungen und besonderen Klemmpotentialen? Sind die Materialien nachgiebig?

☐ Beschaffenheit der Funktionsoberfläche: Liegen die zu bearbeitenden Werkstücke in gereinigter und trockener Form vor? Weisen sie feuchte, verstaubte, verschmutzte oder ölige Oberflächen auf?

Arbeitsplatz- und Einrichtungsanforderungen

Bewertungskriterien

☐ Hatten die betroffenen Mitarbeiter bereits Berührungspunkte mit Robotern?

☐ Haben sie einen Erfahrungshintergrund mit Robotern? Qualifikationsgrad?

☐ Sind die betroffenen Mitarbeiter als technikaffin, offen und veränderungsbereit einzustufen oder bestehen Ängste, Blockaden, Furcht vor Stress?

☐ Trauen sie sich eine nötige Einarbeitung und die spätere erfolgreiche Zusammenarbeit mit einem Kollegen Roboter zu?

☐ Welchen Erfahrungshintergrund mit Robotern haben die Vorgesetzten (z. B. die Vorarbeiter) und das am Arbeitsplatz wirkende Instandsetzungspersonal?

☐ Bestehen Möglichkeiten, den einen potentiellen MRK-Arbeitsplatz nutzerfreundlich, ergonomisch nutzenstiftend und wenig angsteinflößend zu gestalten?

☐ Verfügen die unmittelbar betroffenen Mitarbeiter und ihre Vorgesetzten über die nötige Zuverlässigkeit im Umgang mit Verhaltensregeln und Sicherheitsmaßnahmen?

☐ Wie starr ist der Einsatzort des Roboters in ein vorhandenes Arbeitsumfeld eingebunden? Oder ist ein (vorübergehendes) Herauslösen möglich?

☐ Sind Fertigungsvorrichtungen oder sonstige Hilfsmittel zur Prozessführung nötig?

☐ Ist die Applikation in übergeordnete Systemarchitekturen und Steuerungssysteme zu integrieren? Wie komplex ist dies? Kompatibilität und Interoperabilität beachten

☐ Welche Form und Außenkontur weisen die Fertigungsvorrichtungen auf und welche zusätzlichen Sicherheitsmaßnahmen können sich aus der Form der Anbauwerkzeuge und Fertigungshilfsmittel für die Arbeitsplatzgestaltung und dessen Absicherung im Prozessbetrieb gegen Klemmen und Scheren ergeben?

☐ Gibt es besondere Kollisionsrisiken an diesem Arbeitsplatz durch den Roboter und dessen Positionierung zum Werker (sichtbar, auf Kopfhöhe, …)?

☐ Gibt es die Möglichkeit von Tests oder Machbarkeitsuntersuchungen bei Dritten?

☐ Herrscht eine hohe Frequenz an Personen, die sich dem MRK-Arbeitsplatz nähern? Wichtig ist vor allem die Betrachtung von Besuchern, Vorbeigehenden und nicht in die spezielle Gefährdungssituation eingewiesenen Kollegen und Passanten

☐ Sind die Voraussetzungen für eine ergonomisch sinnvolle und menschzentrierte Gestaltung des Prozessablaufs und des MRK-Umfelds gegeben?

☐ Sind alle an der MRK-Applikation beteiligten oder mit ihr verketteten Steuerungs- elemente, Sensoren und Funktionseinrichtungen in der erforderlichen sicheren Technik Performance-Level d (PL d) mit Strukturkategorie 3 realisierbar?

☐ Was sind die Kompetenzanforderungen an Bedienung und Programmierung und sind diese am Arbeitsplatz zumindest mittelfristig bzw. mit ext. Unterstützung darstellbar?

☐ Idealerweise sind bei MRK-Anwendungen zunächst kurze, langsame, vorhersehbare Roboterbewegungen und sanfte Bewegungsabläufe vorteilhaft. Ist eine Eingewöhnungsphase denkbar, nach der die Geschwindigkeit ggf. gesteigert wird?

☐ Sind Fluchtzonen und Aufenthaltsbereiche außerhalb der Interaktions- und Gefahrenzone als Rückzugsmöglichkeit vorhanden oder einplanbar?

☐ Wie wahrscheinlich sind Klemmsituationen und auf welche Weise können sie vermieden werden? Wie kann man sich selbst befreien?

Weitere sonstige Punkte

Checkliste für detaillierte Aufgaben-, Arbeitsplatz- und Prozessbewertung

☐ Gibt es externen Unterstützungsbedarf bei der MRK-Einführung und beim späteren Betrieb des Arbeitsplatzes? Was sind daraus erwachsende Supportanforderungen?

☐ Gibt es einen besonderen Zeit- und Erfolgsdruck der Umsetzung?

☐ Gibt es möglicherweise unumstößliche Budgetobergrenzen?

☐ Besteht im Umgang mit sicherheitstechnisch relevanten Komponenten und in Fragen der funktionalen Sicherheit bereits Erfahrung oder besteht Einarbeitungsbedarf?

☐ Sind die hierfür nötigen Kompetenzen durch Partner schließbar?

Anhang 4 – Schnelltest Vorauswahl eines Roboters

Schnelltest zur Vorauswahl des Roboters – Überblick in 10 Schritten schaffen!
(0 Punkte bei Nicht-Erfüllung)

1. Erfüllung der geforderten Takt- und Leistungsmerkmale, Bahnsteuerung

1 Punkte	2 Punkte	3 Punkte
Übereinstimmung gering, Limitierungen vorhanden, Potentiale beschränkt	Übereinstimmung in Kernelementen und relevanten Funktionen	Anforderungen mit Reserven komplett erfüllt, Ausbau skalierbar

2. Traglast und Armreichweiten

Traglast kaum darstellbar, Limitierungen in Betrieb, Potentiale beschränkt	Traglast und Reichweite erfüllt Anforderungen, keine Reserven	Anforderung an Traglast und Reichweiten erfüllt mit Reserven

3. Sicherheitsfunktionen und EMV-Anforderungen

Nur Basisanforderungen an Betrieb (Cat. 3 PL d) werden erfüllt. Keine Zertifikate, Stromkontrolle	Normenkonformer Kooperationsbetrieb darstellbar, auch EMV Kraftsensorik im Arm	Normenkonformer Kollaborationsbetrieb darstellbar, auch EMV KMS in Gelenken

4. Integrationspotentiale

Eigenständige Steuerung ohne oder mit geringen Vernetzungs- und Integrationsmöglichkeiten	Steuerungstechnik mit umfassenden Möglichkeiten zur Integration inSteuerungsumfeld	Steuerungstechnik mit Möglichkeiten zur Vernetzung mit anderen Robotern/Netzwerken

5. Programmierfunktionen und Bedienung

Online-Programmierung über Handbediengerät. Offline beschränkt. Kein umfassendes Teaching	Online- und Offlineprogrammierung, ebenso im 3D CAx Umfeld realisier- und verifizierbar	Intuitive Bedienung, Programmierung On- und Off-line, in 3D CAx, durch Handführung

6. Robustheit des Systems

© Der/die Herausgeber bzw. der/die Autor(en), exklusiv lizenziert an Springer
Fachmedien Wiesbaden GmbH, ein Teil von Springer Nature 2022
M. Glück, *Mensch-Roboter-Kooperation erfolgreich einführen*,
https://doi.org/10.1007/978-3-658-37612-3

Schnelltest zur Vorauswahl des Roboters – Überblick in 10 Schritten schaffen!
(0 Punkte bei Nicht-Erfüllung)

Anforderungen an Laufruhe und Stabilität werden erfüllt. Relative Wiederholgenauigkeit der Pose OK	Laufruhe, Stabilität und Nachschwingverhalten in Ordnung. Absolute Wiederholgenauigkeit OK	Stabile Konstruktion mit hoher Resistenz gegen Störung. Absolute Wiederholgenauigkeit OK

7. Medienversorgung und Dichtigkeitsanforderungen (IP-Schutzklasse)

Anschluss externer Medien (Pneumatik, Elektrik) schaltbar gegeben, Medienführung außenliegend	Anschluss externer Medien (Pneumatik, Elektrik), Medienführung überwiegend innenliegend	Medienanschlüsse (Pneumatik, Elektrik), komplett innenliegend IP-Schutz hinreichend

8. Software- und Systemfunktionalitäten

Neue SW-Entwicklung mit reduziertem Funktionsumfang, häufigen Updates und geringem Support	Langjährige SW-Entwicklung mit umfassendem Funktionsumfang, wenig Updates und Support	Umfassende SW- und Bedienfunktionen, ansprechende HMI, stabil und praxiserprobt

9. Trainingskapazität des Anbieters und Plattformen für Beschaffung, Vernetzung

Begrenzte Erfahrung, Training erfolgt durch Mitarbeiter der Technik. Kaum Plattformangebote	Training erfolgt im Rahmen von Vertrieb oder Applikationsentwicklung Beschaffungsplattform	Training in Schulungsumfeld durch erfahrene Trainer, ortsnah. Applikations-/Nutzerforen

10. Solidität und Erfahrungswerte des Roboteranbieters/Systemintegrators

Startup ohne größere Anzahl im Markt installierter Systeme und Referenzen	Roboteranbieter mit Erfahrung in klassischer Industrierobotik und Serie	Roboteranbieter mit umfassender MRK-Expertise, Referenzen

Summenbildung

0 bis 10 Punkte: Ungeeignet für diese Applikation. Ausschluss

11 bis 20 Punkte: Bedingt geeignet für diese Applikation. Vertiefen/Zurück

21 bis 30 Punkte: Vermutlich geeignet. In engere Auswahl nehmen

Anhang 5 – Checkliste zur Roboterauswahl

Checkliste für Roboterauswahl

Allgemeine Anforderungen an Roboter, Kinematik und Bahnsteuerung

Zu bewertende Kriterien

☐ Welche Armkinematik ist mindestens erforderlich? Alternativen zur klassischen 6-Achs Knickarmkinematik denkbar? Überbestimmte oder degenerierte Arme?

☐ Ist die geforderte Einbauanordnung realisierbar? Einbauvorrichtungen vorhanden?

☐ Taktanforderungen und weitere Leistungsmerkmale

☐ Wiederholgenauigkeiten der Posen (absolut, relativ) und prozessrelevante Toleranzfenster anforderungsgerecht?

☐ Treten Wärmeausdehnungseffekte in den maßgeblichen Strukturelementen (z. B. Schwinge) auf und werden diese anforderungsgerecht kompensiert?

☐ Wie hoch sind die Traglastanforderungen (inkl. Anbauwerkzeuge, Werkstücke, Steuerungsaufsätze, Messboxen, Schlauchpakete und Reserven) und werden sie im erforderlichen Arbeitsraum (Armstreckung) eingehalten?

☐ Welche geometrischen Kenngrößen sind für die zur Verfügung stehende Aufstellfläche und den abzudeckenden Arbeitsraum zu berücksichtigen?

☐ Sind die erforderlichen Belastungskenngrößen wie die Nenn- und Nutzlast, das maximal nutzbare Nennmoment und das zulässige Massenträgheitsmoment erfüllt?

☐ Können die Anforderungen an die Einbaustabilität (Boden, Gestellrahmen, Decke) erfüllt werden?

☐ Sind die Anforderungen an die Robustheit, die Gelenkspiele in den Lagern und das Einschwingverhalten der Armkonstruktion nach einem Stillstand erfüllt?

☐ Bahngeschwindigkeitsanforderungen in Prozessbewegung und Eilfahrt ausreichend?

☐ Abbremsvermögen und Nachlaufwege

☐ Gibt es besondere Anforderungen an Standzeiten und Zyklenfestigkeiten?

☐ Ist die geforderte Komplexität der Bahn- und Werkzeugführung in der erforderlichen Bahntreue und Stabilität zuverlässig erfüllbar?

☐ Ist der Aufbau stationär an einem Einsatzort? Ist ein mobiler Einsatz möglich? Wenn ja, unter welchen Umständen (geringfügig mobil, hohe Mobilität)?

☐ Eigengewicht des Roboters und des Gesamtaufbaus passend?

☐ Weist der Roboter ein die Nutzer ansprechendes Design mit geschützter Konturgestaltung auf? Oder weist das Design des Roboters, der Endeffektoren und der evtl. nötigen Vorrichtungen potentielle Scher-, Einzugs-, Schnitt-, Klemm- und Reibstellen auf, die für eine sicherheitstechnische Betrachtung relevant oder kritisch werden?

Anforderungen an Programmierung, Steuerung, Versorgung der Roboter

© Der/die Herausgeber bzw. der/die Autor(en), exklusiv lizenziert an Springer Fachmedien Wiesbaden GmbH, ein Teil von Springer Nature 2022
M. Glück, *Mensch-Roboter-Kooperation erfolgreich einführen,*
https://doi.org/10.1007/978-3-658-37612-3

Checkliste für Roboterauswahl

Zu bewertende Kriterien

☐ Netzversorgung und max. Leistungsaufnahme, evtl. Maßnahmen zu Unterbrechungsschutz (USV)?

☐ Gibt es ein robustes und in seinen Funktionen übersichtlich gestaltetes Programmierhandgerät, das den Alltagsbedingungen standhält und zentrale Funktionen abbildet?

☐ Werden alle relevanten Programmierarten unterstützt (Off-/Online Programmierung, Programmierbarkeit in CAx-Modellierungsumfeld, Teaching by Demonstration)?

☐ Wie ist es um die Robustheit und generelle Nutzbarkeit der Software bestellt? Sind Häufigkeiten von Fehlfunktionen bekannt? Häufigkeit von Updates?

☐ Integrationsmöglichkeiten der Robotersteuerung in übergeordnete Steuerungen, Kompatibilitätsanforderungen der Robotersteuerung mit anderen Komponenten?

☐ Ist eine Kopplung der Robotersteuerung mit einer zweiten Steuerung möglich?

☐ Gibt es eine Notwendigkeit zum Zusammenwirken mit anderen Robotern, Automationseinrichtungen, Endeffektoren und deren Steuerungen?

☐ Ist die Integration des Roboters in ein vorhandenes Schutzkonzept nach aktuell vorliegendem Stand der Umsetzung möglich?

☐ Sind weitere Schutzvorrichtungen zur Umsetzung des Sicherheitskonzepts notwendig?

☐ Sind die für den Kooperationsgrad (Koexistenz bis Kollaboration) der Applikation geforderten Sicherheitsfunktionen vorhanden und normenkonform nutzbar?

☐ Sicherheitsvorkehrungen zur Kollisionsvermeidung: Ist das Reaktionsvermögen der Sicherungseinheiten hinreichend gegeben? Ist eine sichere und wirksame Kraft- und Impulsbegrenzung bei Kollisionen darstellbar? Nimmt sie eine zentrale Rolle ein?

☐ Sind Sicherheitszertifikate für Roboter, Komponenten oder vergleichbare, bereits gelöste Applikationen vorhanden? Auch Einbauerklärungen/CE-Konformität?

☐ Ist eine Drehmomenterfassung in Gelenken, eine sichere Motorstromkontrolle in Antrieben oder eine wirksame Kraft-Momenten-Sensorik im Gesamtaufbau integriert?

☐ Nötige Empfindlichkeit und Leichtgängigkeit im Trainingsbetrieb erreicht?

☐ Lassen sich die für den Prozess erforderlichen direkten Interaktionen mit dem Werker, dem Roboter und den Endeffektoren darstellen?

☐ Werden die für einen Kameraeinsatz (wenn nötig) erforderlichen Systemvoraussetzungen an Hardware- und Softwareintegration bzw. Kommunikation erfüllt?

☐ Werden die für eine weitere Integration von Sensoren und Messfunktionen (wenn ☐ nötig) erforderlichen Systemvoraussetzungen an Hardware- und Softwareintegration bzw. Systemkommunikation und Anschluss/Schnittstellen erfüllt?

☐ Werden die für eine Endeffektor-Ansteuerung und -kontrolle (wenn nötig) erforderlichen Systemvoraussetzungen an Hardware- und Softwareintegration bzw. Systemkommunikation und Medienanschluss/Schnittstellen erfüllt?

☐ Vernetzungsoptionen und Cloud-Fähigkeit?

☐ Voraussetzungen für wirkungsvollen EMV-Schutz gegeben? Auch unter den Rahmenbedingungen des künftigen Robotereinsatzorts?

☐ Werden die relevanten Bedienelemente klar sichtbar hervorgehoben und zeichnen sich diese durch eine intuitive Gestaltung der Mensch-Maschine -Interaktion sowie durch eine einfache Verständlichkeit der Anzeigen aus?

☐ Sind die Rahmenbedingungen an eine effiziente und intuitive Bedienung und Bedienerführung anforderungsgerecht erfüllt?

☐ Ist ein intuitives Training und die situationsgerechte Anpassung der Roboter durch eine Handführungsoption gegeben, die vom Werker selbstständig beherrschbar ist?

Betriebs- und Schutzanforderungen

Checkliste für Roboterauswahl

Zu bewertende Kriterien

☐ Temperaturrahmenbedingungen im Betrieb

☐ IP-Schutzklasse und sonstige Umgebungsbedingungen

☐ Druckluftanschluss: 6 bar?

☐ Elektrische Versorgung: 220/380 V im Netz, 48 V bei Batteriebetrieb?

☐ Besondere Anforderungen an Hygiene, Dichtigkeit und Reinigung/Sterilisierung?

☐ Sind die Steuerungselemente und das Robotersystem in sicherer Technik ausgeführt? (Performance-Level (PL) d mit Strukturkategorie 3)

☐ Sind Notfallmaßnahmen wie z. B. USV, Krafterhaltung, Bremsversorgung im erforderlichen Umfang vorgesehen oder bereits zu integrieren?

☐ Sind die Güteanforderung an die Echtzeitfähigkeit der Steuerung, der Kontroll- und Sicherheitsfunktionen im erforderlichen Ausmaß erfüllt und weiter skalierbar?

☐ Sind die erforderlichen Ein-/Ausgänge vorhanden? Lassen sich die geforderten Abtastraten und Echtzeitanforderungen verlässlich erfüllen?

☐ Sind die nötigen Ein-/Ausgänge auch in der nötigen Zahl gleichzeitig nutzbar?

☐ Vor allem bei analogen Ein-/Ausgängen: Güteanforderungen an Auflösung, Störungsunempfindlichkeit, Abtastrate, gleichzeitige Nutzbarkeit, Übersprechen erfüllt?

☐ Anforderungen an die Medienversorgung: Anschluss, Durchleitung, Kontrolle. Werden die Leitungen innenliegend oder außerhalb des Armgehäuses im Schlepp geführt?

☐ Geht von der außenliegenden Kabel- oder Medienführung eine besondere Gefahr für Menschen und Installationen am Arbeitsplatz aus?

☐ Sind Leerkanäle für Nachrüstung und die Realisierung benutzerspezifischer Beschaltungsoptionen im erforderlichen Ausmaß vorhanden? Evtl. noch Reserven?

☐ Geht von den Prozessmedien und den Installationen am MRK-Arbeitsplatz eine besondere Gefahr aus und kann diese abgewendet werden? Explosionsgefahren?

☐ Passt die Roboterkonfiguration zu den Umgebungs- und Prozessrahmenbedingungen am Arbeitsplatz und am Aufstellort (staubig, ölig, Vibration, feucht, trocken)?

☐ Sind die erforderlichen Flexibilitätsbedingungen an den Aufbau, die mechanische Integration, den Wechsel der Endeffektoren sowie die Kommunikation und die nötige Medienversorgung unter den Komponenten bedarfsgerecht erfüllt?

☐ Gibt es besondere Anforderungen an die allgemeine Systemrobustheit? Zum Beispiel einen Schutz vor erheblicher Vibration, externe Stoßbelastung?

Lieferantenbewertung des Anbieters

Checkliste für Roboterauswahl

Zu bewertende Kriterien

☐ Erfahrungshintergrund und Solidität des Anbieters oder Systemintegrators

☐ Relevante Referenzen mit Bezug zum Anwendungsfeld und MRK vorhanden?

☐ Unternehmerische Substanz und Expertise, Leistungs- und Durchhaltevermögen

☐ Räumliche Nähe und Erreichbarkeit

☐ Antwortverhalten und Kundenorientierung: Werden Anliegen schnell und hochwertig behandelt? Werden Kunden mit kleinen Stückzahlen als Abnehmer wertgeschätzt?

☐ Sind attraktive Bündelungen möglich, z. B. mit vorhandenen Robotern/Infrastruktur?

☐ Leistungs- und Supportvermögen: (Weltweite) Liefer- und Servicefähigkeit? Räumliche Nähe und Reaktionszeiten? Bei kleineren Anbietern und Startups von besonderer Relevanz!

☐ Trainingskapazität des Anbieters mit durchgängigem Schulungsangebot?

☐ Praxisorientierte Schulung durch professionelle Trainer in einem eigenen Schulungszentrum?

☐ Umfang, Güte, Zugang zu Schulungspaketen und -unterlagen, eLearning?

☐ Applikationsengineering und Integrationsdienstleistungen buch- oder nutzbar?

☐ Lösungspakete und Anwenderdatenbank: Gibt es getestete Komplettlösungspakete für relevante Anwendungen?

☐ Gibt es User Gruppen und einen moderierten Erfahrungsaustausch?

☐ Plattformangebote für Konfiguration, Modellierung und Kauf?

☐ Werden diese Plattformen durch angepasste Produkte von Partnern unterstützt?

☐ Sicherheitsberatung und Support bei CE-Konformitätsbewertung? Referenzen?

Weitere sonstige Punkte

Zu bewertende Kriterien

☐ Umfang, Güte, Verfügbarkeit und Umfang von Dokumentation für Installation, Inbetriebnahme, Regelbetrieb, Programmierung, Training, Service und Fehlerbehandlung

☐ Modellierung: Wird ein Simulationsumfeld zur Verfügung gestellt, in dem ggf. Sogar direkt programmiert werden kann?

☐ Modellierung: Gibt es ein CAx-Modell oder einen Digitalen Zwilling und erfüllt dieses Modell an die Simulation der Applikation und deren Weiterentwicklung?

☐ Wie ist es um die Skalierbarkeit der Hard- und Software bestellt? Lassen sich evtl nötige Erweiterungen nachträglich noch umsetzen?

☐ Transportmöglichkeiten bei teilweise mobilem Einsatz?

Anhang 6 – Checkliste zur Kosten-Nutzen-Betrachtung

Checkliste zur Kosten-Nutzen-Betrachtung einer MRK-Applikation
I. Kosten
I.1. Beschaffung von Roboter und Steuerung
I.2. Montagevorrichtungen, Aufbauten und Zubehör
I.3. Installationsvorbereitung und Inbetriebnahme
I.4. Endeffektoren und Anbauwerkzeuge
I.5. Sicherheitsmaßnahmen und dafür nötige Komponenten
I.6. Einarbeitung und Training
I.7. Beratungsunterstützung und Integrationssupport
I.8. Integration Roboter in Arbeitsplatz- und Steuerungsumfeld
I.9. Betrieb, Service und Wartung der Applikation
I.10. Arbeitsschutzmaßnahmen und Produktionsfreigabe (CE)
II. Nutzenpotentiale
II.1. Personalkosteneinsparung
II.2. Produktivitätssteigerung und Flaschenhalsbeseitigung
II.3. Aufwände für Rüsten und Umbauten
II.4. Qualitätskostenreduzierung
II.5. Flexibilitätsbeitrag (z. B. durch Mehrmaschinenbedienung)
II.6. Integrationsbeitrag (z. B. durch Nachrüstung an Bestandsanlage, Verringerung der Ausgaben für Werkstückzuführung, -lenkung)
II.7. Anlagenverfügbarkeitsbeitrag durch Direkteingriffsoption
II.8. Ergonomie-Verbesserung und Folgekosten
II.9. Mitarbeiterzufriedenheit aus geringerem Krankenstand

© Der/die Herausgeber bzw. der/die Autor(en), exklusiv lizenziert an Springer Fachmedien Wiesbaden GmbH, ein Teil von Springer Nature 2022
M. Glück, *Mensch-Roboter-Kooperation erfolgreich einführen*,
https://doi.org/10.1007/978-3-658-37612-3

Checkliste zur Kosten-Nutzen-Betrachtung einer MRK-Applikation

II.10. Mitarbeiterzufriedenheit aus geringerer Fluktuation,

reduzierter Einarbeitung, Möglichkeit der Personalentwicklung

Kosten-Nutzen-Bilanz als Ausgangspunkt für ROI-Bestimmung

Anhang 7 – EU-Richtlinien, die im Rahmen der CE-Konformitätsbewertung zum Tragen kommen bzw. anwendungsspezifisch zum Tragen kommen können

- 2006/42/EG Maschinenrichtlinie
- 2001/95/EG Allgemeine Produktsicherheit
- 2014/35/EU Elektrische Betriebsmittel (1. ProdSV)
- 2009/48/EG Spielzeug (2. ProdSV)
- 2014/29/EU Einfache Druckbehälter (6. ProdSV)
- 2018/42/EG Gasverbrauchseinrichtungen (7. ProdSV)
- 89/686/EWG Persönliche Schutzausrüstung (8. ProdSV)
- 2006/42/EG Maschinen (9. ProdSV)
- 2013/53/EU Sportboote (10. ProdSV)
- 2014/34/EU Geräte in explosionsgefährdeten Bereichen (11. ProdSV)
- 2014/33/EU Aufzüge (12. ProdSV)
- 75/324/EWG Aerosolpackung (13. ProdSV)
- 2014/68/EU Druckgeräte (14. ProdSV)
- 98/57/EG Haushaltskühl- und Gefriergeräte
- 89/106/EWG Bauprodukte
- 2014/30/EU Elektromagnetische Verträglichkeit
- 2014/31/EU Nichtselbsttätige Waagen
- 2007/47/EG Aktive implementierbare medizinische Geräte
- 92/42/EWG Warmwasserheizkessel
- 2014/28/EU Explosivstoffe für zivile Zwecke
- 2013/29/EU Pyrotechnische Gegenstände
- 93/42/EWG Medizinprodukte
- 2017/746/EU In-vitro-Diagnostika
- 2014/53/EU Funkanlagen und Telekommunikationseinrichtungen
- 2000/9/EG Seilbahn für den Personenverkehr
- 2014/32/EU Messgeräte
- 2009/125/EG Ökodesign-Richtlinie
- 2011/65/EU RoHS-Richtlinie

© Der/die Herausgeber bzw. der/die Autor(en), exklusiv lizenziert an Springer Fachmedien Wiesbaden GmbH, ein Teil von Springer Nature 2022
M. Glück, *Mensch-Roboter-Kooperation erfolgreich einführen*, https://doi.org/10.1007/978-3-658-37612-3

- 2016/426/EU Gasverbrauchseinrichtungen
- 2017/745/EU Medizinprodukte
- 2000/14/EG Outdoor
- 2016/425/EU Persönliche Schutzausrüstungen
- 2016/424/EU Seilbahnen für Personenverkehr

Anhang 8 – Geltende Rechtsvorschriften für die CE-Kennzeichnung und Auflistung möglicher Konformitätsbewertungsmodule

Alle Rechtsvorschriften, die die CE-Kennzeichnung betreffen, sind am 9.7.2008 im Rahmen des „New Approach Verfahrens" in der Verordnung (EG) Nr. 765/2008 und im Beschluss Nr. 768/2008/EG neu geregelt worden. Die wichtigsten dafür zu beachtenden Regelungen sind:

EG-Verordnung Nr. 765/2008

- Erwägungsgründe 37 und 38(CE-Kennzeichnung als einzige Konformitätskennzeichnung)
- Kapitel IV (Artikel 30: Allgemeine Grundsätze – Vorschriften und Bedingungenfür die Anbringung der CE-Kennzeichnung)
- Anhang II („CE-Kennzeichnung" – Schriftbild, EG-Beschluss Nr. 768/2008)
- Artikel R 11 („Allgemeine Grundsätze der CE-Kennzeichnung"unter Verweis auf Artikel 30 der EG-Verordnung Nr. 765/2008)
- Artikel R 12 („Vorschriften für die Anbringung der CE-Kennzeichnung")

Für die Prüfung auf CE-Konformität stehen gemäß 765/2008/EG acht Module zur Verfügung. Jede Richtlinie legt fest, welche der Module für die Prüfung eines spezifischen Produkts anzuwenden sind:

1. Modul A: Interne Fertigungskontrolle
2. Modul B: EG-Baumusterprüfung
3. Modul C: Konformität mit der Bauart
4. Modul D: Qualitätssicherung Produktion
5. Modul E: Qualitätssicherung Produkt

M. Glück, *Mensch-Roboter-Kooperation erfolgreich einführen*, https://doi.org/10.1007/978-3-658-37612-3

6. Modul F: Prüfung der Produkte
7. Modul G: Einzelprüfung
8. Modul H: Umfassende Qualitätssicherung

Anhang 9 – Notwendige Unterlagen für das vereinfachte Konformitätsbewertungsverfahren nach Anhang VIII der Maschinenrichtlinie

- Eine allgemeine Beschreibung der Maschine
- Schaltpläne und Detailzeichnungen
- Unterlagen zur Risikobeurteilung
- Angewandte Normen und sonstige technische Spezifikationen und von diesen Normen erfassten grundlegenden Sicherheits- und Gesundheitsschutzanforderungen
- Technische Berichte
- Betriebsanleitung
- Einbauerklärung für unvollständige Maschinen
- Bei Bedarf eine Kopie der EG-Konformitätserklärung für in die Maschine eingebaute andere Maschinen oder Produkte
- Eine Kopie der EG-Konformitätserklärung

Detaillierte Bestimmungen zu den genannten Unterlagen finden Sie in Anhang VII der Maschinenrichtlinie (2006/42/EG).

© Der/die Herausgeber bzw. der/die Autor(en), exklusiv lizenziert an Springer Fachmedien Wiesbaden GmbH, ein Teil von Springer Nature 2022
M. Glück, *Mensch-Roboter-Kooperation erfolgreich einführen*,
https://doi.org/10.1007/978-3-658-37612-3

Anhang 10 – Möglichkeiten zur Risikobeurteilung einer Roboteranwendung

Für eine Risikobeurteilung gibt es viele mögliche Varianten. Zu den wichtigen, etablierten Verfahren gehören:

- Risikobeurteilung mittel Risikograph nach EN ISO 13849
- Risikobeurteilung mittel Risikograph nach DIN 19250
- Risikobeurteilung mittel Risikograph nach DIN EN 954-1
- Risikobeurteilung nach IEC 62061
- Risikobeurteilung nach Nohl
- Risikobeurteilung mittels Risikozahlen nach Reudenbach
- Risikobeurteilung nach DIN EN 14798
- Risikobeurteilung nach dem RAPEX-Verfahren
- Risikobeurteilung mittels Normogram nach Raafat

Alle Verfahren haben gemeinsam, dass neben dem möglichen Schaden selbst, auch das mit der Gefährdung verbundene Risiko in Beurteilung miteinbezogen wird.

Anhang 11 – Biomechanische Grenzwerte für den kollaborativen Robotereinsatz.

Biomechanische Grenzwerte für kollaborativen Einsatz (ISO/TS 15.066)				
Körperregion	Körperbereich	Quasi-statischer Kontakt		Transienter Kontakt
		Maximal zulässiger Druck [N/cm^2]	Maximal zulässige Kraft [N]	Faktor, jeweils für zulässigen Druck, zulässige Kraft
	Stirnmitte	130	130	Nicht anwendbar
Schädel und Stirn	Schläfe	110		
Gesicht	Kaumuskel	110	65	

© Der/die Herausgeber bzw. der/die Autor(en), exklusiv lizenziert an Springer Fachmedien Wiesbaden GmbH, ein Teil von Springer Nature 2022
M. Glück, *Mensch-Roboter-Kooperation erfolgreich einführen,*
https://doi.org/10.1007/978-3-658-37612-3

Biomechanische Grenzwerte für kollaborativen Einsatz (ISO/TS 15.066)

Körperregion	Körperbereich	Quasi-statischer Kontakt		Transienter Kontakt
		Maximal zulässiger Druck [N/cm^2]	Maximal zulässige Kraft [N]	Faktor, jeweils für zulässigen Druck, zulässige Kraft
Hals	Halsmuskel	140	150	2
	Siebter Halswirbel	210		
Rücken und Schultern	Schultergelenk	160	210	
	Fünfter Lendenwirbel	210		
Brustkorb	Brustbein	120	140	
	Brustmuskel	170		
Bauch	Bauchmuskel	140	110	
Becken	Beckenknochen	210	180	
Oberarme und Ellenbogen	Deltamuskel	190	150	
	Oberarmknochen	220		
Unterarme und Hand-gelenke	Speiche	190	160	
	Unterarmmuskel	180		
	Armnerv	180		
Hände und Finger	Zeigefingerkuppe D	300	140	
	Zeigefingerkuppe ND	270		
	Zeigefinger-Endgelenk D	280		
	Zeigefinger-Endgelenk ND	220		
	Handballen	140	200	
	Handflächen		260	
	Handrücken		200	
Beine und Knie	Oberschenkelmuskel	220	250	
	Knie		220	
	Schienbein	130		
	Wade		210	

Weiterführende Literatur

Fachbücher

Behrens, R., *Biomechanische Grenzwerte für die sichere Mensch-Roboter-Kooperation*, Springer Vieweg Research (2018).

Buxbaum, H.-J. (Hrsg.), *Mensch-Roboter-Kollaboration"*, Springer Gabler (2020).

Corke, P., *Robotics, Vision and Control*, Springer (2013).

Czichos, H., *Mechatronik: Grundlagen und Anwendungen technischer Systeme*, Springer Vieweg (2019).

Dietz, T., Verl, A., *Wirtschaftlichkeitsbetrachtung* in R. Müller, J. Franke, D. Henrich, B. Kuhlenkötter, A. Raatz, A. Verl (Hrsg.), Handbuch Mensch-Roboter-Kollaboration, Carl Hanser (2019).

Günthner, W., ten Hompel, M. (Hrsg.), *Internet der Dinge in der Intralogistik*, Springer (2010).

Haun, M., *Handbuch Robotik – Programmieren und Einsatz intelligenter Roboter*, Vieweg & Teubner (2013).

Müller, R., Franke, J., Henrich, D., Kuhlenkötter, B., Raatz, A., Verl, A. (Hrsg.), *Handbuch Mensch-Roboter-Kollaboration*, Carl Hanser (2019).

Murphy, R. R., *Introduction to AI robotics*, MIT press, Bradford Books (2000).

Nehmzow, U., *Mobile Robotik: Eine praktische Einführung*, Springer (2002).

Siciliano, B., Khatib, O. (Eds.), *Springer Handbook of Robotics*, Springer (2008).

Vogel-Heuser, B., Bauernhansel, T., ten Hompel, M. *Handbuch Industrie 4.0 Bd. 2 Automatisierung*, Springer Vieweg (2017)

Weber, W., *Industrieroboter – Methoden der Steuerung und Regelung*, Carl Hanser (2019).

Normen/VDE-Bestimmungen

Bezugsquelle für Normen ist der Beuth-Verlag GmbH, Burggrafenstraße 6, 10787 Berlin bzw. der VDE-Verlag, Bismarckstraße 33, 10625 Berlin.

DIN EN ISO 10218–1:2011 Industrieroboter – Sicherheitsanforderungen, Teil 1: Roboter (ISO 10218–1:2011).

DIN EN ISO 10218–2:2011 Industrieroboter – Sicherheitsanforderungen, Teil 2: Robotersysteme und Integration (ISO 10218–2:2011).

© Der/die Herausgeber bzw. der/die Autor(en), exklusiv lizenziert an Springer Fachmedien Wiesbaden GmbH, ein Teil von Springer Nature 2022
M. Glück, *Mensch-Roboter-Kooperation erfolgreich einführen*,
https://doi.org/10.1007/978-3-658-37612-3

DIN EN ISO 11161 Sicherheit von Maschinen – Integrierte Fertigungssysteme – Grundlegende Anforderungen (ISO 11161:2007 + Amd 1:2010).

EN ISO 12100:2011 Sicherheit von Maschinen – Allgemeine Gestaltungsleitsätze – Risikobeurteilung und Risikominderung

DIN EN ISO 13849–1 Sicherheit von Maschinen – Sicherheitsbezogene Teile von Steuerungen – Teil 1: Allgemeine Gestaltungsleitsätze (ISO 13849–1:2016), 2016–06.

DIN EN 60204–1 VDE 0113–1:2007–06 Sicherheit von Maschinen – Elektrische Ausrüstung von Maschinen – Teil 1: Allgemeine Anforderungen (IEC 60204–1:2006).

DIN EN ISO 13857 Sicherheit von Maschinen – Sicherheitsabstände gegen das Erreichen von Gefährdungsbereichen mit den oberen und unteren Gliedmaßen (ISO 13857:2008).

DIN EN ISO 9283 Industrieroboter – Leistungskenngrößen, zugehörige Prüfmethoden (1998).

DIN SPEC 33885:2013–02 Sicherheit von Maschinen – Risikobeurteilung – Teil 2: Praktischer Leitfaden und Verfahrensbeispiele (ISO/TR 14121–2:2013–02).

ISO/TS 15066:2016–02. Roboter und Robotikgeräte – Kollaborierende Roboter, Ausgabedatum; 2016–02.

Verordnung über Sicherheit und Gesundheitsschutz bei der Verwendung von Arbeitsmitteln (Betriebssicherheitsverordnung – BetrSichV) vom 3. Februar 2015 (BGBl. I, S. 49), zuletzt durch Artikel 1 der Verordnung vom 13. Juli 2015 (BGBl. I, S. 1187) geändert.

Richtlinie 2Q06/42/EG des Europäischen Parlaments des Rates vom 17. Mai 2006 über Maschinen und zur Änderung der Richtlinie 95/16/EG (Neufassung) – Amtsblatt der Europäischen Union L 157/24.

Sicherheitstechnik – Fachinformationen

DGUV-Information 209–074 „Industrieroboter". Deutsche Gesetzliche Unfallversicherung e.V. (DGUV). Ausgabe Januar 2015.

Leitfaden „Kollaborierende Robotersysteme" in DGUV Information 08/2017 der Berufsgenossenschaft, Fachbereich Holz und Metall: https://www.dguv.de/medien/fb-holzundmetall/publikationen-dokumente/infoblaetter/infobl_deutsch/080_roboter.pdf.

SICK Leitfaden „In 6 Schritten zur sicheren Maschine":https://cdn.sick.com/media/docs/7/77/677/Special_information_Guide_for_Safe_Machinery_de_IM0014677.PDF.

PILZ Sicherheitskompendium – ein kostenfrei herunterladbares Standardwerk. https://www.pilz.com/pdf/pilz-sicherheitskompendium-v5.pdf..

und weitere wertvolle Detailinformationen zu Risikobeurteilung, MRK: https://www.pilz.com/de-DE/support/downloads.

Übersichtskarte: https://www.pilz.com/download/open/Pos_Functional_safety_1003920-DE-03.pdf.

Übersichtspräsentation zur CE-Kennzeichnung: https://www.pilz.com/mam/pilz/content/uploads/sichere_automation2019_grundwissen_maschinensicherheit.pdf.

FESTO Sicherheitsleitfaden: https://www.festo.com/net/SupportPortal/Files/696388/Leitfaden_Maschinen-und-Anlagensicherheit_DE_2019_135241_M.pdf.

BMAS (Bundesministerium für Arbeit und Soziales): Leitfaden zur Anwendung der Maschinenrichtlinie 2006/42/EG https://www.bmas.de/SharedDocs/Downloads/DE/Thema-Arbeitsschutz/leitfaden-fuer-anwendung-maschinenrichtlinie-2006-42-eg.pdf;jsessionid=6F9A793D95606A4A063F72A0215686AA?__blob=publicationFile&v=1.

BGIA, "BG/BGIA-Empfehlungen für die Gefährdungsbeurteilung nach Maschinenrichtlinie: Gestaltung von Arbeitsplätzen mit kollaborierenden Robotern," http://publikationen.dguv.de/dguv/pdf/10002/bg_bgia_empf_u001d.pdf.

Stichwortverzeichnis

4d, 47, 92, 236

© Der/die Herausgeber bzw. der/die Autor(en), exklusiv lizenziert an Springer
Fachmedien Wiesbaden GmbH, ein Teil von Springer Nature 2022
M. Glück, *Mensch-Roboter-Kooperation erfolgreich einführen*,
https://doi.org/10.1007/978-3-658-37612-3

Printed in the United States
by Baker & Taylor Publisher Services